Anna Dollinger, Katharina Fehse

Change-Trainings erfolgreich leiten – Reloaded

Seminarfahrplan für sechs Trainingstage in Präsenz oder online

managerSeminare Verlags GmbH – Edition Training aktuell

Anna Dollinger, Katharina Fehse
Change-Trainings erfolgreich leiten – Reloaded
Seminarfahrplan für sechs Trainingstage in Präsenz oder online

Endenicher Str. 41, D-53115 Bonn
Tel: 0228-977910, Fax: 0228-9779199
info@managerseminare.de
www.managerseminare.de/shop

Printed in Germany

ISBN 978-3-949611-13-1

Herausgeber der Edition Training aktuell:
Ralf Muskatewitz, Jürgen Graf, Nicole Bußmann

Lektorat: Ralf Muskatewitz
Cover: Designstudio Eminent: Emin Hasirci
Druck: Druckkontor Emden, Emden

Klimaneutral
Druckprodukt
ClimatePartner.com/14153-2102-1001

Inhalt

Der Seminarfahrplan: Change-Trainings erfolgreich leiten – Reloaded

Tag 1

Modul I – Ankommen und Einchecken

Modul II – Orientierung ausbauen

Modul III – Erfolgsfaktoren für das Gelingen des Wandels

Modul IV – Den Change Frame definieren: Die Veränderungsformel nutzen

Modul V – Green Screen Loops: Den systemischen Eigen-Sinn von Organisationen erkennen

Tag 2

Modul VI – Analysemodelle für Ausgangssituationen

Tag 3

Modul VII – Planspiel: Solarflight AG

Modul VIII – Die Klimakurve und die Phasen des Wandels

Tag 4

Modul IX – Kommunikation im Veränderungsprozess

Tag 5

Modul X – Eine Veränderungsarchitektur entwerfen

Modul XI – Rund um das Thema Visionsentwicklung

Tag 6

Modul XII – Das Neue festigen – Bausteine & Methoden

Weitere Methoden-Bausteine zum Thema

I – Den Wandel starten

Analysemethoden für individuelle Belange

Analysemethoden auf taktischer (Gruppen-)Ebene

Analysemethode auf strategischer Managementebene

II – Den Wandel vorantreiben

Motivationsmethoden für individuelle Belange

Wider Versandung und Beharrung

Die Betroffenen im Veränderungsprozess: von Missionaren und Langsam-Adaptern

III – Einstreu-Geschichten

Download-Ressourcen

Alle miteinander wissen mehr

Nicht nur Beraterinnen, Führende, Projektleiterinnen sehen sich zunehmend komplexeren Herausforderungen gegenüber: Ob wir nun von VUCA sprechen oder von BANI, ob wir auf die Wirtschaft schauen, auf unsere Gesellschaft oder die Politik. Wir alle befinden uns in einer gigantischen Transformation. Insofern kann es nur hilfreich sein, wenn wir unser Wissen, unsere Erfahrungen und unsere Erkenntnisse ständig miteinander teilen: Im Transformationsprozess, im Training wie im täglichen Miteinander. Ehrlich eingestehend, dass wir immer von allen unseren Partnern der Zusammenarbeit lernen können und uns gleichzeitig mit Demut und Respekt an Veränderungsprozesse heranwagen. Frei nach dem Zitat von Kurt Lewin, dass wir ein System erst dann kennenlernen, wenn wir versuchen, es zu ändern.

Gleichzeitig können wir voll Zuversicht und Vertrauen bleiben, gerade weil in VUCA- und Veränderungskontexten nicht intendierbare Qualitäten notwendig sind, von denen es in unseren freiheitlich demokratischen Kulturen reichlich gibt: Kreativität, Inspiration und Kollaboration. Intellektuelle Hochleistungen lassen sich schwerlich mittels Sanktionsmacht anweisen. Wir sind der Überzeugung, dass sich im Gefolge von narzisstischen, machiavellistischen Diktatoren auf Dauer keine der anstehenden Herausforderungen lösen lassen werden. Dass Reaktionsformen einer alten autokratischen Hierarchie bzw. Macht in der digitalen Gegenwart nicht wirksam bleiben können.

Es gibt die „Kraft der vernetzten Vielen". Eine tektonische Verschiebung von Macht durch Information und Kommunikation, die den Dialog auf Augenhöhe fordert und neue Formen der Zusammenarbeit möglich macht. Dass eine stark ausgeprägte hierarchische Führung negative Auswirkungen auf pyschologische Sicherheit hat, ist gut erforscht und dass psychologische Sicherheit zentral wichtig für Innovationsprozesse ist, auch (siehe auch Google: Aristoteles Studie).

Im Verbund mit diesen Perspektiven und Überzeugungen bieten wir mit diesem Buch einige Impulse an, wie wir Veränderungsprozesse zielorientiert begleiten können. Es bleiben Aussagen auf schwankendem Grund.

Dabei hat unser Buch nicht den Anspruch, wissenschaftstheoretischen Definitionen und Diskussionen zu genügen. Es stellt pragmatisch und auch eklektisch Konzepte, Methoden und Werkzeuge aus der Praxis für die Praxis zur Verfügung, die sich in der Anwendung im Arbeitsalltag der Transformationen bewährt und zu erfolgreichen Veränderungsprojekten beigetragen haben. Sie kommen aus systemischen, gestaltpsychologischen sowie organisationsentwicklungsspezifischen „Werkzeugkisten".

Die vorliegende Veröffentlichung gäbe es nicht, ohne ...

- unsere Auftraggeber! Die Möglichkeit, an ihren konkreten Veränderungsprojekten mitzuarbeiten, ihr Vertrauen in uns, innovative Methoden mit uns auszuprobieren und ihr kritisches Fordern haben die vorliegende Veröffentlichung erst ermöglicht.
- all die Autorinnen und Autoren, Kolleginnen und Kollegen, Teilnehmenden, auf deren „Wissens-Schultern" wir stehen dürfen!
- Sadia Oumohand und Ralf Muskatewitz vom Verlag managerSeminare, deren humorvolle, professionelle, geduldige Zusammenarbeit und Unterstützung uns stets sehr ermutigt.

Herzlichen Dank an Sie/an euch alle!

Liebe Kolleginnen und Kollegen, bevor ihr loslegt, hier noch eine Binsenweisheit: Bitte fühlt euch völlig frei, aus all unseren Vorschlägen, Ideen und Methoden etwas ganz anderes zu machen. Etwas, das für euch und eure Vorhaben logisch und anschlussfähig ist und euch Spaß macht. Es gibt hier kein Falsch oder Richtig. Entsprechend darf eine Methode auch mal „schief gehen". Unsere Haltung hierzu ist: „... und was können wir jetzt daraus lernen?" Mit dieser Einstellung können alle Beteiligten immer etwas Neues entdecken, etwas, das für Veränderungen wichtig ist. Denn erstens kommt es anders und zweitens als man denkt.

Wenn zu Instruktionen oder Methoden Fragen auftauchen, schreibt uns gerne eine E-Mail. Wir schauen dann mal, was wir daraus lernen können. Und besonders freuen wir uns, wenn wir Rückmeldungen über eure Erfolge, Erkenntnisse und Weiterentwicklungen bekommen.

Anna Dollinger und Katharina Fehse

Zu den Inhalten

Präsenz oder Online?

Hier ein paar Gebrauchshinweise: Viele der hier beschriebenen Übungen und Methoden (nicht alle, z.B. „Solarflight AG" nicht) können sehr wohl auch online durchgeführt werden. Wir legen in unseren Trainingsreihen sehr bewusst virtuelle Sessions ein, weil wir Vorteile darin sehen, auch online zu arbeiten. Digitale Formate vereinfachen und beschleunigen Prozesse der Ideenfindung, des Austausches und der Bewertung bisweilen enorm. Daten können in Echtzeit erhoben und ausgewertet werden (von Live-Polling bis zu Mood-Barometern), Gruppen können ortsunabhängig miteinander interagieren, durch asynchrone Verfahren werden wir auch zeitlich flexibler. Last but noch least ermöglichen die Anonymität des Austausches bzw. Sammelns von Daten wirklich hierarchieunabhängige Meinungsäußerungen und Ergebnisfindungen.

Wie immer sind Werkzeuge, auch digitale, nur ein Hilfsmittel, um Ziele zu erreichen und Erkenntnisse und Ergebnisse zu schaffen. Bevor wir also in die Konzeption eines Formats einsteigen, sind die wichtigsten Fragen:

- Was wollen wir erreichen: Mit der gesamten Durchführung des Formats sowie bei jedem einzelnen Modul?
- Was soll das Ergebnis des Formats bzw. jeweiligen Moduls sein und woran würden wir erkennen, dass wir bestmögliche Ergebnisse erreicht haben?
- Was müssen entsprechend diesbezüglich die Arbeitsfragen für die einzelnen Module sein?

Einer der wichtigsten Erfolgsfaktoren für digitale Formate ist aus unserer Sicht, möglichst schon in der Vorbereitung über die wichtigsten Themen zu informieren, damit sich die Teilnehmenden gut vorbereiten können und so in der Veranstaltung Diskussion und Austausch im Vordergrund stehen. Daher sind wichtige Fragen:

- Welche Informationen brauchen Teilnehmende, damit sie gut vorbereitet in Arbeitsaufgaben während der Veranstaltung einsteigen können?
- Und wie können wir diese möglichst nutzerfreundlich und attraktiv aufbereiten (Video Scribings, Slightshows, Impulsreden, Tutorials)?
- Können die Teilnehmenden den Umgang mit Tools vorab einüben?

Trainings-Skyline

Wir haben hier eine Trainings-Skyline dargestellt, die 6 Arbeitstage umfasst. So führen wir das Training nur für einen unserer Auftraggeber durch. Für andere ist es teilweise nur ein Tag („Die eigene Change-Kompetenz ausbauen") oder es sind 2 x 2 Tage („Veränderungen steuern" und „Kommunikation im Veränderungsprozess"). In unserer Transformationsausbildung von 17 Tagen findet sich dann ziemlich umfassend alles und mehr wieder, was hier im Buch hinterlegt ist. Durchaus häufig folgen wir, mit Erlaubnis der Auftraggeber, im Training einfach direkt den Wünschen und aktuellen Anliegen unserer Teilnehmenden und lassen die Agenda links liegen.

Wie durch die Anzahl der möglichen Variationen der Anzahl von Trainingstagen vermutlich schon klar wurde, bieten wir unsere Change-Trainings für die unterschiedlichsten Zielgruppen an. Von den Sachbearbeiterinnen in der Verwaltung bis hin zu Key Usern in der IT. Entsprechend nutzen wir in unseren Ausführungen den Begriff „Führende". Wir wollen damit ausdrücken, dass wir uns eben nicht nur an Projektleiter, Führungskräfte oder Change-Agents wenden, sondern an alle, die in Zeiten des Wandels (und auch der Krisen) andere Menschen ermutigen, mitnehmen, inspirieren möchten. Also auch (agile) Coachs, Moderatorinnen, Mentorinnen, Mediatorinnen …

Zum Duzen und Gendern: Wir duzen üblicherweise unsere Kolleg:innen, bleiben hier aber bei der direkten Ansprache unserer Leserschaft beim respektvollen „Sie". Bei den Durchführungsempfehlungen sprechen wir von „der Tainerin" aus unserer weiblichen Perspektive als Autorinnen. Selbstverständlich sind alle Geschlechter angesprochen. Davon abgesehen wird in diesem Werk möglichst geschlechtsneutral formuliert.

Download-Ressourcen

Abschließend noch ein Hinweis auf die Download-Ressourcen zum Buch: Über die Buchinhalte hinaus stehen zusätzliche Materialien, vorbereitete Arbeitsmaterialien oder Vertiefungen für den sofortigen Einsatz als Download-Ressourcen zur Verfügung. Diese Ressourcen können über den Link in der inneren Umschlagklappe abgerufen werden und sind mit nebenstehendem Symbol im Buch gekennzeichnet.

Der Seminarfahrplan

Change-Trainings erfolgreich leiten – Reloaded

Die Module im Überblick

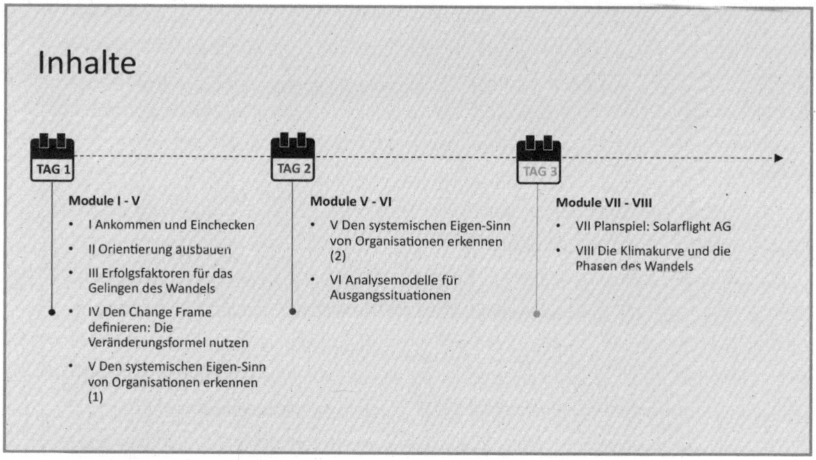

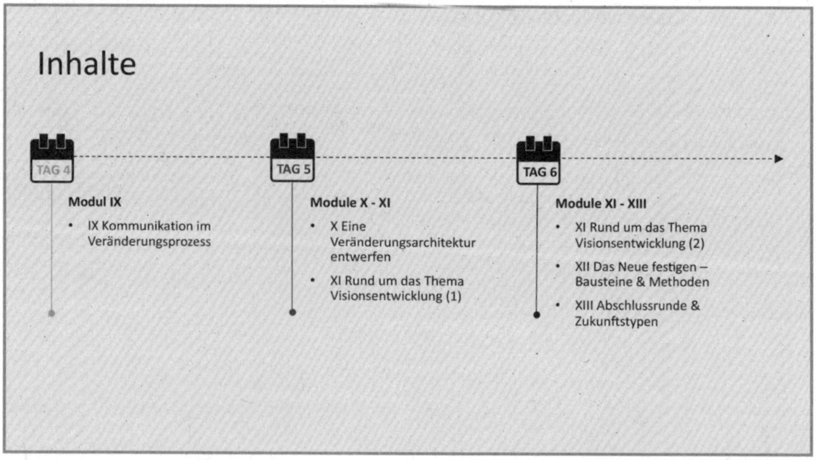

Tag 1 Der erste Tag im Überblick

I Ankommen und Einchecken
- Die Eröffnung der Veranstaltung
- Kennenlernen, Veränderungserfahrungen teilen, Themen sammeln und priorisieren
- Debriefing

II Orientierung ausbauen
- Zielsetzungen, Spielregeln, Agenda festlegen
- Meine Changeability und meine Lernziele

III Erfolgsfaktoren für das Gelingen des Wandels
- Unsere Erfahrungen zu Erfolgsfaktoren in Veränderungsprozessen
- Die Faktoren zur Implementierung eines erfolgreichen Wandels (A)
- Alternativ: Die Evaluation unseres Veränderungsprozesses (B)
- Debriefing und Transfer-Journal füllen

Energizer: Autogrammjagd

IV Den Change Frame definieren: Die Veränderungsformel nutzen
- Die Veränderungsformel und ihre Bedeutung
- Ein Storybook (Change Frame) oder eine Sprungbrett-Rede skizzieren und die Entwürfe vorstellen
- Debriefing: SMARTIE & Transfer-Journal

V Den systemischen Eigen-Sinn von Organisationen erkennen (Teil 1)
- Intro: Über den systemischen Eigen-Sinn von Organisationen
- Erläuterung der Green Screen Loops
- Als Basis für den Green Screen Loop: Die Analyse der Unternehmens- (Bereichs-, Team-) Historie
- Debriefing

Tagesausklang: Erste Ernte

Tag 2 Der zweite Tag im Überblick

Retrospektive: Die Starfish-Methode

V Den systemischen Eigen-Sinn von Organisationen kennen (Teil 2)
- Gruppenarbeiten zur Analyse der Unternehmens- (Bereichs-, Team-) Historie
- Debriefing: SMARTIE

VI Analysemodelle für Ausgangssituationen
- Die Analyse der Wirkmuster anhand des Impuls-Reaktions-Zeitstrahls

Energizer: Seile-Kreis-Ressourcenspiel

- Als Basis für den Green Screen Loop: Das Change-Portfolio
- Vorbereitende Interviews
- Einen Green Screen Loop entwerfen
- Debriefing: SMARTIE

Tag 3 Der dritte Tag im Überblick

Retrospektive: Die 4-L-Methode

VII Planspiel Solarflight AG
- Durchführung und Auswertung des Planspiels
- Vertiefen des Themas Fehler- bzw. Lernkultur im Transformationsprozess

Energizer: Ball Point Game

- Ergänzende Perspektiven zum Thema Fehler- bzw. Lernkultur
- Das Transfer-Journal füllen

VIII Die Klimakurve und die Phasen des Wandels
- Aufstellungsarbeit mit der Klimakurve: Radical Change
- Die Saatgut-Methode & Lernschleifen einbauen
- Die Klimakurve „Pivoting"
- Defbriefing: SMARTIE

Tag 4 Der vierte Tag im Überblick

Übung: Sagen Sie jetzt nichts

IX Komunikation im Veränderungsprozess

- Die Kommunikationskollision umgehen
- Prinzipien der Kommunikation im Veränderungsprozess

Energizer: Die Change-Playlist

- Kommunikation im Veränderungsprozess: Definitionen, Konzepte und Unterscheidungen
- Ein Kommunikationskonzept erstellen
  - Eine Stakeholder Map entwickeln
  - Der Business Case „Kundenservice“: Ein Kommunikationskonzept (Ablaufplan) entwerfen
  - Die Präsentationen der Kommunikationskonzepte
  - Die Erstellung der Kommunikations-Skyline
- **Zum Tagesausklang:** Was mein Transfer-Journal über den Tag mit dem Schwerpunkt Kommunikation erzählt ...

Tag 5 Der fünfte Tag im Überblick

Übung: Bild ohne Worte

X Eine Veränderungsarchitektur entwerfen

- Definition des Begriffs Veränderungsarchitektur
- Beispiele für Veränderungsarchitekturen
  - Ein Strategieprozess
  - Ein Kulturentwicklungsprozess
- Eine Veränderungsarchitektur entwerfen anhand des Business Case „Transformation in der Medienwelt“
  - Vorbereitung und Gruppenarbeit
  - Die Präsentationen
  - SMARTIE

XI Rund um das Thema Visionsentwicklung (Teil 1)

- Intro & Definitionen: Vision, Leitbild, Strategie
- Eine attraktive und emotionale Vision entwickeln
  - Schritt 1: Impulse austauschen
  - Schritt 2: Die Wunschvorstellung erarbeiten
  - Schritte 3 + 4: Wunschvorstellungen austauschen & visualisieren sowie: Unsere Wunschvorstellungen kreativ-spielerisch inszenieren
  - Schritt 5: Präsentation der Inszenierungen „Reiseziel Change-Vision“
  - Schritt 6: Die wahrgenommenen Gemeinsamkeiten visualisieren

Tag 6 Der sechste Tag im Überblick

Rückblick am Morgen

- Morning News: Die Trainingszeitung

XI Rund um das Thema Visionsentwicklung (Teil 2)

- Eine attraktive und emotionale Vision entwickeln
  - Schritt 7: Visionstexte Change formulieren
  - Schritt 8: Präsentieren der Change-Visionen
- SMARTIE

XII Das Neue festigen – Bausteine & Methoden

- Die Bedeutung von Ritualen
- Wrap-up: Meine Changeability stärken
- Entwurf eines Ankerrituals „Fast Design Thinking: Perform magic“
- Alternative Übungen: Das Neue festigen
  - Future Mobiles
  - Priming
- Wrap-up: Lose Enden zusammenführen

XIII Abschlussrunde & Zukunftstypen

Modul I – Ankommen und Einchecken

Die Eröffnung der Veranstaltung hat den Zweck, die Teilnehmenden darauf einzustimmen, was jetzt auf sie zukommt, ihnen Orientierung zu geben. Aus unserer Sicht sollte die Einführung nicht zu lange sein, sonst verlieren wir das Interesse der Teilnehmenden (maximal 10 Minuten durch die Trainerin), anstatt ihre Neugierde zu wecken. Das kann aus unserer Sicht vor allem durch zwei Aspekte angestrebt werden. Einmal, indem man bereits jetzt (hoffentlich) neue Informationen bietet (hier die Dimensionen der Changeability) und diese mit der Person des Teilnehmenden in Verbindung bringt. Also bestmöglich Fragen beziehungsweise Antworten auslöst wie: „So ist das bei mir", „Was hat das mit mir zu tun?", „Was kann mir das bringen/nutzen?" und „Wie sehe ich das?"

Wenn die Eröffnung durch den Auftraggeber ergänzt wird, wäre dies aus unserer Sicht sehr günstig, weil interne Partner oft Notwendigkeit und Nutzen des Trainings aus Sicht des Unternehmens sehr überzeugend und glaubhaft darstellen können. Gleichwohl ist es wichtig, sich im Vorfeld diesbezüglich mit den internen Partnern abzustimmen, damit die Botschaften sich möglichst ergänzen und verstärken und nicht widersprechen.

I.1 Die Eröffnung der Veranstaltung

Tag 1

Orientierung

Ziele

- Teilnehmende einstimmen und diese willkommen heißen
- Darstellen: Wie kam es zu diesem Thema/dieser Veranstaltung?
- Veranstaltungsziele bekanntmachen
- Seminarleitung vorstellen
- Kriterien der Changeability vorstellen

Zeit

- 10-30 Minuten durch den Auftraggeber – je nach Zielgruppe, Anlass und Ausgangssituation
- Weitere 10 Minuten durch die Trainerin

Material

Modell der Changeability auf Flipchart oder PPT

Auftraggeber

Die Eröffnung der Veranstaltung durch den Auftraggeber

Die Eröffnung der Veranstaltung wird im Idealfall von einer verantwortlichen Person der auftraggebenden Organisation vorgenommen. Diese sollte vor allem betonen, was Anlass und Ausgangssituation der Veranstaltung sind, woran sie die konkrete Erreichung der Veranstaltungsziele festmacht und welche Ergebnisse sie sich von der Veranstaltung wünscht. Dies sollte selbstverständlich mit einer positiven, vertrauensvollen Konnotation geschehen.

Wenn es konkrete Transformationsprojekte sowie entsprechendes Zahlenmaterial und eine zugehörige Vision gibt, so sollten diese zu Beginn des Change-Trainings durchaus (wieder) vorgestellt werden (max. Redezeit: 30 Minuten).

Anschließend stellt die verantwortliche Person Sie als Trainerin vor, erklärt gegebenenfalls, wieso sie sich für Sie entschieden hat und was sie sich von Ihnen erwartet.

Die Eröffnung durch die Trainerin

Trainerin

Als Trainerin haben Sie nunmehr das Ziel, die Aufmerksamkeit der Teilnehmenden auf sich zu ziehen und ihnen zu signalisieren, dass es für sie sinnvoll und nützlich sein kann, sich hier zu engagieren. Das funktioniert online wie analog. Hilfreich ist es, sich zu diesem Zweck auf ganz konkrete Erfahrungen zu beziehen, die man als Prozessbegleiterin in (vielleicht sogar dem betreffenden) Unternehmen zu dem aktuellen Thema gemacht hat, um zu verdeutlichen, was diese Erfahrungen für die Teilnehmenden bringen können. Auch sollte hervorgehoben werden, was die Teilnehmenden von diesem Seminar erwarten können.

Intro

Hier ein Intro-Vorschlag:

„Veränderungsprozesse voranzubringen, ist zu einer Kernkompetenz für Führende geworden, denn Veränderungen in Unternehmen sind an der Tagesordnung. Dabei geht es derzeit vor allem um Digitalisierung und entsprechende Prozess- beziehungsweise Tätigkeitsveränderungen, um Innovationen in Bezug auf Produkte, Dienstleistungen oder ganze Geschäftsbereiche oder auch um Einstellungs- bzw. Kulturveränderungen, die sich beispielsweise auf die Themen Agilität oder New-Work-Ansätze beziehen. Doch etwa zwei Drittel aller Veränderungsprozesse erreichen nicht die gewünschten Ziele, wie internationale und deutsche Untersuchungen seit Jahren zeigen (u.a. Dersch, Freibichler, Pannes & Zacherl, 2020).

Erklärungsmodelle hierfür gibt es reichlich. Unter anderem die Erkenntnis, dass viele Veränderungsprojekte viel zu technisch-funktional angepackt werden nach dem Motto: ‚Jetzt haben wir doch diese neuen logisch-stimmigen Prozesse genauestens beschrieben und allen gesagt, wie es läuft, warum läuft es denn nicht?' Doch Veränderungen oder – genauer gesagt – ‚Eingriffe' in soziale Systeme sind in ihren Auswirkungen nicht planbar, nicht vorhersehbar, nicht kontrollierbar. Weil sie eben nicht linear-kausalen Regeln gehorchen, nach dem Prinzip ‚Wenn-dann', sondern ihrem ‚Eigen-Sinn', ihrer eigenen Entwicklungsdynamik folgen. Einer Dynamik, die sich aus den im System bestehenden Überzeugungen speist und aus dem Gedächtnis der Organisation, das Handlungen bevorzugt, die sich aus bestimmten Perspektiven heraus als nützlich erwiesen haben.

Sie verändern sich in gewisser Weise permanent. Und zugleich sind bestimmte Interventionen und Vorgehensweisen an bestimmte Systeme mehr oder weniger anschlussfähig. So hat sich in den vergangenen Jahren immer wieder gezeigt, dass ambidextre Projekte in einer bestehenden Unternehmensstruktur beziehungsweise -kultur schwerlich reussieren können (Organisationsentwicklung, 2020)*: Es zeigt sich, dass innovative Startup-*

Bereiche innerhalb eines Unternehmens leicht von der bestehenden Kultur ‚assimiliert' und somit ihrer Innovationskraft beraubt werden.

Es scheint so, als ob die Fähigkeit, Menschen gekonnt durch einen Change-Prozess zu führen, fast eine Kunst ist. Eine Kunst, die einer bestimmten Haltung bedarf: nämlich Menschen wirklich mitnehmen und einbinden zu wollen beziehungsweise auch, sich als interner oder externer Change-Berater bzw. als Initiator mitnehmen zu lassen. Das heißt, offen, gemeinsam und zieldienlich zu diskutieren und zu integrieren, was von den verschiedenen Interessengruppen an Überlegungen und Impulsen kommt.

Es ist auch eine Kunst, die das konsequente Feedback aller Betroffenen braucht, um Lernen und Evaluieren zu können.

Weiterhin ist es eine Kunst, die die Fähigkeit benötigt, genau zu beobachten, welche Muster und Annahmen im System auftauchen und welche Interventionen wiederum welche Antwortmuster erzeugen – und sich dabei immer wieder in der eigenen begrenzten Beobachtungsfähigkeit zu hinterfragen.

Weiterhin benötigt es die Fähigkeit, die stets vorhandenen Emotionen willkommen zu heißen und sie als Treibstoff für den Veränderungsprozess zu nutzen.

Und schließlich ist es eine Kunst, ein geeignetes Methodenrepertoire immer wieder situativ und kreativ für die aktuellen Gegebenheiten und Ziele zu nutzen. Kompetenzen, die aus unserer Sicht zu den zentral wichtigen Metakompetenzen gehören, über die, unabhängig von Hierarchie-Ebene und fachlicher Funktion, alle Veränderungsinitiatoren und -begleiter verfügen sollten.

All diese Themen werden wir in diesem Seminar vertiefen. Zum Start in unsere Zusammenarbeit orientieren wir uns an dem Modell der Changeability (v. Kyaw, 2010), *welches sich aus drei Kriterien zusammensetzt …"*

Changeability

Veränderungsmöglichkeiten – „Dürfen, Ermöglichen"

Diese besagt, dass man geeignete Rahmenbedingungen haben muss, um etwas ändern zu können. Das bedeutet unter anderem, dass entsprechende Ressourcen zur Verfügung gestellt werden müssen und es auch der Unterstützung und Rückendeckung durch das Topmanagement bedarf. Unterstützung, etwas verändern zu dürfen oder zu sollen. Ein sehr eindrückliches, geradezu triviales Beispiel, wie dies nicht funktioniert hat, stammt aus der Produktion eines Unternehmens: Teilautonome Arbeitsgruppen sollten sich mehr eigenverantwortlich selbst steuern. Entsprechend sollten Gruppengespräche geführt werden. Allerdings gab es weder Gruppenräume, in denen Gespräche hätten geführt werden können – es war auf der Produktionsfläche selbst einfach viel zu laut – noch wurden von den leitenden Führungskräften entsprechende Zeiträume freigegeben. Ein ermutigendes Beispiel sei dem gegenübergestellt: In dem großen Change-Projekt „Multimedialer SWR" forderte der Intendant mehrfach seine Mitarbeitenden auf, mit Mut zu experimentieren und etwas auszuprobieren. Dabei unterstrich er ausdrücklich, dass dazu auch Scheitern gehört: „Wichtig ist, daraus schnell zu lernen, um das Beste für unsere Kunden zu produzieren."

Veränderungskompetenz – „Können"

Sie ist das Können, das insbesondere die Verfügbarkeit eines umfangreichen Methodenrepertoires voraussetzt. Gerade auch dieses wird in diesem Training hier ausgebaut. Die Teilnehmenden werden sich in unterschiedliche Methoden einarbeiten und diese ausprobieren – von der Erstellung eines zieldienlichen fortlaufenden Kommunikationskonzepts bis hin zum erfolgversprechenden Umgang mit Widerstand in Veränderungsprojekten. An dieser Stelle bitten Sie die Teilnehmenden schon jetzt, ihr Wissen und ihre Erfahrungen aktiv einzubringen. Denn das wäre sehr zum Nutzen und zum Vorteil aller Anwesenden. Schließlich gibt es auf dieser Welt nicht viele Dinge, die mehr werden, wenn man sie teilt. Aber für die Themen Wissen und Erfahrung gilt dies mit Sicherheit (neben der Liebe) ...

Veränderungsbereitschaft – „Wollen"

Wollen bedeutet, eine Haltung einzunehmen, die nach kleinen Zeichen der Veränderung im unternehmensinternen sowie umgebenden systemrelevanten Kontext sucht, diese aufgreift und entsprechende Handlungen initiiert, um Chancen-Potenziale zu heben. Hierbei sind die bereits angesprochenen Metakompetenzen von besonderer Wichtigkeit:

- Sich einfühlen, aufmerksam wahrnehmen und Musterveränderungen frühzeitig erkennen
- Feedback und Lernen als fortlaufenden, lebenslang notwendigen Prozess betrachten
- Mit Komplexität, Ungewissheit und Ambiguität umgehen und diese aushalten
- Kollaboration und Rollenflexibilität als Mehrwert erkennen
- Mut zu Innovation, Experimentieren und Lernen zeigen

Diese Fähigkeiten sollen ebenfalls in dieser Veranstaltung für den Ausbau der Changeability vertieft werden.

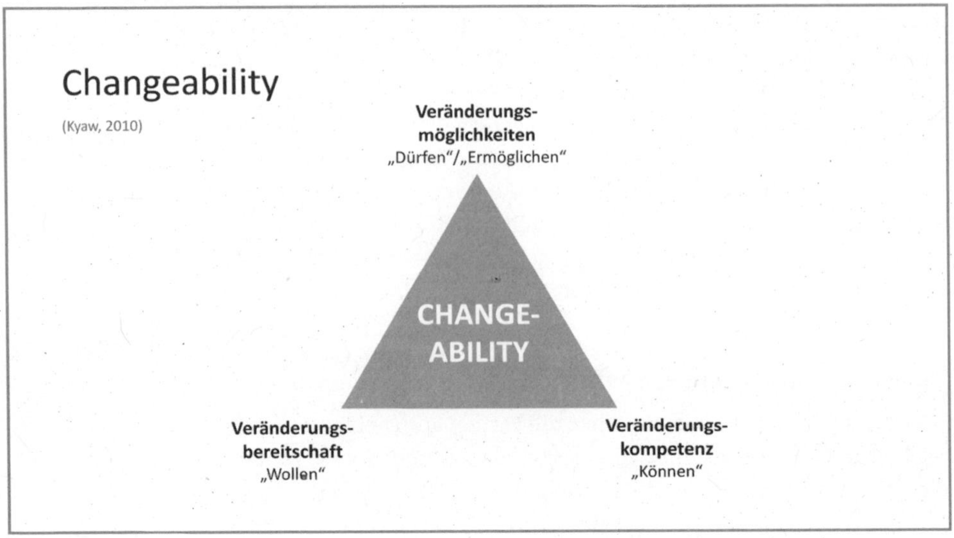

„Je früher man Entwicklungen und Veränderungen aufgreift, desto mehr kann man sie gestalten. Gunther Schmidt sagt hierzu ‚Wer immer der Gleiche bleiben will, muss sich stets ändern!' – Weil die Kontexte, in denen wir agieren, sich fortlaufend ändern. Denken Sie nur an Ihre privaten Kontexte, an Ihr privates Umfeld und wie sich dieses im Laufe der Zeit verändert: von den Spielkameraden hin zu den Studienkolleginnen, hin zum Elternkreis und so fort. Wenn Sie sich gegenüber anderen Eltern auf einem Elternabend wie Spielkameraden verhalten würden, würden Sie vermutlich wenig bewirken.

Um das größtmögliche Zeitfenster des Gestaltens zu erkennen, das sich zu Beginn einer Veränderung öffnet, wäre ein ‚persönliches Frühwarnsystem' sehr hilfreich. Denn wer lieber gestalten will als gestaltet zu werden, sollte dieses frühe Zeitfenster nutzen. Sonst geht es uns wie den Fröschen in dem berühmt-berüchtigten Experiment – sofern es das in dieser experimentellen Form tatsächlich gegeben hat und die ganze Geschichte nicht ‚nur' eine Parabel ist: Versucht man einen Frosch in etwa 40 Grad heißes Wasser zu setzen, wird er sofort wieder herausspringen. Ganz anders ist dessen Verhalten, wenn man ihn in einen Topf mit kaltem Wasser setzt und diesen langsam auf 40 Grad erhitzt. Dann bleibt der Frosch weiterhin sitzen. Er merkt nicht, wann es für ihn zu spät wird, zu springen, weil er dann schon ‚weichgekocht' ist und seine Reflexe lahmgelegt sind: Somit kann uns das Boiling Frog Syndrom als Geschichte daran erinnern, sich frühzeitig mit aufkommenden Entwicklungen zu befassen und auf diese einzustellen."

Ein Hinweis

Dieses Training und viele der hier dargestellten Übungen (nicht alle, z.B. Solarflight AG", Seite 118 ff., nicht) können Sie sehr wohl auch online durchführen. Wir arbeiten derzeit mit dem virtuellen Whiteboard Mural, auf dem wir entsprechende Felder für die Gruppenarbeiten und Visualisierungen vorbereitet haben (einschließlich der jeweiligen Instruktionsfragen). Andere virtuelle Kollaborations-Plattformen sind beispielsweise Miro, Conceptboard, Klaxoon. Sie alle sind geeignet, virtuelle Trainings professionell durchzuführen. Für Gruppenarbeiten bieten sich im virtuellen Format die Breakout Sessions hervorragend an. Die Gruppen können dabei automatisch oder manuell zusammengestellt werden.

Quellen

- Dersch, Freibichler, Pannes & Zacherl: Management Kompass 2020. Starke Führung ist der wichtigste Erfolgsfaktor für erfolgreiche Transformation (Porsche Consulting). In: Organisationsentwicklung Heft 4 2020.
- Zeitschrift Organisationsentwicklung, Nr. 4/20: Unter Spannung – Ambidextrie als Zukunftsgarant.
- von Kyaw, F. (2010): Change-Management-Studie 2010. Capgemini Consulting.

I.2 Kennenlernen, Veränderungserfahrungen teilen, Themen sammeln und priorisieren

Orientierung

Ziele

- Die Teilnehmenden lernen einander kennen, erste Veränderungserfahrungen werden geteilt
- Die Teilnehmenden können Themenwünsche/Fragen ergänzen
- Themenpunkte werden gegebenenfalls priorisiert

Zeit

60 Minuten

Material

- Pinnwand mit Mind-Map zur Visualisierung der Veränderungserfahrungen der Teilnehmenden
- Pinnwand mit den vorab zugesandten Themenwünschen
- Post-its für ergänzende Themenwünsche

Intro

„Soweit dies zur Orientierung. Mich selbst etwas ausführlicher vorstellen würde ich gerne in unserer gemeinsamen Check-in-Runde … und danach dann Organisatorisches und die Agenda präsentieren, einverstanden? Denn jetzt bin ich vor allem auch neugierig auf Sie, auf unsere kollegiale Runde für die nächsten sechs Tage, auf Ihre Veränderungserfahrungen und natürlich auch auf Ihre Themenwünsche. Diese haben Sie mir ja teilweise schon im Vorfeld zukommen lassen und entsprechend habe ich sie hier geclustert." – Sofern das abgefragt wurde, verweisen Sie auf die vorbereitete Wand.

„Wenn noch Wünsche dazugekommen sind, wenn Sie bestimmte Themen unterstreichen möchten, weil sie Ihnen besonders wichtig sind, dann bitte dies jetzt gleich beim Check-in nochmals erwähnen. Natürlich haben wir auch später noch Raum für Themenwünsche, aber es hilft mir für meine Planung sehr, wenn ich eine Übersicht bekommen und so Ihre Themenwünsche bestmöglich in die Agenda einflechten kann. Hier also zum weiteren Ankommen die Übersicht Ihrer Themenwünsche: …" – Diese sollten Sie nun vorstellen.

Teilnehmende, die im Vorfeld keine Zeit gefunden haben, ihre Themenwünsche zu senden, können sie jetzt selbstverständlich an dieser Stelle noch einbringen.

Weiteres Einstimmen auf die Check-in-Runde

Die kommende Übung, wie nahezu alle der nachfolgend aufgeführten Methoden, kann aus der Erfahrung und Sicht der Autorinnen sowohl analog als auch digital durchgeführt werden. Wenn dazu bei Ihnen Fragen auftauchen, setzen Sie sich doch bitte einfach mit den Autorinnen in Verbindung.

Veränderungserfahrungen teilen

„Spätestens an den Themenwünschen hier sieht man: Wir sind alle, was Veränderungen betrifft, keine unbeschriebenen Blätter mehr. Letztlich hat jeder Jugendliche spätestens ab seinem 16. Lebensjahr erste Veränderungserfahrungen hinter sich: Das kann ein Schulwechsel sein, ein Umzug der Eltern mit Ortswechsel, der Hormonwechsel, der Wechsel des Freundeskreises oder schlimmstenfalls auch der Verlust eines geliebten Menschen. Im jungen Erwachsenenalter kommen dann weitere Veränderungserfahrungen wie der Abschluss des Studiums, Eintritt in die Berufswelt mit Veränderungsphänomenen wie ‚Praxisschock' oder die Familiengründung hinzu …

Gemäß den bereits beschriebenen Voraussetzungen für gelingende Veränderungsprozesse ergibt es Sinn, wenn man bei anderen etwas verändern möchte, zuallererst auf sich selbst zu schauen: auf die eben angesprochenen eigenen Veränderungserfahrungen, auf die eigenen Einstellungen und die eigenen Glaubenssätze zum Thema. Dies werden wir im Verlauf dieses Trainings immer wieder tun. Und daher bitte ich Sie nun, über sich selbst zu sprechen – und über Ihre Veränderungserfahrungen. Zum Check-in, zum Ankommen und Einsteigen in unsere Themen sollten wir uns Zeit dafür lassen."

Wir machen hier keine konkreten Zeitangaben, damit sich niemand unter Druck gesetzt fühlt – das wäre für das Thema und die eigene Ehrlichkeit nicht hilfreich. Falls wir als Trainerinnen beginnen, können wir den Zeitrahmen mit etwa 3-5 Minuten vorleben.

„Denn ich bin sicher, dass wir uns bereits in dieser ersten Runde viele Erkenntnisse rund um unser Thema vergegenwärtigen können. Daher werde ich auch einige Ihrer Erfahrungen mitvisualisieren … Also, dann packen wir es an."

Check-in

- Ich über mich (Berufliches, Persönliches ...)
- Zwei, drei meiner persönlich einschneidensten Veränderungserfahrungen
- ... und meine ganz persönlichen Erkenntnisse hieraus
- Meine Themenwünsche und Fragen

Als Trainerin können Sie nun die Check-in-Fragen vorlesen – verbunden mit dem Hinweis: *„Erkenntnisse können zum Beispiel die Veränderung einer Einstellung sein, die eines persönlichen Glaubenssatzes oder eben auch generelle Erkenntnisse nach dem Motto: ‚Besonders schwer fand ich, ist ...'"*

Wenn Sie den Eindruck haben, dass die Teilnehmenden noch ein wenig Zeit zum Ankommen brauchen, beginnen Sie selbst mit der Beantwortung der Fragen. Wenn hingegen ein Teilnehmender schon „so schaut", als könne er loslegen, dann sollte er auch die Gelegenheit bekommen. Sie erwähnen lediglich, dass Sie sich als Trainerin ebenfalls einreihen werden.

Falls noch ergänzende Themenwünsche genannt werden, schreiben Sie diese auf Moderationskärtchen mit. Die Erfahrungen der Teilnehmenden visualisieren Sie parallel via Mind-Map.

Debriefing: Mind-Map zum Check-in I.3

Orientierung

Ziele

- Die Teilnehmenden lernen einander kennen, erste Veränderungserfahrungen werden geteilt
- Die Teilnehmenden können Themenwünsche/Fragen ergänzen
- Themenpunkte werden gegebenenfalls priorisiert

Zeit

60 Minuten

Material

- Pinnwand mit Mind-Map zur Visualisierung der Veränderungserfahrungen der Teilnehmenden
- Pinnwand mit den vorab zugesandten Themenwünschen
- Post-its für ergänzende Themenwünsche

Beim Aufbau der Mind-Map zum Check-in orientieren Sie sich an vier Dimensionen:

1. Zum einen gilt es zu zeigen, dass es selbstinitiierte Veränderungsprozesse gibt (Hochzeit, Elternschaft, Jobwechsel ...), mit deren Folgen umzugehen einem meist deutlich leichter fällt als mit ...

2. von anderen initiierten Veränderungsprozessen (Trennung, Kündigung, Umstrukturierung, aber auch Tod eines nahestehenden Menschen): Mit dieser Art von Veränderungsprozessen, durch die wir verändert werden und die folglich auch Krisen auslösen können, fällt es uns ungleich schwerer, zurechtzukommen.

3. Verdeutlichen Sie, dass man den größten Spielraum für eigene Gestaltungsmöglichkeiten hat, wenn man Veränderungen im Kontext genau beobachtet.

4. Eine wichtige Erkenntnis wird zudem sein, dass Menschen sehr unterschiedlich auf Veränderungen reagieren – auschlaggebend sind dabei oft bisherige Veränderungserfahrungen (Ist man in seinem Berufsleben bereits viermal umgezogen, wird der nächste Umzug schon fast zur Routine).

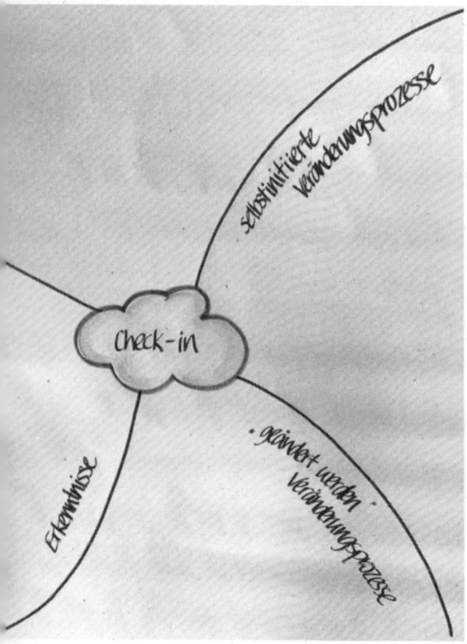

Dementsprechend zeichnen Sie bei der Mind-Map zwei dicke Äste (einen für „selbstinitiierte Veränderungen" und einen für „geändert werden"), denen Sie abstrahiert entsprechende Beispiele zuordnen. Die Äste beschriften Sie zu Beginn erst einmal nicht; dies könnte irritieren nach dem Motto: „Muss mein Beispiel da jetzt reinpassen?" oder Druck bei den Teilnehmenden auslösen. Der dritte dicke Ast darunter ist für „Erkenntnisse" da. Diesen kann man bereits vorher beschriften. Gegebenenfalls umkreisen Sie Erkenntnisse im Debriefing dann noch, um diese hervorzuheben.

Zum Abschluss lässt sich das Chart „Wer immer der/die Gleiche sein will, muss sich ändern" noch für das Debriefing und die Zusammenfassung nutzen. Das Debriefing ist selbstverständlich von den Aussagen der Teilnehmenden abhängig. Betonen Sie dabei insbesondere die Erkenntnisse und bedanken Sie sich für die Offenheit und die Bereitschaft, Erfahrungen zu teilen:

Wer immer der/die Gleiche sein will, muss sich ändern

- Alles Leben ist auf Veränderung und Entwicklung ausgerichtet.
- Veränderungen sind immer auch von individuellen Interessen und Bedürfnissen beeinflusst.
- Veränderungen müssen immer auch als Auswirkungen von Entwicklungen im relevanten Kontext verstanden werden.
- Der wirtschaftliche Veränderungsdruck wächst
  - mit der Dynamik des umgebenden Kontexts (z.B. relevante technologische & digitale Entwicklungen)
  - mit dem Handeln von Marktbegleitern (zeitliche Relevanz)
- Die Akzeptanz von Veränderungen und deren Auswirkungen steigt mit der Möglichkeit des Mitgestaltens.

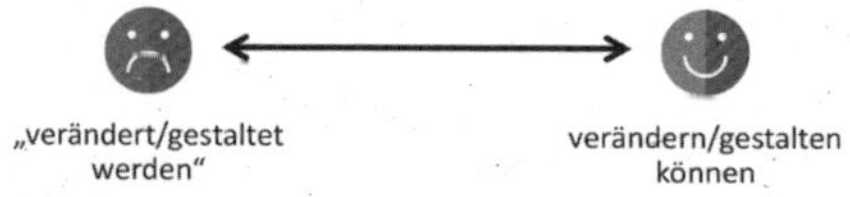

„Denn gerade dieses Training gewinnt ganz enorm durch Ihre Bereitschaft, eigene Erfahrungen und damit auch eigenes Wissen und eigene Erkenntnisse zu teilen. Dass Sie bereit sind, dies zu tun, haben Sie soeben schon gezeigt … Damit wir das auch gemeinschaftlich klären, möchte ich Ihnen nun nach der Pause einige Regeln der Zusammenarbeit für dieses Seminar vorschlagen bzw. mit Ihnen gemeinsam ausarbeiten."

Quelle ▶ Schmidt, G.: Persönliche Mitteilung im Workshop

Modul II – Orientierung ausbauen

Für die erfolgversprechende gemeinsame Arbeit im Training ist ein gemeinsam abgestimmter Rahmen extrem wichtig. Selbstverständlich sollte diese Rahmung Ihren Bedürfnissen und Ihrem persönlichen Stil entsprechen: Wieviel Flexibilität und wieviel Sicherheit Sie selbst brauchen, spielt hier die entscheidende Rolle.

Spielregeln können auch gemeinsam erarbeitet werden, Zielsetzungen sehr abstrakt sein. Gleichwohl setzen wir die drei folgenden Ansätze zur Zusammenarbeit (8 Spielregeln) immer, weil sie aus unserer Sicht die Basis für die gemeinsam geteilte Verantwortung für das Gelingen des Trainings darstellen.

II.1 Zielsetzungen, Spielregeln, Agenda festlegen

Orientierung

Ziele

- Die Teilnehmenden kennen die Zielsetzungen der Veranstaltung
- Die Teilnehmenden kennen die Spielregeln, ergänzen diese gegebenenfalls und committen diese Regeln
- Die Teilnehmenden werden ermutigt, Erfahrungen und Wissen zu teilen und auch Trainerinput kritisch zu hinterfragen
- Die Teilnehmenden kennen die Agenda
- Organisatorisches klären

Zeit

15 Minuten

Material

- Flipchart mit Spielregeln
- Pinnwand mit Agenda

Zielsetzungen vorstellen und anpassen

Die Zielsetzungen variieren natürlich je nach Anlass, Arbeitsauftrag und Zeitdauer des Seminars. Entsprechend müssen diese jeweils von der Trainerin selbst (re-)formuliert werden. Der Vorschlag zu den Zielsetzungen

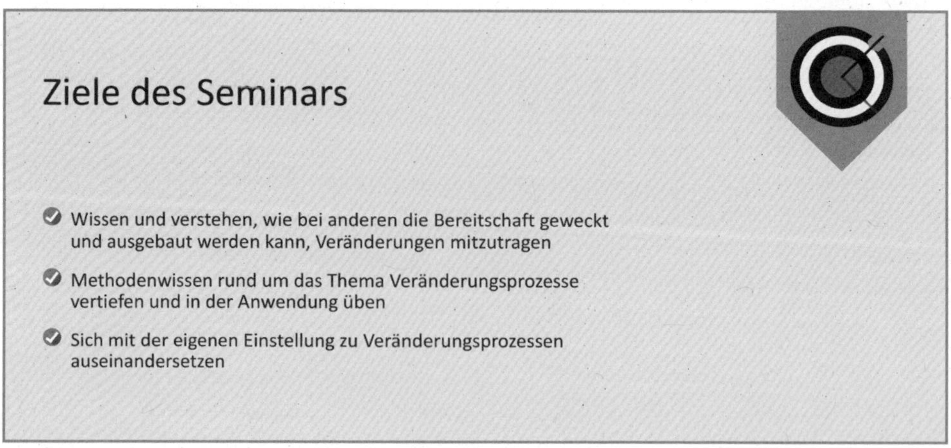

ist deshalb recht knapp und allgemein gehalten. Stellen Sie die Zielsetzungen kurz vor und fragen Sie nach, inwieweit die Teilnehmenden sich mit ihren Zielen generell hier wiederfinden.

Sich auf Spielregeln verständigen

Stellen Sie die auf Flipchart vorbereiteten Regeln vor.

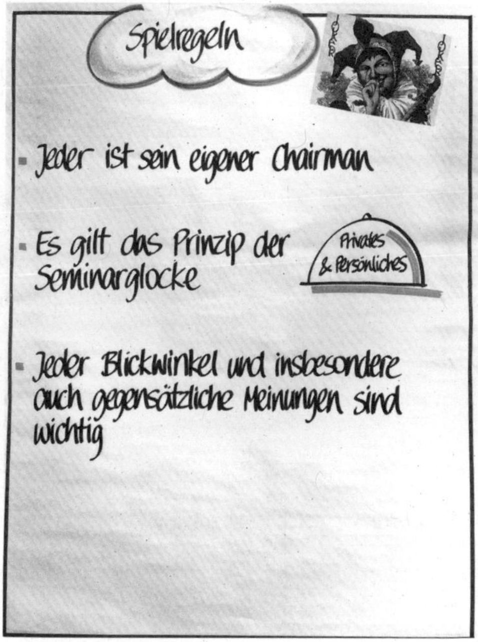

„Für dieses Training ist Ihre Bereitschaft, eigene Erfahrungen und damit auch eigenes Wissen und eigene Erkenntnisse zu teilen, sehr von Nutzen. Dass Sie bereit sind, dies zu tun, haben Sie soeben schon gezeigt ... Damit Sie dies auch weiterhin tun, möchte ich mit Ihnen gemeinsam nun auf die Spielregeln – oder den Arbeitsansatz – für diese Veranstaltung schauen. Die Regeln, die ich hier bereits aufgeführt habe, sind auch für mich wichtig. Ich brauche sie, um gut arbeiten beziehungsweise unsere Zusammenarbeit auf eine gute Basis stellen zu können. Ich werde Sie daher um Ihre Zustimmung zu diesen Regeln bitten, aber gleichzeitig bitte ich Sie auch, die Regeln entsprechend Ihrer Bedürfnisse zu ergänzen. Vorneweg habe ich gleich noch eine Bitte: Um unsere Erfahrungen und unsere Erkenntnisse zu teilen, braucht es eine vertrauensvolle Atmosphäre. Eine Basis, die dabei auch hilfreich sein kann, ist, dass wir uns in einer informelleren Weise begegnen. Diesbezüglich bitte ich darum, dass wir uns hier duzen. Ist das für Sie, für euch in Ordnung?"

Holen Sie sich dann das Einverständnis hierzu ab, sofern es nicht sowieso von Anfang an die Form der Zusammenarbeit war. Klar, das kann man sich als Trainerin auch schon früher abholen oder einfach von vorneherein tun.

„Mein erster Punkt lautet: ‚Jeder ist sein eigener Chairman'. Damit bitte ich euch sozusagen, für euch selbst und eure Bedürfnisse der Vorstand zu sein und zu sagen, wenn euch etwas nicht passt, wenn etwas zu lang, zu kurz oder nicht nachvollziehbar ist. Ich vermute, dass ihr euch gewissermaßen die Zeit für diese Veranstaltung aus den Rippen schneidet – das ist übrigens aus unserer Erfahrung in mindestens 95 Prozent aller Fälle so. Dass vermutlich niemand sonst eure Arbeit erledigt, während ihr hier seid. Also muss dieser Workshop für euch möglichst viel Nutzen stiften. Damit das geschieht, werde ich darauf achten, dass eure Themenwünsche und Fragestellungen

bearbeitet werden, aber ich brauche auch euer Feedback, inwieweit das für euch in angemessener Form geschieht – seid ihr also mit dieser Regel einverstanden?" – Holen Sie sich wieder ein Nicken von allen ab. *„Damit übernehmt ihr also ebenso die Verantwortung für das Gelingen dieser Veranstaltung wie ich … und natürlich nehme ich auch gerne Feedback entgegen.*

Meine zweite mitgebrachte Spielregel lautet: ‚Es gilt das Prinzip der Seminarglocke.' Will heißen: Persönliches, Privates und Vertrauliches bleibt hier in diesem Raum wie unter einer Käseglocke und wird nicht nach außen getragen. Das ist aus meiner Sicht vor allem wichtig, wenn es um persönliche Erfahrungen geht, aber auch um Mitarbeitende, Vorgesetzte … Eben um genau jene Erfahrungen, die wir hier teilen, um daraus lernen zu können. Und diese Regel gilt selbstverständlich auch für mich. Seid ihr mit dieser Regel einverstanden?" – Holen Sie sich erneut das Einverständnis von allen ab.

„Falls hier einmal entgegen allen Erwartungen andere Erfahrungen gemacht werden sollten, dann bitte ich euch, das sofort anzusprechen. Wobei dies im Rahmen meiner Erfahrungen bisher immer sehr gut geklappt hat – und davon profitiert schließlich jeder von uns.

Die dritte hier von mir vorgeschlagene Regel lautet: ‚Jeder Blickwinkel und insbesondere auch gegensätzliche Meinungen sind wichtig!' Es geht mir darum, dass wir Erfahrungen und Meinungen wirklich nutzen! Wenn einer von uns die Erfahrung gemacht hat, dass etwas so funktionieren kann und ein anderer die Meinung vertritt, das funktioniere nicht, dann ist nicht einer von beiden Experten ‚blöd' oder ‚hat es halt noch nicht begriffen', sondern dann wird es erst richtig spannend. Wenn einer von uns ‚Praktizierenden' sagt, das geht, dann ist es für uns wichtig herauszufinden, unter welchen Umständen oder in welchen Kontexten es gehen kann! Und wo der Mehrwert unserer unterschiedlichen Erfahrungen liegen kann."

Holen Sie sich auch hierfür das Commitment bzw. Nicken von allen ab; falls hier noch weitere Regeln gebraucht werden, nehmen Sie diese auf; falls irgendwo Dissens entsteht, würden wir den primär visualisieren und bei passender Gelegenheit darauf zurückkommen oder auch mit dem Dissens leben, wenn wir Themen nicht gemeinsam umsetzen müssen.

„Schön, vielen Dank. Welche ergänzenden Regeln braucht ihr nun noch, um gut arbeiten zu können?"

Zudem ist noch der folgende Hinweis ratsam: *„Es wird ein digitales Fotoprotokoll von allen Charts geben: den gemeinsam erarbeiteten sowie derer, die von mir als Trainerin erarbeitet wurden. Wenn jemand nicht möchte, dass ein bestimmter visualisierter Sachverhalt ins Fotoprotokoll kommt, dann* *sprecht es bitte direkt an. Das entsprechende Chart wird dann aus dem Protokoll herausgenommen.“*

Bei all den Regeln ist es wichtig,

- zügig voranzukommen (deswegen müssen nicht alle bewährten Regeln gemeinsam neu erfunden werden),
- für uns als Trainerinnen einen guten Kontext zum Arbeiten zu schaffen und
- das auch für die Teilnehmenden sicherzustellen.

Häufig reichen diese drei Regeln. Sollten sich während des Seminars weitere Punkte ergeben, lassen sich diese jederzeit nachtragen.

Die Agenda zur Veranstaltung vorstellen

Agenda

Anschließend (oder auch schon davor, das ist Geschmackssache) stellen Sie als Trainerin die Agenda für die kommenden Tage vor, einschließlich Pausenzeiten, Organisatorisches (wo findet Mittagessen etc. statt?): *„Das ist der Plan, der wird aber durch uns immer wieder gemeinsam weiterentwickelt und modifiziert. Hier fügen wir eure Themenwünsche ein, verweilen kürzer oder länger auf den einzelnen ‚Themeninseln‘, je nachdem, wie ihr euch das wünscht und priorisiert.“* – Selbstverständlich tun Sie das dann auch.

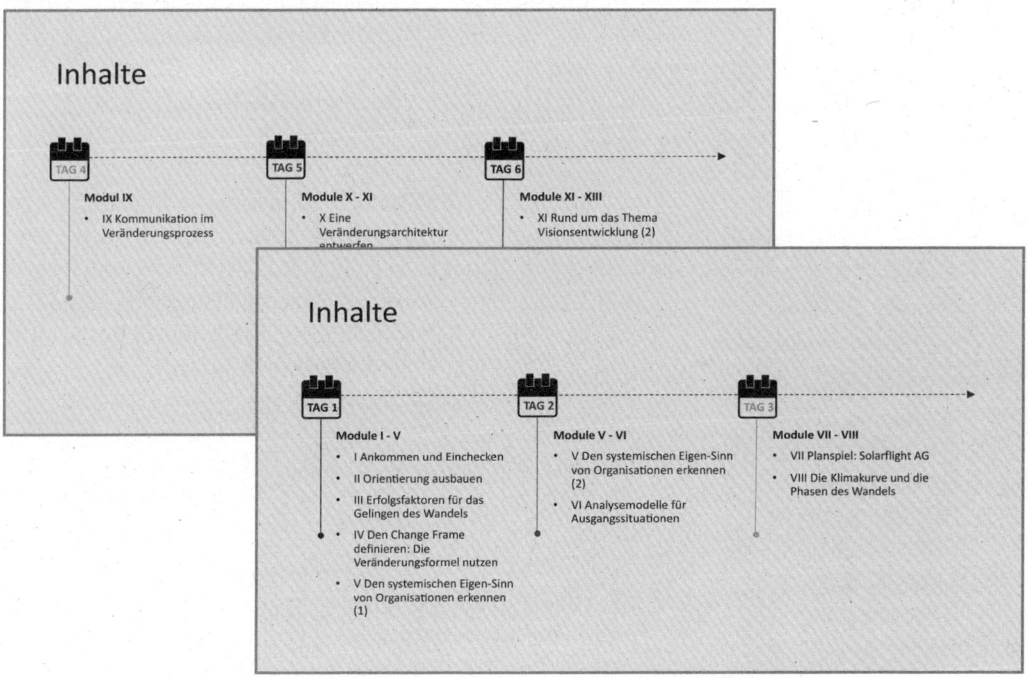

II.2 Meine Changeability und meine Lernziele

Orientierung

Ziele

- Die Teilnehmenden vergegenwärtigen sich die eigenen Stärken, Bedürfnisse und Entwicklungswünsche in Bezug auf das Thema Changeability.
- Die Teilnehmenden formulieren ihre konkreten Lernziele.

Zeit

- Einzelarbeit: 5 Minuten
- Partnerarbeit: 30 Minuten (15 Minuten pro Person)
- Debriefing: 10 Minuten

Material

Kopien „Kompetenzprofil Changeability", analog TN-Zahl

Hinweis

Wenn Sie diesen Baustein online durchführen wollen, beachten Sie bitte, dass das „Kompetenzprofil Changeability" entweder entsprechend auf dem digitalen Whiteboard für jeden Teilnehmenden angelegt ist oder Sie laden das Dokument für alle in den Chat.

Je nach Schwerpunktsetzung des Seminars können Sie das Thema „Meine Changeability" zur weiteren Erfassung und Bearbeitung der Lernziele der Teilnehmenden aufgreifen. Dies ist vor allem dann wichtig, wenn die Menschen im Rahmen eines Change-Prozesses steuernde Funktion übernehmen oder direkt betroffen sind. Dann ist die Selbstreflexion in Bezug auf eigene und die Bedürfnisse anderer besonders wichtig.

Das könnte so aussehen:

„Neben den ganz konkreten Themenwünschen, die ihr mitgebracht habt, schauen wir jetzt ergänzend noch auf eure ganz persönlichen Lernziele für unsere gemeinsamen Tage. Und zwar anhand unserer Metakompetenzen-Changeability. Ziel dieser Übung ist, sich die eigenen Stärken, Bedürfnisse und Entwicklungswünsche in Bezug auf das Thema Changeability klar zu vergegenwärtigen."

Übung

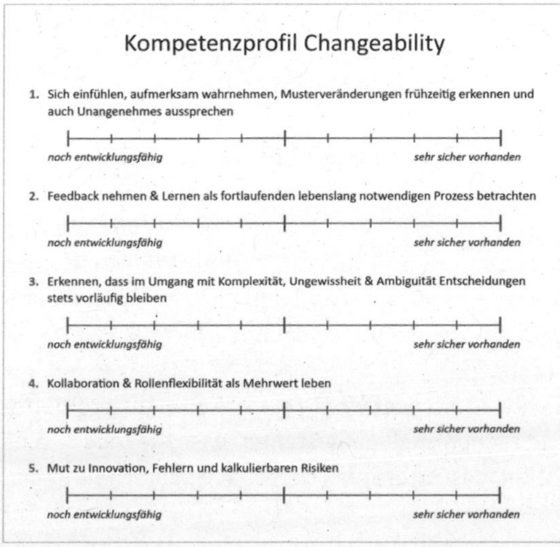

Kompetenzprofil Changeability

1. Sich einfühlen, aufmerksam wahrnehmen, Musterveränderungen frühzeitig erkennen und auch Unangenehmes aussprechen

noch entwicklungsfähig — *sehr sicher vorhanden*

2. Feedback nehmen & Lernen als fortlaufenden lebenslang notwendigen Prozess betrachten

noch entwicklungsfähig — *sehr sicher vorhanden*

3. Erkennen, dass im Umgang mit Komplexität, Ungewissheit & Ambiguität Entscheidungen stets vorläufig bleiben

noch entwicklungsfähig — *sehr sicher vorhanden*

4. Kollaboration & Rollenflexibilität als Mehrwert leben

noch entwicklungsfähig — *sehr sicher vorhanden*

5. Mut zu Innovation, Fehlern und kalkulierbaren Risiken

noch entwicklungsfähig — *sehr sicher vorhanden*

Durchführung

„Bitte reflektiert zuerst für euch selbst anhand dieses Schemas und der Skala für ‚Wollen':

Wie kompetent schätzt ihr euch ein in Bezug auf …

- *Sich einfühlen, aufmerksam wahrnehmen, Musterveränderungen frühzeitig erkennen und auch Unangenehmes aussprechen?*
- *Feedback nehmen und Lernen als fortlaufenden lebenslang notwendigen Prozess betrachten?*
- *Erkennen, dass im Umgang mit Komplexität, Ungewissheit & Ambiguität Entscheidungen stets vorläufig bleiben?*
- *Kollaboration und Rollenflexibilität als Mehrwert leben?*
- *Mut zu Innovation, Fehlern und kalkulierbaren Risiken?*

Stellt anschließend eurem ‚Seminar-Buddy' (dieser kann einfach als Partner spontan von jedem gewählt oder auch gelost werden) *eure Einschätzungen zum Thema gegenseitig vor und beschreibt dann jeweils, woran ihr eure Einschätzungen festmacht. Haltet anschließend ggf. ein bis zwei persönliche Lernziele für euch fest."*

Zu jedem dieser Punkte können Sie Beispiele bringen, um diese zu veranschaulichen, etwa unter dem Stichwort …

- **Musterveränderungen**, z.B. das Thema „Remote Arbeiten" während des Corona-Lockdowns: Wieweit haben Kolleg:innen über die Zeit Musterwechsel im Verhalten anderer Kollegen wahrgenommen und angesprochen?

- **Feedback nehmen und Lernen:** Wieweit haben Teilnehmende angesprochen, wenn sie etwas Neues lernen mussten – ein neues System – und dies nicht verstanden haben?

- **Entscheidungen vorläufig treffen:** Corona-Themen oder auch Prozess-Innovationen bieten jede Menge von Beispielen.

- **Rollenflexibilität:** Wie erging es Führungskräften in „nicht-machtvollen Rollen", etwa als Projektteammitglied zuzuarbeiten und nicht über die finale Entscheidungsmacht zu verfügen?

- **Mut zu Fehlern:** Wieweit wurde etwas Neues ausprobiert und man musste sich schließlich eingestehen, dass die Idee nicht sinnvoll war und nicht fortgesetzt wurde (siehe auch „Entscheidungen")?

Bitten Sie anschließend die Teilnehmenden, noch die Aspekte „Können" und „Dürfen" zu diskutieren: *„Für welche Situationen im Veränderungsprozess könntet ihr noch Ideen, Modelle oder Tools gebrauchen?"*

Bitten Sie ggf. darum, auch hier noch ein bis zwei persönliche Lernziele festzuhalten und, falls die Teilnehmenden es möchten, diese weiteren persönlichen Lernziele auch noch bei den Themenwünschen zu ergänzen.

Für diese Partnerarbeit kann man 15 Minuten pro Person definieren.

Debriefing

Ein Debriefing kann anhand folgender Fragen eingeleitet werden:

- Welche weiteren Aspekte habt ihr bei diesem Thema entdeckt, die ihr teilen wollt?
- Welche Themenwünsche wollt ihr ggf. ergänzen?

Download-Ressource

- Vorlage Kompetenzprofil Changeability

Modul III – Erfolgsfaktoren für das Gelingen des Wandels

Erfolgsfaktoren für das Gelingen des Wandels: Das klingt vielversprechend. Und gleichzeitig möchten wir vorneweg offen unsere Überzeugung mit Ihnen teilen: Wir finden es wichtig, sich diese Faktoren zu vergegenwärtigen und sich nach allen Regeln der Kunst und des Veränderungshandwerks zu engagieren.

Und gleichwohl demütig zu bleiben. Was wirksam werden kann, wissen wir nicht im Vornehinein. Wir haben in der Praxis oft erlebt, dass sich die Faktoren, die wir im Folgenden bearbeiten, als hochrelevant für das Gelingen des Veränderungsprozess gezeigt haben. Und wir empfinden diese als eine Art hilfreiches Geländer, an dem man sich orientieren kann.

III.1 Intro und Gruppenarbeit: Unsere Erfahrungen zu Erfolgsfaktoren in Veränderungsprozessen

Orientierung

Ziele

Bewusstsein schärfen für persönliche Erfahrungen und Erkenntnisse der Teilnehmenden zu den Erfolgsfaktoren für das Gelingen von Veränderungsprozessen

Zeit

- Intro: 5 Minuten
- Gruppenarbeiten: 20 Minuten Partnerarbeit
- Präsentation und Diskussion: 30 Minuten

Material

- Ein Fußball
- Post-its, Stifte
- Je eine Pinnwand pro Gruppe

Hinweis

Wenn Sie diesen Baustein online durchführen wollen, beachten Sie bitte, dass jede Gruppe auf dem digitalen Whiteboard einen eigenen Arbeitsbereich hat, um die zehn wichtigsten Gemeinsamkeiten festzuhalten.

Hinweis

Bei Zeitschätzungen für Übungen, die im Rahmen des Trainings durchgeführt werden, sollten Sie davon ausgehen, dass unterschiedliche Teilnehmende aus unterschiedlichen Unternehmen anwesend sind und dass Sie die Methoden hier gemeinsam eher ausprobieren, als mit ihnen finale Ergebnisse auszuarbeiten. Wenn finale Ergebnisse ausgearbeitet werden, auf denen Unternehmen (Bereiche/Teams) ihre Veränderungsprozesse aufbauen bzw. diese entsprechend integrieren, dann dauert der Methodeneinsatz oft deutlich länger (siehe das Beispiel „Analyse der Unternehmens-Historie“, Seite 85).

Sorgen Sie vorab dafür, dass Alle schon ihr Namensschild beschriftet und sich ein wenig „häuslich“ niedergelassen haben. Dann beginnen Sie:

Intro

„Bevor wir jetzt fortfahren, bitte ich euch eben noch um Folgendes: A (nna), bitte setze dich doch hier vorne hin, B (ernd) bitte an den Platz von C. Und D, dich hätte ich gerne hier am Platz von Z. Und Z ...“

Je nach Reaktion der Teilnehmenden (Fragezeichen in den Augen ...) stoppen Sie den „Ansatz“ direkt wieder, um folgendermaßen fortzufahren:

„Womöglich wundert ihr euch jetzt, wieso ich um diese Platzveränderungen gebeten habe. Nun, das hatte keinen tieferen Sinn. Er war lediglich eine kleine Kostprobe dessen, was in Veränderungsprozessen allzu oft vorkommt: Die Mitarbeitenden werden gebeten, etwas anders zu tun, sich zu verändern. Aber es wird ihnen nicht erklärt, wo der Sinn des Ganzen liegt oder gefragt, ob sie das als sinnvoll empfinden. Möglicherweise wird ihnen erklärt, was passieren wird, wenn sie ‚es‘ nicht tun – mehr in Form einer Drohung als einer Sinnstiftung. Frei nach Karl Valentin kann man dann zwar sagen ‚Früher war auch die Zukunft viel besser‘, doch das motiviert natürlich auch nicht, die Veränderung zu vollziehen. Ebenso wenig, wie ihr gerade motiviert ward, die von mir angesprochenen Veränderungen eurer Sitzplätze vorzunehmen. Wenn Menschen etwas verändern sollen – was auch immer –, dann brauchen sie dafür zuallererst einen Sinn. Sinnstiftung stellt auf einer generellen Meta-Ebene dar, was Nutzenstiftung auf einer individuellen Ebene bedeutet. ‚Menschen arbeiten für Geld, sie sterben für einen Sinn!‘, besagt der Volksmund. Eine wahrlich drastische Aussage und ich weiß nicht recht, ob das ein gutes Beispiel ist. Ein eindrückliches ist es auf alle Fälle.

Was das Thema ‚Drohen‘ auslöst, möchte ich an einem anderen Beispiel verdeutlichen, mit Blick auf diesen Fußball hier.“ – Präsentieren Sie nun einen Fußball.

„Stellt euch bitte vor, ihr wollt diesen Fußball in die linke obere Ecke eines Tors befördern. Was würdet ihr tun? Nun, ihr würdet den Ball an einer bestimmten Stelle treten, ihm möglicherweise einen bestimmten Drall mitgeben und der Ball würde in der linken oberen Ecke des Tors landen.“

Wenn Sie dies können – und wo der Raum es zulässt, sollten Sie den Ball nun unbedingt kicken.

„Nun bitte ich euch vorzustellen, ihr würdet das Gleiche mit einem Hund tun. Ihn in die linke obere Ecke des Tors befördern: Dann versetzt ihr diesem Hund also an einer bestimmten Stelle einen Tritt – was ihr natürlich nie tun würdet – mit einem bestimmten Effet und dann ..., er landet natürlich nicht

in der linken oberen Ecke des Tors. Er wird gegebenenfalls schon beim Ausholen eures Fußes aktiv werden, sich spätestens auf seiner Flugbahn eigenaktiv einbringen. Wenn er gelandet ist, wo auch immer, wird er entweder die Flucht ergreifen oder er wird vielleicht schnurstracks auf den Tretenden zulaufen und versuchen, zu beißen. Oder er wird versuchen, sich zu verstecken und sich tot zu stellen – nach dem Motto: ‚Ich bin gar nicht da', ‚ich mache diesen Menschen möglichst nicht mehr auf mich aufmerksam'. Analog dazu verhalten sich Menschen, die man durch zwingende Strukturen oder gar Drohungen veranlassen möchte, eine entsprechende Veränderung umzusetzen. Sie werden, wenn sie sich gute Chancen auf ein anderes Verhalten in anderen Unternehmen ausrechnen, möglicherweise ‚davonlaufen'. Wenn die betroffenen Mitarbeitenden mutig sind, werden sie sich wehren, vielleicht aggressiv und laut – sie werden hoffentlich nicht gleich beißen. Oder sie werden sich wegducken und tot stellen nach dem Motto: ‚Hoffentlich sieht mich keiner, hoffentlich falle ich nicht auf und so etwas passiert mir nie wieder.' – Fight, flight or freeze sind hier die Optionen!

Möglicherweise habt ihr diese oder ähnliche Erfahrungen auch schon gemacht. Vielleicht aber auch viele andere und daraus andere Erkenntnisse und Schlussfolgerungen gezogen. Ihr verfügt damit über einen wertvollen Erfahrungsschatz. Diese Erfahrungen möchte ich für uns jetzt unbedingt transparent und nutzbar machen. Daher bitte ich euch nun, wie zuvor in unserer Eröffnungsrunde, eure Erfahrungsschatzkisten weiter zu öffnen. Und zwar in folgender Weise: …"

Durchführung

Gruppenarbeit

An dieser Stelle wird die Instruktion zur Einzel- und Gruppenarbeit vorgestellt.

Übung

Erfolgsfaktoren in Veränderungsprozessen

Unsere Erfahrungen

Ziel: Vergegenwärtigen von Erfolgsfaktoren und Fallstricken in Veränderungsprozessen (VPs)

Einzelarbeit: Bitte haltet für euch fest: Welches waren …

- erfolgreiche Veränderungsprozesse, die ihr wahrgenommen/an denen ihr teilgenommen habt?
- weniger erfolgreiche Veränderungsprozesse, die ihr wahrgenommen/an denen ihr teilgenommen habt?

Teamarbeit:

- Stellt euch gegenseitig kurz eure Erfahrungen aus ein bis zwei Prozessen vor und haltet die jeweiligen Gemeinsamkeiten auf Moderationskarten fest (möglichst in ganzen Sätzen).
- Stellt die zehn wichtigsten Gemeinsamkeiten, die ihr gefunden habt, anschließend im Plenum vor.

- Die Zielsetzungen der Gruppenarbeiten werden nochmals explizit gemacht: Es wird herausgearbeitet, über welche weiteren Erkenntnisse zum Thema die Teilnehmenden bereits verfügen.
- Die Gruppenarbeiten werden durchgeführt und präsentiert.
- Nach den Präsentationen wird ein Abgleich moderiert bzw. eine Verdichtung der Ergebnisse durchgeführt. Dazu kann die Seminarleitung beispielsweise fragen: *„Was fällt euch auf, wenn ihr im Vergleich auf die Ergebnisse der jeweils anderen Gruppe schaut?", „Was findet ihr möglicherweise bemerkenswert? Irritierend? Interessant?"*

In der Regel sind die Ergebnisse ziemlich deckungsgleich und nicht widersprüchlich. Meistens ziehen die Teilnehmenden von sich aus das Fazit, dass es offensichtlich genügend Erkenntnisse zum Thema „Veränderungen erfolgversprechend begleiten" gibt, aber dass diese häufig nicht genutzt werden. Als Trainerin kann man an dieser Stelle noch herausarbeiten, dass wir zur Gestaltung von Veränderungsprozessen vermutlich nicht zwingend etwas gänzlich Neues lernen müssen, sondern nur darauf achten, eigene Erkenntnisse auch umzusetzen.

Nach den abschließenden Diskussionen können die zusammengefassten Ergebnisse „Zwölf Faktoren für einen erfolgreichen Wandel" (Seite 46 ff.) aus verschiedenen empirischen Untersuchungen vorgestellt werden. Ziel der Ausführungen sowie der Plenumsarbeit ist es,

- deutlich zu machen, dass sich die Erkenntnisse der Teilnehmenden durchaus mit den generellen Erkenntnissen aus der empirischen Forschung decken,
- dafür zu sensibilisieren, was einen immer wieder davon abhält, diese Erkenntnisse auch umzusetzen sowie
- Bewusstsein für die eigenen Möglichkeiten und die eigene Verantwortlichkeit und auch Grenzen zu schaffen.

Je nachdem, ob es im Unternehmen (Bereich, Team) der Teilnehmenden einen konkreten Veränderungsprozess gibt (= B) oder nicht (= A), fahren Sie entweder mit der Alternative A oder der Alternative B fort.

III.2 Die Faktoren zur Implementierung eines erfolgreichen Wandels

(Alternative A)

Orientierung

Ziele

Die Teilnehmenden setzen sich vertieft mit dem Begriff „Hypothesen und Erklärungsmodelle" auseinander und lernen deren Bedeutsamkeit kennen.

Zeit

- Intro und kurze Diskussion: 15 Minuten
- Murmelgruppen: 20 Minuten
- Präsentation und Zusammenfassung: 10 Minuten
- Debriefing: 10 Minuten
- Transfer-Journal: 10-15 Minuten Partnerarbeit

Material

Eine Pinnwand mit den drei Fragestellungen auf Wolken zu „Unsere Hypothesen zu Change in Theorie und Praxis: Warum dieses Change-Wissen so wenig Anwendung findet"

Hinweis

Wenn Sie diesen Baustein online durchführen wollen, beachten Sie bitte, dass jede Gruppe auf dem digitalen Whiteboard einen eigenen Arbeitsbereich hat, um ihre Ergebnisse zu visualisieren. Stellen Sie die Murmelgruppen einfach durch Erstellen von automatischen Breakout Sessions zusammen.

Intro

Bevor nun weitergearbeitet wird, kann an dieser Stelle zur Vorbereitung und Instruktion der nächsten Gruppenarbeit das Thema „Hypothesenbildung" aufgegriffen werden. Das könnte in etwa so anmoderiert werden:

„Wie wir an den Ergebnissen unserer Gruppenarbeiten sehen, verfügen wir erstens bereits über viel Wissen zum Thema ‚Erfolgsfaktoren erfolgreicher Veränderungsprozesse' und zweitens gibt es keine immer und überall gültigen Erkenntnisse. Das ist insofern interessant, weil etwa rund 2/3 der

Veränderungsprozesse nicht die gewünschten Ziele erreichen. Daher bitte ich euch jetzt, euch noch ergänzend mit dem Thema ‚Erklärungsmodelle zu dieser Situation' zu befassen. Erklärungsmodelle sind Konstrukte, sie sind Hypothesen, die uns helfen, uns einem Thema zu nähern und dessen Komplexität besser zu verstehen. Menschen bilden im Laufe ihrer Sozialisation fortwährend solche Erklärungsmodelle beziehungsweise Überzeugungen aus nach dem Motto: ‚Warum geschieht das und das?' In vielen Fällen läuft dies nicht bewusst ab. Meist fällt dieser Vorgang erst auf, wenn Menschen keine für sie stimmigen Erklärungsmodelle für Vorkommnisse finden. ‚Warum tut meine Mitarbeiterin das?' oder ‚Was erwartet sich meine Vorgesetzte davon, wenn sie das tut?', sind Fragen, die die Suche nach Erklärungsmodellen sichtbar machen. In manchen Kulturen schaffen bzw. erschufen Menschen bewusst Erklärungsmodelle: ‚Es regnet oder auch nicht, weil wir dies oder das getan oder eben gelassen haben.' Denn Menschen können aus der Fassung geraten, wenn sie keine sinnstiftenden Erklärungen finden: ‚Warum ist das passiert? Und warum trifft es ausgerechnet mich?', sind Fragen, die nach eben solchen Erklärungen suchen.

Wir werden in diesem Workshop immer wieder sehr bewusst mit Erklärungen arbeiten, aber immer aus einer Haltung heraus, dass solche Erklärungsmodelle eben keine Wahrheiten sind, sondern lediglich Konstrukte. Vorläufige Arbeitshypothesen, die wir schaffen, um Handlungsoptionen entwickeln zu können, die mithilfe von Zielerreichungsüberprüfungen vorläufig validiert werden können. Dazu kommen wir später noch ausführlich beim Thema ‚Green Screen Loop'.

Was heißt das alles hier für uns? Das bedeutet, dass wir die Ergebnisse unseres Handelns regelmäßig danach hinterfragen, ob ein bestimmtes Ergebnis unsere Hypothese vorläufig bestätigt oder ob wir eine andere zieldienlichere und erfolgversprechendere Hypothese suchen müssen. Im Rahmen der systemischen Beratungsarbeit ist dieser Prozess des Hypothesenbildens ein wichtiger Schritt. Er macht die Basis unseres Handelns, unserer Maßnahmen transparent und erlaubt uns die Überprüfung und Modifizierung unserer Maßnahmen, je nachdem, ob diese zum Ziel geführt haben oder auch nicht. Der Philosoph Carl Weick bringt das so auf den Punkt: ‚Nichts ist so nützlich wie eine gute Theorie'."

Hier können Sie eine kurze Diskussion anschließen und deutlich machen, dass man nach Wahrscheinlichkeiten sucht, die einem sinnvoll erscheinen – und dann entsprechend handelt. Das bedeutet auch, dass man sich dieses Vorgangs in der Transformationsarbeit bewusst sein sollte und entsprechend Erklärungsmodelle fortlaufend auf ihre Nützlichkeit hin überprüfen sollte. Auch und vor allem, wenn sie Entwicklungen im Changeprozess betreffen und dass es teilweise sehr unterschiedliche Hypothesen geben kann, die dann bestmöglich genutzt werden sollten. Es können eben mehr oder weniger realistisch erscheinende, wenig logische oder vielleicht sogar „seltsame" Deutungen („Verschwörungstheorien") auftauchen. Wichtig ist, diese in Ziele und Handlungen zu übersetzen, um bewusst zu lernen. Wenn die Diskussion sehr theoretisch wird, könnten Sie als Trainerin noch folgendes praktisches Beispiel einbringen …

„Bitte stellt euch zum Beispiel folgende Situation vor: Ihr geht in einem Flur eures Unternehmens entlang und trefft euren Vorstand, eine Kollegin …, wen auch immer. Und diese Person, obwohl ihr euch kennt, eilt an euch vorbei, ohne euch zu grüßen. Welche Erklärungsmodelle könnt ihr nun entwickeln?" – Hier sollten Sie die Teilnehmenden einbinden.

„Es könnte bedeuten, dass die Person gerade enorm unter Druck steht und euch gar nicht wirklich gesehen hat, dass sie ihre Brille vergessen hat, dass ihr diese Person irgendwie verärgert habt und dass sie deshalb nicht mit euch spricht, dass ihre Kündigung schon vorliegt, dass die Person an Alzheimer leidet … Was auch immer: Welches Erklärungsmodell ihr auswählt, wird von euren bisherigen Erfahrungen, von eurem Selbstbewusstsein und von weiteren Faktoren abhängen. Gleichwohl wird das von euch gewählte Erklärungsmodell mehr oder weniger große Wirkung bei euch auslösen, eure Stimmung und vor allem euer nachfolgendes Handeln beeinflussen. Obwohl dieses Erklärungsmodell natürlich nur ein Konstrukt ist …"

Hypothesen bzgl. der Ergebnisse unserer Abfrage

→ Hypothesen sind keine Wahrheiten, sondern bestenfalls hilfreiche, vorläufige Annahmen bzw. Erklärungsmodelle.

Erklärungsmodelle …

- helfen uns, die Welt und ihr Funktionieren besser zu verstehen, nach dem Motto: „Warum geschieht das und das?"
- bilden die Basis für unser Handeln.
- sollten regelmäßig überprüft und weiterentwickelt werden.

Als Seminarleitung könnten Sie bereits hier oder auch später (siehe unten) mit dem obigen Chart zum Thema Hypothesen abrunden und dann mit der Instruktion zur Gruppenarbeit fortfahren:

„Weil dieses Thema so wichtig ist, bitte ich euch jetzt noch, eine kurze weitere Reflexion zum Thema anzuschließen und einige Hypothesen zu folgendem Aspekt formulieren: ‚Warum dieses Change-Wissen so wenig Anwendung findet'"

Gruppenarbeit: Unsere Hypothesen zu „Change in Theorie und Praxis: Warum dieses Change-Wissen so wenig Anwendung findet" ***Gruppenarbeit***

Übung

Alternative: Change in Theorie und Praxis

1. Lasst uns gemeinsam einige Hypothesen zu folgenden Fragen sammeln:
   a) Wo sehen wir größere Unterschiede in unseren eigenen Erfahrungen gegenüber den generellen empirischen Erkenntnissen und worauf sind diese Unterschiede zurückzuführen?
   b) Wie erklären wir uns, dass dieses/unser Change-Wissen in der Praxis nicht durchgängig umgesetzt wird?

2. Was können wir, jede/r Einzelne von uns tun, um sich im Veränderungsprozess an diese Erkenntnisse zu erinnern?

Murmelgruppen: 10 Min.

- Wo sehen wir größere Unterschiede in unseren eigenen Erfahrungen im Vergleich zu den generellen empirischen Erkenntnissen? Worauf führen wir diese Unterschiede zurück?
- Was glauben wir, weswegen dieses/unser Wissen so wenig Anwendung in der Praxis findet, was sind unsere Hypothesen diesbezüglich?
- Was können wir, jeder Einzelne von uns, tun, um sich im Veränderungsprozess an diese Erkenntnisse zu erinnern?

Planen Sie 20 Minuten Gruppenarbeit und 2 bis 3 Minuten Präsentation sowie eine abrundende würdigende Zusammenfassung ein.

III.3 Die Evaluation unseres Veränderungsprozesses

(Alternative B)

Orientierung

Ziele

- Die Teilnehmenden vertiefen die 12 Faktoren für erfolgreichen Wandel
- Sie gleichen ihre eigenen Erfahrungen mit der „Evaluierungsmatrix unseres Veränderungsprozesses" ab

Zeit

- Plenumsarbeit: 10 Minuten
- Einzelarbeit: 5 Minuten
- Diskussion: 40 Minuten
- Debriefing: 10 Minuten

Material

- Arbeitspapier „Evaluierungsmatrix unseres Veränderungsprozesses" analog TN-Zahl
- Eine Pinnwand mit der Evaluierungsmatrix
- Flipchart oder Mind-Map für die Visualisierung der Handlungsbedarfe

Hinweis

Wenn Sie diesen Baustein online durchführen wollen, könnte die Evaluierung auch einfach mit Umfrage-Tools wie Forms oder Mentimeter geschehen.

Nach den abschließenden Diskussionen zu III.1 oder III.2 können die zusammengefassten Ergebnisse „Zwölf Faktoren für einen erfolgreichen Wandel" aus den verschiedenen empirischen Untersuchungen vorgestellt werden (siehe Chart). Zu jedem der Faktoren können Sie erklärende Anmerkung bieten. Ansonsten können Sie sich aber auch einfach nur auf die Ausführungen der Teilnehmenden beziehen, was in 95 Prozent aller Fälle absolut passend sein wird. Ziel ist hier, dass diese Punkte nochmals gut verankert und erinnert werden.

Faktoren für erfolgreichen Wandel

(modifiziert nach Kotter, 2021)

1. „Lead-Truppe" mit machtvollen Promotoren bilden
2. Aspekte der Notwendigkeit und Dringlichkeit der Veränderung klar definieren und kommunizieren (18x)
3. Change-Vision entwickeln und verdeutlichen (18x)
4. Yes, we can! (Bereits vorhandene) Kompetenzen herausarbeiten und aufzeigen, die es braucht, um im Transformationsprozess erfolgreich zu sein
5. Ambivalenzen und Ungewissheiten ehrlich ansprechen
6. Die Change-Architektur transparent machen - Konkrete Meilensteine und Erfolgskriterien definieren
7. Permanent und intensiv kommunizieren, auch Face-to-face
8. Plattformen der Beteiligung schaffen und Prozess mittels Feedback und Evaluation monitoren (Puls-Checks); Ideen und Impulse wirklich diskutieren und integrieren
9. Prozesse, Strukturen und Tools an die Change-Ziele/ Erfolgskriterien anpassen
10. „Quick wins" herausarbeiten
11. Das Neue konsequent einfordern und trainieren
12. Lernkultur stärken: Fehler, Scheitern und Pivots offen ansprechen und herausarbeiten, was gelernt wurde

Erläuterung der Erfolgsfaktoren

Selbstverständlich sind auch die hier aufgeführten Aspekte wiederum Überzeugungen, Konstrukte, denen man folgen, die man aber auch in Frage stellen oder lassen kann. Dennoch: Nichts ist so nützlich wie eine gute Theorie.

Punkt 1: Machtvolle Promotoren stehen hinter dem Veränderungsprozess und gehören zur „Lead-Truppe"!

„Wo nicht im Frühstadium einer Veränderung eine kritische Menge von Unterstützern und davon wiederum von Meinungsmachern zusammenkommt, ist zu befürchten, dass der Veränderungsprozess versandet. Die aktive Unterstützung von machtvollen Entscheidungsträgern, ‚Change-Sponsoren' befördert den Erfolg eines Change-Prozesses entscheidend. Die Erfahrung lehrt: Initiativen an Graswurzelbewegungen in Unternehmen sind leider zu mindestens 80 Prozent nicht erfolgreich. Diese gewinnen erst dann an Momentum, wenn eine starke Koalition von machtvollen Promotoren sich für die Themen bzw. die Ziele und Vision des Transformationsprozesses stark machten. Solche Koalitionen sollten unbedingt auch ‚Schlüsselpersonen' aus der Linie angehören, starke Führungspersönlichkeiten des operativen Managements und auch aus dem Betriebsrat. Für diese Koalition von Erneuerern bedarf es eines intensiven Einschwörens, es bedarf des Austauschs von Meinungen ohne Zeitdruck, sodass Vertrauen aufgebaut und ein synchronisiertes Vorgehen hinsichtlich der wichtigsten Erfolgsfaktoren im Veränderungsprozess möglich wird."

Punkt 2: Ein Gefühl der Notwendigkeit und Dringlichkeit bei allen schaffen

„Gerade der zweite Punkt hört sich oft so selbstverständlich an: Es muss, um es mit einem Wortspiel zu sagen, ‚Not abgewendet werden'. Das be-

deutet oft schlicht, dass erklärt werden sollte, warum man eine bestimmte Veränderung initiiert. Und diese Erklärung sollte selbstverständlich ehrlich und nachvollziehbar sein. Nach dem Motto: Was passiert, wenn wir nichts ändern? Was passiert, wenn nichts passiert? Dabei ist ganz wichtig, dass dies nicht als Drohung an die Wand gemalt wird, sondern beschreibend im Sinne der Auswirkungen und Folgekosten. Was hätte dies für Auswirkungen bei Kunden, für das Unternehmen …? Klar, wir haben es nie in der Hand wie eine Aussage von uns wirkt, aber die Haltung, mit der wir etwas beschreiben, ist essenziell. Und klar ist auch, dass jeder Mensch hier seine eigene Perspektive hat. Gleichwohl bei aller Unterschiedlichkeit ist es wichtig, hier ein kollektives Verständnis für die Notwendigkeit und Dringlichkeit des Handelns zu entwickeln.“

An dieser Stelle können Sie noch die Botschaft der „Magischen 18“ ins Spiel bringen. Gemeint ist damit, dass man bestimmte Informationen bis zu 18 Mal gehört hat, bevor man sie wirklich aufgenommen hat und zu eigen macht. Diese Erkenntnis stammt ursprünglich aus dem Kontext der Werbepsychologie: Menschen haben durchschnittlich bis zu 18 Mal eine bestimmte Botschaft gehört, bis sie dazu „Ja“ sagen, also das Prokukt kaufen. Diese Information, etwas so häufig gehört zu haben, bis man es sich zu eigen macht, löst häufig Aha-Effekte vor allem beim Topmanagement aus und überzeugt davon, dass wir während des Veränderungsprozesses eine systematische Information und Kommunikation mit den verschiedenen Interessengruppen brauchen. Dass Plakate kleben und T-Shirts verteilen keine Lösung ist (siehe auch „Die Kommunikations-Kollision umgehen“ in Modul IX, Seite 158 ff.).

Auch könnten Sie noch das gute alte Beispiel der „Langen Straße der Kommunikation“ von Konrad Lorenz zum Abrunden kurz einfügen (siehe Abb. unten).

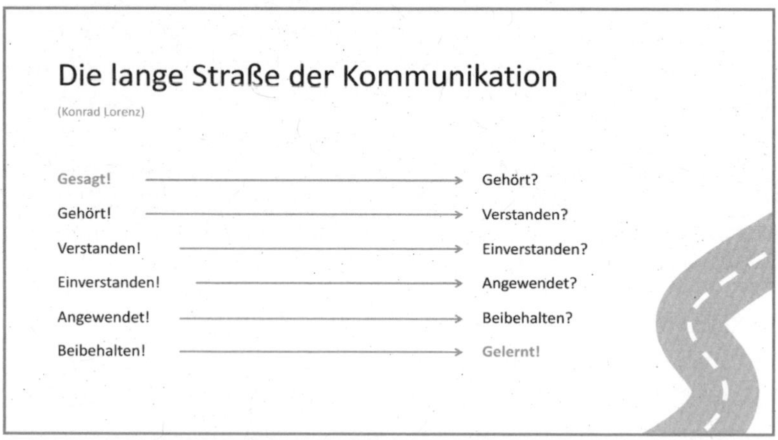

Punkt 3: Eine Vision entwickeln und verdeutlichen

„Ohne eine sinnlich-emotionale, attraktive Vision können Transformationsbestrebungen leicht in eine Anhäufung unübersehbarer, scheinbar nicht zusammenhängender, verwirrender Projekte und Aktionen zerfallen, die nicht nachvollzogen werden können und lediglich Verwirrung, Befremden oder womöglich sogar Widerwillen auslösen. Da helfen stapelweise Projektpläne, Verfahrensvorschriften und Handbücher nicht weiter. Menschen brauchen Sinnhaftigkeit und ein ‚Wofür'! Und dieses ‚Wofür' ist nicht ‚Wir wollen den Umsatz, Ertrag oder einen Deckungsbeitrag X um Y-Prozent erhöhen', denn wozu das Ganze? Um noch mehr zu arbeiten? Das ist absolut keine begeisternde Vorstellung. Sinnhaftigkeit für das Unternehmen bedeutet vor allem Nutzen! Etwas Nützliches und Begeisterndes schaffen, das ist es, was Menschen treibt, weswegen sie in Honkong trotz enormer Bedrohungen auf die Straßen gingen oder sich der ‚Fridays for Future'-Bewegung anschließen. Eine solche Vision für den Change-Prozess zu skizzieren, kann aber nur ein erster Schritt sein. Die verschiedenen Interessengruppen sollten zur Ausformulierung gehört und einbezogen werden. Eine Methode für ein solches Vorgehen werden wir uns hier in unserem Seminar noch gemeinsam anschauen."

Entschuldigung, diese Bemerkung können wir Autorinnen uns nicht verkneifen: Das Topmanagement sollte sich endlich von der Vorstellung lösen, dass die meisten Menschen im Unternehmen zu wenig arbeiten. Denn das tun nur die Wenigsten! Sie tun manchmal – aus bestimmten Perspektiven heraus betrachtet – möglicherweise die falschen Dinge, aber um das zu ändern, muss zunächst einmal jemand klare Orientierung geben und Kräfte bündeln.

Punkt 4: Yes, we can!

„Das bedeutet: Herausarbeiten und Aufzeigen der teilweise bereits vorhandenen Kompetenzen, die es braucht, um im Transformationsprozess erfolgreich zu sein. Menschen fragen sich im Rahmen von Veränderungen immer, wieweit sie in der Lage sein werden, das Neue umzusetzen beziehungsweise zu lernen, um auch in Zukunft erfolgreich zu sein und gebraucht zu werden. Und wenn diesbezüglich Zweifel auftauchen, dann steigt die Wahrscheinlichkeit, dass Veränderungen abgelehnt werden und Widerstand entsteht. Ein Vorgang, der nicht zwingend bewusstseinspflichtig ist. Hier zu ermutigen und zu beschreiben, welche teils auch kleinere Veränderungen man bereits in der Vergangenheit hinbekommen hat – oder auch, wo man gescheitert ist und was man daraus gelernt hat – und über welche konkreten Fähigkeiten und Kompetenzen alle miteinander daher konkret verfügen, Stichwort Storytelling, ist motivierend und ermutigend. Wie wir das tun können, darauf werden wir später noch schauen."

Punkt 5: Ambivalenzen und Ungewissheiten ehrlich ansprechen

„Machen wir uns nichts vor: Alle Mitarbeitenden wissen, dass Veränderungen immer einhergehen mit mehr Aufwand, mit Ungewissheit und Instabilität. Deswegen ist es das Beste, solche und ähnliche, möglicherweise schwierig wirkende Themen offen und direkt zu adressieren und zu verdeutlichen, wie die Geschäftsleitung und alle Mitarbeitenden damit umgehen will und was die diesbezüglichen Erwartungen sind. Viele Change-Initiatoren haben erfahrungsgemäß Angst, solche Themen offen auszusprechen nach dem Mot-

to: ‚Bringen wir die Mitarbeitenden gar nicht erst auf die Idee …' Hier gibt es eine klare Empfehlung von unserer Seite: Aussprechen – denn ‚The elephant is in the room anyway' – und da hilft nur, ehrlich zu bleiben. Auch im Sinne von Einwandvorwegnahmen."

Punkt 6: Die Change-Architektur transparent machen – konkrete Meilensteine und Erfolgskriterien definieren

„Vorgehensweisen und Planung verändern sich in Transformationsprozessen immer wieder. Gleichwohl, wir alle brauchen eine gewisse Prozess-Sicherheit und Orientierung. Daher ist dieser Erfolgsfaktor eine Selbstverständlichkeit. Auch wenn sich Vorgehensweisen immer wieder ändern, Schwerpunkte neu gesetzt und sich Erkenntnisse weiterentwickeln werden. Meilensteine, Ziele und Vision haben primär das Ziel, uns in Bewegung zu bringen, denn Veränderungen ist ein Lernprozess, keine Blaupause."

Punkt 7: Permanente und intensive (auch) Face-to-face-Kommunikation

„Wo Transformationsbestrebungen zum Erfolg führen, nutzen die Change-Initiatoren sämtliche verfügbaren Kommunikationsmöglichkeiten, um sich fortlaufend und initiativ über den Veränderungsprozess auszutauschen. Sie sorgen dafür, dass nicht nur Einweg-Kommunikation betrieben, sondern vor allem auch der Dialog mit den Betroffenen gesucht wird, dass Ideen gehört und aufgegriffen werden. Sie initiieren Chats auf Plattformen und in Foren und Communication-Loops, um Informationen zu bekommen. Sie öffnen ihre Ohren in Sounding-Boards und schärfen ihre Wahrnehmungen für Musterveränderungen. Entsprechende Methoden hierfür werden wir im Laufe des Seminars vorstellen und nutzen. In diese Kategorie fallen auch Pulschecks bzw. Methoden des Feedbacks und der Prozess-Evaluierung. Wir werden uns hierzu in unserem Training noch eine Reihe von Werkzeugen anschauen, die uns in diesem Sinne voranbringen und die Identifikation mit den Neuerungen stärken können."

Punkt 8: Plattformen der Beteiligung schaffen

„Der altbekannte Slogan ‚Betroffene zu Beteiligten machen und nicht Beteiligte zu Betroffenen' verbirgt sich hinter diesem Erfolgsfaktor. Ohne Zweifel bewirkt die Möglichkeit, mitsprechen und mitgestalten zu können, das größte Momentum der Motivation und sorgt zugleich für bestmögliche Vorgehensweisen und Entscheidungen. Bereits ein Blick auf unsere Mind-Map der Einstiegsrunde belegt dies … Dabei ist hier keineswegs gemeint, dass jeder überall Face to face mitsprechen muss. Jedoch ist eine sinnvolle Partizipation vor allem auch eine Frage der Organisation und der Methodik. Zudem sichert Beteiligung bessere Entscheidungen und praxisgerechtere Lösungen, auch wenn dafür manchmal etwas mehr Zeit benötigt wird. Dafür können wir mit einer schnelleren und konsequenteren Umsetzung rechnen."

Punkt 9: Prozesse, Strukturen und Tools an die Change-Ziele/ Erfolgskriterien anpassen

„Alte Trampelpfade zu verlassen, ist eine große Herausforderung: Wenn man bislang mit dem Kollegen im Vertrieb wunderbar direkt Themen vorangetrieben hat, warum soll man nun plötzlich Themen mit jemandem aus dem Marketing oder gar mit Compliance abstimmen, zumal ‚die alles so kompliziert sehen'? Und obendrein, wenn man befürchtet, auf diese Weise das erwartete Betriebsergebnis nicht erzielen zu können? Ihr glaubt, das wäre ein Einzelfall? Mitnichten. Neue Prozesse auf dem Papier erscheinen erst einmal ungewohnt und voller Hindernisse! Selbst wenn man sie mitgestaltet hat. Demgegenüber lockt der alte Trampelpfad der gefühlten Effizienz. Daher müssen Rahmenbedingungen, Systeme und Strukturen, egal, ob alt oder neu, stets auf die Förderung des Gewünschten hin überprüft und Hindernisse aus dem Weg geräumt werden. Das beginnt beim Thema Führungsverständnis und hört nicht auf bei Vergütungssystemen und Leistungsbewertung. Wenn hierdurch eher Einzelkämpfertum gefördert wird, statt die gewünschte neue Kollaborationsformen zu stärken, dann sinkt die Erfolgswahrscheinlichkeit unseres Veränderungsprozesses deutlich."

Punkt 10: Quick wins planen

„Wirkliche Veränderungsprozesse tragen vermutlich manchmal erst nach ein bis zwei Jahren Früchte: Die Kundenbindung wird nachhaltiger, Prozesse werden beschleunigt, Effizienzpotenziale werden gehoben. Das alles bedarf Zeit. Wenn aber zu lange keine Erfolge sichtbar werden, dann droht eine Transformation leicht an Schwung einzubüßen. Daher die Notwendigkeit von Quick wins. In einem Change-Projekt zum Thema ‚Kundenzufriedenheit steigern' wurden zum Beispiel in einem Puls-Check bestimmte Schlüsselkunden befragt, inwieweit sie eine Veränderung spürten, und die Antworten der Kunden wurden veröffentlicht. Das hat einige Abwartende überzeugt, mehr mitzuziehen. Klar kann der Wunsch, kurzfristige Erfolge zu erzielen, Druck aufbauen. Gleichwohl kann ein solcher Druck die Kreativität in einem Veränderungsprozess durchaus anspornen." (Harvard Business Review, 2018)

Punkt 11: Das Neue konsequent einfordern und trainieren

„Reskilling- und Upskilling-Prozesse über alle Mitarbeitenden hinweg müssen intensiv begleitet werden. Wohl wissend, dass Einstellungen und Verhalten zu ändern ein herausforderndes Vorhaben ist. Fortlaufende Feedback- und Aushandlungsprozesse sind zwingend notwendig und sollten frühzeitig als etwas ‚völlig Normales' geplant und eingespielt werden. Und nicht erst, wenn diesbezügliche Konflikte bereits auf der Beziehungsebene gelandet und emotionalisiert sind. Das gilt besonders auch für das Führungsverhalten. Veränderungen sind erst dann richtig im Unternehmen verankert, wenn sie in die Rollen-DNA der Führungskräfte eingeflochten wurden. Den Führenden muss in jeder Transformation besondere Aufmerksamkeit geschenkt

werden. Sie sind die ‚big hubs', die Multiplikatoren, die in allen Veränderungsprozessen als Vorbilder wirksam werden. Wenn ihr Verhalten nicht klar den propagierten Veränderungen entspricht und unpassendes Verhalten toleriert wird, machen sich schnell Ironie und Spott in der Belegschaft breit. Die Bereitschaft, als Mitarbeitender etwas zu verändern, sinkt drastisch."

Punkt 12: Lernkultur stärken: Fehler und Pivots offen erklären

„In Startups ist ‚We are pivoting' ein häufig gehörter Satz, der klar macht: ‚Wir müssen umschwenken, weil wir neue Erkenntnisse haben'. Oder: ‚Unsere Annahmen haben sich nicht bewahrheitet'. Oder: ‚Weil der für uns relevante Kontext sich geändert hat'. Und das gilt als wichtiger und notwendiger Erkenntnisfortschritt und nicht als Schwäche oder gar Eingeständnis von Inkompetenz. Leider erleben wir, dass eine solche Haltung in vielen Unternehmen immer noch nicht zur gelebten Kultur gehört. Innovationsprojekte werden ‚mitgeschleppt', obwohl es längst klar ist, dass das Thema durch ist. Sinn stiften und erklären wäre das mindeste, was Führende tun müssten, doch welch verschenktes Lernpotenzial? Schlimmer noch: Wer möchte in ein Change- oder Innovationsprojekt, wenn diese so enden können? Die Notwendigkeit, auf dem Weg etwas zu verändern, ist in Transformationsprojekten allgegenwärtig. Denken Sie nur beispielsweise an das Thema ‚Immobilienmanagement'. Vor der Coronakrise waren von New York bis Frankfurt Büroräume knapp und teuer. Bereits während der Coronakrise haben viel große Konzerne angekündigt, dass sie bis zu 30 Prozent ihrer Büroflächen abbauen werden, weil sie davon ausgehen, dass später dauerhaft etwa jeder Dritte von zu Hause aus arbeiten wird. Das Ergebnis ist: Büroflächen stehen leer, Neubauprojekte wurden gecancelt. Die Frage lautet: Was machen wir jetzt mit diesen Flächen?"

Zielsetzungen der Ausführungen und Plenumsarbeit ist es,

- deutlich zu machen, dass sich die Erkenntnisse der Teilnehmenden durchaus mit den generellen Erkenntnissen aus der empirischen Forschung decken,
- dafür zu sensibilisieren, was einen immer wieder davon abhält, diese Erkenntnisse auch umzusetzen sowie
- Bewusstsein für die eigenen Möglichkeiten und die eigene Verantwortlichkeit zu schaffen.

Wenn sich die Teilnehmenden aus einem Unternehmen rekrutieren und in definierten Transformationsprojekten mitwirken, kann man an dieser Stelle sehr gut die Evaluierungsmatrix einsetzen. Zum Beispiel, um sich als Change-Begleiter zu evaluieren nach dem Motto: „Wie sind wir derzeit unterwegs?" Oder: „Worauf sollten wir achten?" Dies könnte auch einfach mit Forms oder per Mentimeter geschehen. Anhand solcher „Puls-Check-

Abfragen" lassen sich Entwicklungen im Projekt gut nachverfolgen. Die Ergebnisse können dann zum Beispiel Schritt für Schritt mit den Fragen auf dem Chart bearbeitet werden.

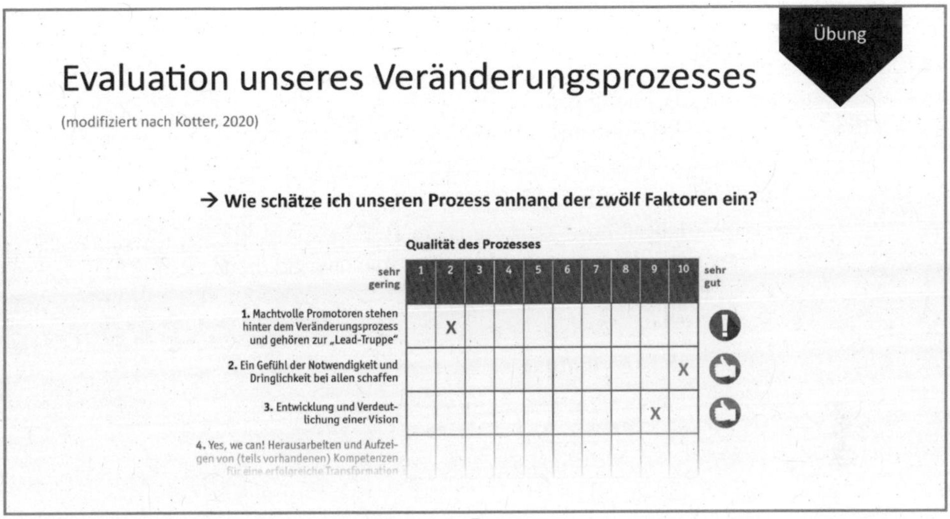

Download-Ressource

In einer abschließenden Diskussion sollten im Plenum noch einmal folgende Aspekte zusammengefasst werden:

Wenn ich mir die Ergebnisse unserer Evaluation anschaue:
- Was überrascht mich?
- Was ist interessant?
- Wo sehe ich den größten Handlungsbedarf? Was ist zu tun?

Die Ergebnisse werden von der Seminarleitung mitvisualisiert. Wenn wir über einen realen Change-Prozess diskutieren, so sollten die Handlungsbedarfe gemeinsam priorisiert werden. Aus unserer Sicht eignet sich hier zum Beispiel die Konsent-Methode (Rüther, 2010), Seite 109. Auch kann es sehr hilfreich und interessant sein, hier den Green Screen Loop (Seite 72 ff.) einzusetzen, um im nächsten Schritt, also bei der nächsten Befragung, die aufgestellten Hypothesen des vorangegangenen Schritts vor Augen zu haben und zu nutzen. Dies kann als Abschluss des Moduls betrachtet werden oder man setzt als Trainerin noch den nachfolgenden Baustein ein.

Quellen

- Harvard Business Review 2018 - Better brainstorming by Hal Gregersen.
- Rüther, W. (2010): Soziokratie. Ein Organisationsmodell. Grundlagen, Methoden und Praxis. Seminarunterlage und Einführungstext. 2. korrigierte und leicht aktualisierte Auflage.

III.4 Debriefing und Transfer-Journal

Orientierung

Ziele

- Die Teilnehmenden besprechen die bisherigen Erkenntnisse
- Sie lernen das Transfer-Journal als Tool kennen

Zeit

- Debriefing: 10 Minuten
- Transfer-Journal: 10-15 Minuten Partnerarbeit

Material

- Transfer-Journal

Debriefing

Zielsetzung des Debriefings ist es, die Erkenntnisse der Teilnehmenden durch eine erweiterte Zusammenfassung nochmals zu verstärken und zu festigen.

Erfolgsfaktor Beteiligung

Betroffene zu Beteiligten machen!

Alles spricht dafür:

1. Identifikation mit dem Unternehmen
2. Motivation der Betroffenen
3. Bessere Entscheidungen & praxisgerechtere Lösungen
4. Konsequentere Umsetzung

(vgl. Change-Management 2021, Doppler)

Sinnvolle Partizipation ist nicht nur eine Frage der Führung, sondern vor allem auch eine Frage der Organisation und der Methodik (Nicht jeder muss bei jedem Aspekt persönlich **„mitsprechen“**).

Das Transfer-Journal füllen

Zudem sollte an dieser Stelle das Transfer-Journal eingeführt werden. Dieses dient den Teilnehmenden als persönliche Transferhilfe, in der sie zusammenfassen, was ihnen im vorangegangenen Baustein persönlich wichtig war (das kann auch dann geschehen, wenn es ein gemeinsames

Change-Projekt gibt und man ggf. sogar einen gemeinsamen Maßnahmenplan entwickelt hat). Das Transfer-Journal fragt nach kurzfristigen und längerfristigen Möglichkeiten der Umsetzung, was den Transferprozess nochmals stärken soll. Als Trainerin räumen Sie den Teilnehmenden dafür 5-10 Minuten Zeit ein. Erfahrungsgemäß ist es hilfreich, die Transferarbeit als Partnerarbeit durchzuführen. Das Gespräch über die eigenen Vorhaben ist für die Umsetzung förderlich. Dafür sollte dann einen Zeitraum von 10-15 Minuten eingeplant werden.

Übung

Das Transfer-Journal füllen

Was ich für mich aus dem Themenbereich **Erfolgsfaktoren für das Gelingen des Wandels** mitnehmen will: Was will ich beobachten? Was ausprobieren? Was wie in meinem Umfeld umsetzen?		
		Innerhalb der nächsten 48 Stunden
		Innerhalb der nächsten 14 Tage
		Innerhalb der nächsten drei Monate

Vermutlich ist Ihnen beim Lesen aufgefallen, dass wir die Begriffe „Change", „Transformation" und „Veränderung" synonym benutzen. Wir haben uns einige Male mit der Abgrenzung dieser Begriffe auseinandergesetzt: Dabei konnten wir die gefundenen Unterscheidungen nicht nachvollziehen. Per Definition könnte man es so sehen: Der Begriff „Change" steht für Veränderung und der Begriff „Transformation" für eine stark ausgeprägte Veränderung. Unsere Kollegin Claudia Hülk, Change-Begleiterin bei Robert Bosch, hat das so definiert: „Also, Wandel, dazu assoziiere ich Wechsel – wie Tiere, die ihr Winter- ins Sommerfell wechseln. Transformation ist für mich umfassender; eben wie der Wechsel von der Gestalt einer Raupe in die des Schmetterlings." Oder wie es Renate Osterchrist (vgl. Organisationsentwicklung 4/21) ausdrückt: „Unter Change verstehen wir eine Veränderung (eines Teils) der Organisation ... Das Grundverständnis des Miteinanders bleibt jedoch gleich ... Bei einer Transformation werden die grundlegenden Prinzipien von Kontrolle, Positionsmacht, Freiheitsgrade von Teams und Ausrichtung am Kundennutzen ... verändert."

Quelle

- Osterchrist, Wagner & Forster: Change Beratung lernen. In: OE Heft 4 2021: Wir feiern - 40 Jahre Organisationsentwicklung , S. 24 bis 29.

Energizer: Autogrammjagd

Orientierung

Ziele

Zeigen,

- dass Prozesse individuell sehr unterschiedlich empfunden werden: Was für die eine Person einen ganz normaler Verbesserungsprozess darstellt, ist für eine andere ein einschneidender Veränderungsprozess.
- dass es immer auch von der eigenen Mitgestaltungsaktivität abhängt, wie Maßnahmen wirken.
- dass man möglichst jeden Betroffenen (wenn auch nur kurz) bei Veränderungen fragen, d.h. einbeziehen sollte.

Zeit

20 Minuten

Material

- „Autogrammkarten" (siehe Beispiel), die mit den Regeln bedruckt und mit „Runde 1", „Runde 2" und „Runde 3" gekennzeichnet sind, jeweils analog der TN-Zahl vorbereiten
- Eine Uhr mit Sekundenanzeige

Hinweis

- Abgrenzung zwischen Veränderungsprozess und Verbesserungsprozess ansprechen.
- Notfalls geht das Ganze auch mit einfachen Moderationskarten ohne Aufdruck.
- Diese Übung lässt sich nur in Präsenz durchführen.

Eine Übung, mit der Sie gleich zwei Effekte nutzen können: Zunächst bringen Sie mit dieser Aktivierung Ihre Teilnehmenden ins Tun. Darüber hinaus erfahren sie, wie unterschiedlich Prozesse wahrgenommen werden und wie entscheidend Mitgestaltung für das Gelingen von Prozessen sein kann. Die Übung haben wir aus der Übungssammlung Spielbar (Rachow (Hrsg.), 2000) adaptiert.

Durchführung

Das Spiel wird in zwei bis drei Runden zu je 20 Sekunden gespielt. Wenn es weniger Personen sind – etwa 8 – dann nur 15 Sekunden.

Zwischen den Spielrunden finden Reflexionsphasen statt, die jeweils 2-5 Minuten andauern und in denen besprochen wird (dazu regt die Trainerin an), wie man sich hinsichtlich der Zielsetzungen steigern könnte. Für das Debriefing am Ende der Übung sollten mindestens 5 Minuten eingeplant werden.

Jeder Teilnehmende erhält zu Beginn des Spiels eine Autogrammkarte mit der Bezeichnung „Runde 1". Auf der Vorderseite befinden sich die Spielregeln, auf der Rückseite dieser Zettel sammeln die Spieler ihre „Autogramme". Die Spielregeln auf der Autogrammkarte werden von Ihnen als Trainerin vorgelesen und erklärt. Ziel ist, möglichst alle Autogramme der anderen Teilnehmenden zu sammeln.

Beispiel Autogrammkarte

- Ziel des Spiels: So viele Punkte wie möglich in einer vorgegebenen Zeit sammeln.
- So punktest du: Du erhältst 1 Punkt für jede Unterschrift (von unterschiedlichen Personen), die sich auf deiner Autogrammkarte befindet, wenn die Zeit abgelaufen ist. Doppelte Unterschriften der gleichen Person auf einer Karte zählen nicht doppelt.
- Es dürfen nur Autogrammkarten unterschrieben werden, die vom jeweiligen Autogrammgeber persönlich „gehalten" (und damit auch persönlich unterschrieben) werden.

Die Teilnehmenden legen meist sofort mit dem Autogrammesammeln los. Sobald dies der Fall ist, müssen Sie auch die Zeit stoppen und das laut und deutlich sagen: *„Dann starte ich jetzt sofort die Zeit."* Wenn Sie möchten, können Sie durchaus vorab mitteilen, dass die meisten Teams es in der vorgegebenen Zeit schaffen, dass alle Teilnehmende alle Unterschriften (Autogramme von allen) auf ihren Karten haben – um ein wenig anzuspornen. Die meisten Gruppen schaffen das nicht, besonders, wenn sie sich nicht strukturieren. Dann fragen Sie die Teilnehmenden nach der ersten Runde, ob sie glauben, dass auch sie das Ziel erreichen könnten. Die Antwort lautet stets „Ja, wenn wir uns ein wenig anders organisieren".

Nun geben Sie der Gruppe entsprechend Zeit, bis sie sagt, dass sie soweit ist, und starten erneut. Wenn die Teilnehmenden es auch in der zweiten Runde nicht schaffen, dann können Sie gerne eine Dritte anbieten. Falls die Teilnehmenden das Ziel „alle Unterschriften von jedem Seminarteilnehmenden auf der eigenen Karte haben" beim ersten Mal schaffen, was äußerst selten ist, (nur, wenn sofort gut und systematisch geplant wird) sollten Sie als Trainerin nach der ersten Runde die Zeit nochmals kürzen und sagen, dass es besonders gute Gruppen gegeben hat, die das auch in noch kürzerer Zeit geschafft hätten. Ob die Gruppe das auch versuchen wolle ... Geben Sie entsprechend Zeit zur Organisation, soviel die Gruppe braucht.

Die schnellste Lösung zu „Jeder hat die Unterschriften von allen auf der eigenen Autogrammkarte" ist in der Regel die, dass die Teilnehmenden im Kreis sitzen (vor einem Tisch oder auf dem Fußboden) und alle Autogrammkarten im Sekundentakt in eine Richtung durchgegeben werden.

Auswertung des Spiels

Wenn die Teilnehmenden mindestens zwei Runden gespielt und das Ziel erreicht haben, sollten Sie die Gruppe erst einmal beglückwünschen. Dann sollten Sie nachfragen: *„War das, was ihr zwischen Runde 1 und Runde 2 gemacht habt* (gegebenenfalls auch 2 und 3), *eher Veränderung oder Verbesserung?"* Meist kommen sofort Antworten. Die einen empfinden „Change" und die anderen „Verbesserung". Dann sollten Sie nachfragen: *„Und woran macht ihr das fest?"* – Hier kommen Antworten wie: „Wir haben ja komplett die Struktur und das Vorgehen geändert – das ist klar Veränderung." Und die anderen sagen: „Wir haben aber doch immer das Gleiche getan – unterschrieben."

Wenn die Gruppe einige Minuten hin und her diskutiert hat, sollten Sie nachfragen: *„Wenn ihr euch selbst zuhört – was könnt ihr aus euren unterschiedlichen Sicht- und Erfahrungsweisen ableiten?"* Diese Erkenntnisse kann man durchaus auf einem Flipchart festhalten. (Lassen Sie das Flipchart mit der Frage bitte nicht vorab sichtbar werden, das würde die Aufmerksamkeit der Teilnehmenden zu früh lenken.)

Quelle

- Rathert, W.: Autogrammjagd. In: Rachow, A. (Hrsg.) (2012): Spielbar. managerSeminare.

Modul IV – Den Change Frame definieren: Die Veränderungsformel nutzen

Das nachfolgend aufgeführte Modul bildet das Herzstück in den allermeisten unserer Trainings. Den Change Frame zu füllen bedeutet, dass man sich über die Gesamtzusammenhänge im Klaren wird. Sei es nun auf einer sehr operativen Ebene (meine persönlichen Changevorhaben), auf einer taktischen Ebene, etwa für ein Team oder einen Bereich oder eben auch auf der strategischen Ebene.

Wir als Trainerinnen und Beraterinnen nehmen uns stets viel Zeit und setzen viel Energie in dieses Modul. Wir sind der Überzeugung, dass es für das Gelingen von Veränderungsprozessen zwingend notwendig ist, den Change Frame zu formulieren. Selbst wenn sich Inhalte über die Zeit ändern sollten: Besonders merkt man das dann, wenn schriftliche Formulierungen nicht mehr stimmig erscheinen. Dann weiß man, dass man auch in der Kommunikation etwas ändern muss, weil im Kopf und im Herzen der Betroffenen vermutlich andere Frames zu finden sind.

IV.1 Die Veränderungsformel und ihre Bedeutung

Orientierung

Ziele

- Methode des Change Frame (Storybook of Change) kennenlernen
- Bedeutung der Veränderungsformel erleben

Zeit

Plenumsarbeit: 15-30 Minuten

Material

Flipchart oder PowerPoint
„Die Veränderungsformel: S x Z x F ≥ 0 (+ ∑ A)"

Intro

Zum Einstieg in dieses Modul greifen wir noch einmal den Fußball auf:

„Ein mechanistisch-funktional geprägtes Vorgehen führt bei lebendigen, nicht trivialen Systemen dazu, dass bei den Mitarbeitenden Reflexe, die typisch für Bedrohungssituationen sind, ausgelöst werden! Reflexe wie angreifen, fliehen oder sich tot stellen. Das sind sehr gesunde, stimmige ‚Reflexe', wenn die eigene Autonomie angegriffen wird. Zugleich stellt sich aber auch die Frage, was genau motiviert Menschen dazu, sich eigeninitiativ zu verändern? Lasst uns nochmals auf die Erkenntnisse aus unserem Check-in schauen: Was waren Veränderungen, die ihr selbst initiiert habt? Solche, die üblicherweise mit positiven Visionen verknüpft waren: eine bestimmte Ausbildung beginnen, ein Jobwechsel, die Familiengründung … Positive Visionen sind zentrale Aspekte einer Zugmotivation, die Menschen bewegen, Veränderungen als attraktiv anzusehen.

Die Frage ‚Wie können wir die Veränderungsmotivation der Betroffenen ausbauen?', ist für uns eine der zentralen Fragen zum Start eines Veränderungsprozesses. Dabei geht es uns noch gar nicht um die Frage ‚Was genau ist zu tun?' oder ‚Wie können wir die Vision erreichen?', sondern um das begleitende Narrativ. Solche Narrative beschreibt Yuval Noah Harari in seinem

Buch ‚Eine kurze Geschichte der Menschheit' als Grundvoraussetzung dafür, dass Menschen überhaupt kollaborieren, sich in großen Gruppen zusammenfinden, sich als Gemeinschaft verstehen und einander unterstützen. Für uns ist es zum Start eines Veränderungsprozesses extrem wichtig, ein solches gemeinsam definiertes und verstandenes Narrativ bezüglich der zu initiierenden Veränderung zu formulieren. Das hat den Nutzen, dass im besten Fall die ‚big Hubs' ähnliche Botschaften senden und nicht durch unterschiedliche Botschaften Glaubwürdigkeit und Momentum verspielt wird – etwa wenn Vorstand A sagt: ‚Also ja, eine Notwendigkeit sehe ich eigentlich nicht, Vorstand B will das gerne; das ist sein Steckenpferd.' Diese Arbeit kann zu Beginn des Veränderungsvorhabens im Managementteam ebenso wie in großen Gruppen angepackt werden. Das Narrativ wird gemeinsam zum Beispiel anhand der Fragen zur Erstellung des ‚Storybook of Change' erarbeitet. Die Kernaspekte, um die sich dieses Narrativ bzw. die Fragen drehen, werden anhand der nachfolgenden Formel zur Gewinnung der Veränderungsmotivation der Beteiligten dargestellt."

Die Veränderungsformel erläutern

Durchführung

Am Flipchart haben Sie bereits die Überschrift der Veränderungsformel vorbereitet („Die Veränderungsformel: S x F x Z ≥ 0 (+ ∑ A)" – siehe Folgeseite).

Beginnen Sie nun, die Veränderungsformel zu entwickeln und starten bei dem Symbol „Z": Der Begriff Zugmotivation (positive Visionen, das Wunderbare) sowie die entsprechenden Unterpunkte werden notiert. Zur Erläuterung: Wir haben uns bei der Arbeit mit dieser Formel ursprünglich an Holman & Devane orientiert, sie aber im Laufe unserer Erfahrungen mit Veränderungsprozessen beträchtlich uminterpretiert, weil sich so aus unserer Sicht wesentlich wirksamer arbeiten lässt. Zudem haben wir das „A" für Ambivalenz ergänzt (+ ∑ A), welches mathematisch gesehen nicht so viel Sinn macht, aber psychologisch sehr wohl. Denn das Thema Ambivalenz steht bei Veränderungen immer im Raum, sowohl bezogen auf Notwendigkeiten als auch auf Visionen. Daher ist es würdigend(er) und motivierend(er), diese Ambivalenz auszusprechen. Wir entwickeln die Formel auch entsprechend der Aspekte in der Beschreibung der 12 Erfolgsfaktoren für gelingenden Wandel (Seite 47 ff.). Dementsprechend erklären wir sowohl „die Vision" als auch den Aspekt „Notwendigkeit/ Dringlichkeit des Wandels".

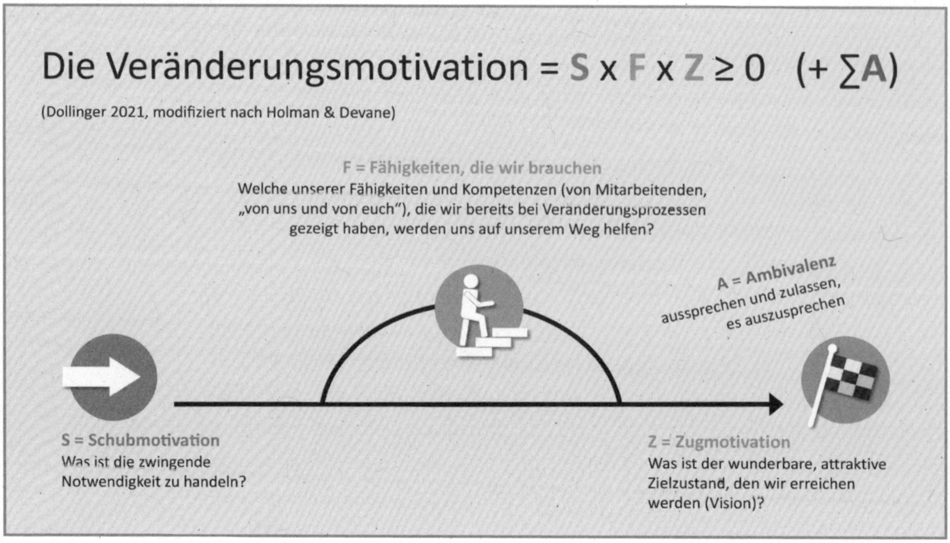

Als Trainerin beginnen Sie mit der Erläuterung der Formel:

„Die ***Zugmotivation (Z)*** *steht für die attraktive Zukunft, das Wunderbare, die Vision, die wir durch die Transformation erreichen wollen. Für das ‚WOFÜR' – wofür es sich lohnen wird, die notwendigen Veränderungen vorzunehmen. Dabei ist es wichtig, den Nutzen herauszuarbeiten, der durch die Veränderungen realisiert wird: Den Mehrwert, den das Unternehmen davon hat, wenn der Nutzen realisiert wird. Aber vor allem, was die Kunden davon haben, was die Kunden des Unternehmens begeistern wird, wenn die Veränderungen umgesetzt wurden. Ganz wichtig auch, was die Mitarbeitenden davon haben werden, wenn die Transformation geleistet wurde. Wofür genau lohnt es sich, das alles anzupacken? Was haben die Mitarbeitenden von dieser zukünftigen Situation? Was wird dann schöner, besser, beflügelnder sein? Was ist das wunderbare Zukunftsbild – konkret, sinnlich beschrieben –, das wir erreichen wollen?*

Dieser eine Punkt genügt verschiedensten Forschungen zufolge aber nicht: Was viele Menschen zudem brauchen, ist eine Einsicht in die Notwendigkeit der Veränderung. Denn in vielen Fällen bedeutet Veränderung, bewährte Routinen und Komfortzonen hinter sich zu lassen und sich in die ‚Stretching Zone' der Ungewissheit zu begeben: Alles, was man neu lernt und neu gestaltet, wird mehr Energie brauchen als Themen und Routinen, die seit geraumer Zeit gelebt werden. Wir wissen, es wird Fehler und Rückschläge geben. Daher fragen sich Menschen bei Veränderungen in Unternehmen stets: ‚Ist das wirklich notwendig?' Nur, wenn hier genügend ***Schubmotivation (S)*** *vorhanden ist, weil man einsieht, dass, wenn nichts passiert, wenig erwünschte und negative Entwicklungen eintreten werden und Folgekosten* *entstehen. Dann wird die Veränderungsmotivation gestärkt."* – An dieser Stelle sollten Sie die linke Seite der Formel „Schubmotivation/Notwendigkeit" entwickeln.

„Die meisten Mitarbeitenden in Betrieben wissen sehr genau, dass Veränderungen sie mehr Energie und mehr Zeit kosten werden als die professionellen ‚Routinen' und dass Veränderungsprojekte häufig ‚On top' zum täglichen Geschäft verlaufen, so, wie es zum Beispiel die Mitarbeitenden bei Daimler formulieren: ‚Es wird erwartet, dass wir bei laufendem Rennen den Motor auswechseln und dabei das Rennen auf jeden Fall gewinnen.'

Wenn wir Change-Motivation entfachen wollen, dann ist es wichtig, dass Mitarbeitende nachvollziehen können, worin die Notwendigkeit besteht, eine Veränderung zu initiieren. Dabei sollte sich diese Notwendigkeit möglichst aus dem sich verändernden Kontext ableiten lassen, in dem das Unternehmen (oder der Bereich oder das Team) agiert. Sonst könnten dargestellte Notwendigkeiten allzu leicht als Drohung verstanden werden, die dann mit hoher Wahrscheinlichkeit Abwehrmechanismen provozieren: eben fliehen, beißen, sich totstellen. Bei Vorwürfen oder Ähnlichem könnte auch leicht der nicht bewusstseinspflichtige Wunsch entstehen, zu beweisen, dass das Neue nicht funktioniert und keinen Sinn macht. Ein Beispiel hierzu: In den Bereichen Vertrieb, Produktmanagement und Marketing eines Unternehmens war die Kommunikation der Mitarbeitenden untereinander eher schwierig und vorbelastet. Wenn dies von den Leitenden angesprochen wurde, dann wurden dadurch häufig Abwehrmechanismen oder Angriffe auf die jeweils anderen ausgelöst. Als die Führungskräfte ihre Argumentation änderten und wiederholt darauf hinwiesen, dass ‚Der Markt immer schwieriger wird, weil …', ‚Der Wettbewerb massive Angriffe fährt, indem …', und ‚dass man daher bestimmte Prozesse der Zusammenarbeit verändern müsse, etwa der Vertrieb deutlich enger und mehr in die Kommunikation eingebunden werden müsse, damit …' bekam die intendierte Veränderung deutlich mehr Zuspruch von allen Beteiligten."

An diesem Punkt könnte eine Diskussion über „Wahrheit" entstehen, die wir als Trainerinnen aufgreifen sollten. Letztlich sind Erklärungsmodelle zu den Notwendigkeiten (wie zu den Visionen) immer auch Konstrukte, wobei bestimmte Konstrukte eher entlastend für das Selbstbild der Beteiligten wirken und sich somit als hilfreicher und nützlicher erweisen, weil sich Betroffene dann leichter vom Alten lösen und sich dem Neuen zuwenden können.

Zudem ist wichtig, bei der Arbeit mit der Formel zur Förderung von Veränderungsmotivation keinesfalls nur die Frage „Warum ist der Change notwendig?" zu stellen. Das WARUM fragt sehr unspezifisch und eher in

Richtung Vergangenheit und Ursache (was aus unserer Sicht nicht ausreicht, auch wenn Simon Sinek das anders sieht). Wir bringen das Warum mit der Veränderungsnotwendigkeit in Verbindung. Der wunderbare, attraktive Zielzustand sollte demgegenüber mit dem WOFÜR assoziiert werden! Das WOFÜR inspiriert auf kraftvolle Weise! „Wer ein Wofür hat, für den ist jedes Wie erträglich", formulierte bereits Friedrich Nietzsche. Aus dem WOFÜR, der Vision, leitet sich ein bestenfalls magisches Momentum ab.

Wir sprechen im Storybook zur Transformation über den Change Frame (Seite 66 ff.), den Rahmen zur Veränderung, der Veränderungsmotivation auslösen soll. Nicht primär über den Weg oder die Meilensteine im Projekt. Damit sind also nicht konkrete Aktionspläne gemeint (wenn es die bereits gibt, dann kann man natürlich auch anschließend darüber sprechen), als vielmehr der folgende Aspekt:

*„Der dritte Faktor, der in dieser Veränderungsformel eine grundlegende Rolle spielt, ist der Faktor der **Fähigkeiten (F)**. Über welche (besonderen) Fähigkeiten und Ressourcen wir verfügen, etwa als Bereiche, die sich in früheren Situationen als sehr hilfreich bei Herausforderungen oder Veränderungen erwiesen haben, die uns nun dabei helfen werden, diesen Veränderungsweg erfolgreich zu gehen. Diese Fähigkeiten und Kompetenzen anhand von konkreten Beispielen aus der Vergangenheit darzustellen, weckt den Mut, das Selbstvertrauen und die Motivation der Betroffenen ganz enorm. Hier entfaltet gutes ehrliches Storytelling großartige Wirkung.*

Übrigens sind die Elemente der Formel nicht zufällig in einer Multiplikation verknüpft: Das soll ausdrücken, dass, wenn eines der Elemente fehlt beziehungsweise gleich Null ist, dann auch die Veränderungsmotivation der Betroffenen gegen Null geht.

*Der **Ambivalenz-Aspekt**, der diese Formel ergänzt, wurde von uns hinzugefügt. Das resultiert aus den Erfahrungen, dass immer auch Ideen bei den Mitarbeitenden vorhanden sind, bezüglich dessen, was anders gesehen werden kann, welche anderen Wege möglich oder nötig sind oder was als Hindernis im Weg steht. Diese Themen auszusprechen, würdigt einerseits die Gedanken und Ideen der Mitarbeitenden und wirkt im Sinne einer Einwandvorwegnahme entspannend auf die Situation. Hier ehrlich das auszusprechen, was sowieso im Raum steht, hat sich oft als einer der zentralen Erfolgsfaktoren zum Start eines Veränderungsprozesses erwiesen.*

Die gemeinsame Erarbeitung bzw. Ausarbeitung von Antworten für die Aspekte der Change-Formel durch die Change-Initiatoren, ‚machtvolle Promotoren' oder leitende Führende bildet die Basis für das sogenannte Storybook of Change bzw. den Change Frame. Diese wiederum dienen als Grundlage für jegliche Kommunikation durch Change-Agents oder Führende. So entsteht bestenfalls eine relativ einheitliche Orientierung für die Betroffenen. Entsprechend spielt auch bei Motivationsreden, sogenannten ‚Sprungbrett-Reden', die Veränderungsformel eine zentrale Rolle.

Aus den Erkenntnissen der Werbepsychologie ist nun zur Abrundung der Formel noch eine Ergänzung hinzuzufügen: Untersuchungen haben gezeigt, dass Mitarbeitenden die Aspekte der Formel bis zu 18 Mal gehört haben müssen, bis sie sich die Themen des Change zu eigen machen, bis wir das ‚Buy in' bekommen! Also bestenfalls von verschiedenen Führungskräften, von den Betriebsräten, von Kolleginnen oder Kollegen in Kaffeepausen, Besprechungen und offiziellen Verlautbarungen.

Alle Elemente der Veränderungsformel werden in motivierenden Reden intensiv ausgestaltet. Wenn wir etwa die Reden des amerikanischen Präsidenten Barack Obama analysieren, so wird dies sehr augenfällig: Alle Elemente sind stets gegeben, die Reden mündeten im ‚Yes, we can' – dem Claim der Ermutigung – und wirkten motivierend für die propagierten Veränderungen. Wenn also Führungskräfte Mitarbeitende für Veränderungsprozesse gewinnen wollen, ist es wichtig, solche Grundzüge von motivierenden Sprungbrett-Reden stets präsent zu haben. Bevor wir hier in unserem Training mit einer Ausarbeitung loslegen, würde ich gerne noch eure Überlegungen und Anmerkungen zu dieser Formel diskutieren."

Das sollten Sie dann auch tun. Sie können weitere Beispiele benennen oder auch die Teilnehmenden Beispiele finden lassen.

IV.2 Ein Storybook (Change Frame) oder eine Sprungbrett-Rede skizzieren und die Entwürfe vorstellen

Orientierung

Ziele

- Methode des Change Frame (Storybook of Change) ausprobieren und verdeutlichen, was dieser bewirken kann
- Bedeutung der Veränderungsformel erleben
- Feedback zum eigenen Change Frame (Storybook of Change) bekommen und erfahren, wie dieser wirkt bzw. begeistern kann

Zeit

- Gruppenarbeit: 30 Minuten
- Präsentation und Feedback: 30 Minuten
- Debriefing: 10 Minuten

Material

- Pinnwände, Post-its
- Arbeitspapier „Leitfaden zur Erstellung eines Storybook of Transformation" analog TN-Zahl
- Flipchart mit Instruktion zum Feedback zu den Change Frames

Hinweis

Wenn Sie diesen Baustein online durchführen wollen, bereiten Sie auf dem digitalen Whiteboard genügend Platz für die Gruppen vor.

Nun sollen die Teilnehmenden, gerne für unterschiedlichste Veränderungsvorhaben, ein Storybook entwerfen, das die Grundlage für die Kommunikation im Veränderungsprozess bzw. auch für eine Sprungbrett-Rede bildet.

Der Change Frame bildet die Grundlage für jegliche Kommunikation im Veränderungsprozess. An dessen Ausarbeitung sollten die wichtigsten Stakeholder beteiligt sein, damit während des Transformationsprozesses annähernd die gleichen Botschaften gesendet werden und möglichst wenig Missverständnisse, Verwirrung oder gar Verunsicherungen und Gerüchte entstehen. Denn der Change Frame liefert die Botschaften, die für eine breite Veränderungsmotivation gegeben sein müssen (Kotter 2020). Dieser wird anhand der Fragen zur Change-Formel ausgearbeitet.

Das Ergebnis ist die Basis für sogenannte Sprungbrett-Reden (Transformation Speeches). Eine Sprungbrett-Rede (auch die „Wohin-wir-gehen"-Rede genannt) kann eine fünfminütige Eröffnungsrede für eine Besprechung sein oder auch eine 60-minütige Impulsrede in einem Town Hall Meeting. Wichtig ist, dass Betroffene die Kernbotschaften wiederholt hören (die „Magische 18", Seite 48), damit wir deren „Buy in" bekommen. Anhand der Veränderungsformel lassen sich die wesentlichen Aspekte einer Veränderungsmotivation herausarbeiten.

Das Vorgehen

Durchführung

Wenn man drei Teilnehmende dafür gewinnen kann, ein solches Change-Vorhaben aus ihrem aktuellen beruflichen Kontext als Grundlage zu nutzen, so ist das äußerst hilfreich. Es können aber auch parallel drei Change Frames für das gleiche Veränderungsprojekt entwickelt werden; auch das ist sehr fruchtbar, weil unterschiedliche Schwerpunkte bei der Ausarbeitung gesetzt und auf diese Weise sich ergänzende Perspektiven und wichtige Schwerpunkte ausgewählt werden können. Wenn sich keine aktuellen Change-Projekte der Seminarteilnehmenden anbieten, könnten zum Beispiel auch aktuelle politische Projekte gewählt werden. Die gewonnenen Anliegengeber präsentieren ihre Change-Themen in drei kurzen beschreibenden Sätzen und die Peers ordnen sich nach „Leidenschaft" einer Gruppe zu (das braucht nicht erklärt werden). Es gilt lediglich die Regel, dass die Teilnehmenden darauf achten sollen, dass in allen Gruppen etwa gleich viele Peers vorhanden sind. Das funktioniert immer. Die Peers helfen beim Entwurf des Frames durch Fragen zu den Elementen der Veränderungsformel. In der Instruktion weisen wir zudem darauf hin, dass Antworten in einer Art Brainstorming gesammelt werden sollen, damit die Anliegengeber viele Ideen bekommen. Auch die Peers dürfen Vorschläge einbringen.

Bitte weisen Sie darauf hin, dass es jetzt „nur" darum geht, eine Skizze zu entwickeln. Eine fertige Sprungbrett-Rede etwa, die dann auf einem Change Frame basiert, kann kaum in einer halben Stunde entstehen. An dieser Stelle sollten Sie das Manual „Leitfaden zur Erstellung eines Storybooks of Transformation" austeilen (Download-Ressource), das vor allem zur weiteren konkreten Ausarbeitung im Unternehmen dient. Für die aktuelle Übung können sich die Teilnehmenden auf die Fragen zu den vier Kernelementen der Veränderungsformel – Das Wunderbare (Z), das Notwendige (S), die Fähigkeiten (F) und die Ambivalenz (A) – fokussieren.

Hinweis

In unseren Führungskräfte-Trainings bitten wir die Teilnehmenden sehr häufig, als Vorbereitungsaufgabe anhand des Manuals einen solchen Change Frame zu formulieren oder eine entsprechende Sprungbrett-Rede zu entwerfen, die dann im Training vorgestellt bzw. gehalten werden. Diese Aufgabe ist sehr hilfreich, wenn man weniger Zeit hat. Wir weisen darauf hin, dass die Rede nicht länger als drei Minuten sein sollte und keine weiteren Hilfsmittel verwendet werden dürfen.

Ziel ist zu verdeutlichen, ...

- dass nicht immer ein „offizieller Anlass" für eine lange Rede gegeben sein muss, sondern dass die Botschaften aus dem Storybook eben auch „zwischendurch" gesendet werden sollen („Magische 18")
- und dass die Treiber eines Change-Vorhabens eine solche Rede immer parat haben sollten.

Die Entwürfe vorstellen: Change Frame oder Sprungbrett-Rede

Wenn die Teilnehmenden aus demselben Unternehmen stammen, können nun die Change Frames vorgestellt und anschließend verdichtet werden. Das kann beispielsweise auch als „Lunch Paket" (= Hausaufgabe) geschehen.

Wenn unterschiedliche Unternehmen vertreten sind, kann man nach der Präsentation noch Fragen und Ergänzungen zulassen, gleichwohl sollten Sie die Diskussion nicht „ausufern" lassen. Wir sind der Meinung, der Anliegengeber weiß am besten, was passt und ist die Person, die die Verantwortung für die Umsetzung trägt. Hierzu können, wie bei den Sprungbrett-Reden, die Feedback-Perspektiven genutzt werden:

- Wieweit wäre ich von der Notwendigkeit der Veränderung überzeugt?
- Wieweit war die Vision für mich attraktiv?
- Wieweit hätte ich geglaubt, dass wir die Veränderung schaffen/erfolgreich hinkriegen?
- Was war hilfreich, was hätte ich noch gebraucht?

Wir achten darauf, dass Redner die Skizze zur Sprungbrett-Rede nur mündlich präsentieren und jeweils zwei bis drei Personen als Feedback-Geber auswählen, sonst kann eine solche Rede in großer Runde schnell „zerlegt" werden, was keinesfalls unser Ziel sein kann. Das Ziel ist ja die Ermutigung, sich mit dem Thema auseinanderzusetzen; außerdem wird eine zu lange Feedback-Runde auch ermüdend für die Teilnehmenden, insbesondere, falls sie online stattfindet.

Download-Ressource

- Leitfaden zur Erstellung eines Storybooks of Transformation

Debriefing: SMARTIE und Transfer-Journal

Je nach Gruppe und Vorgehen kann nun noch eine abschließende Wertung der Ergebnisse und/oder der Methode vorgenommen werden (siehe Abb.).

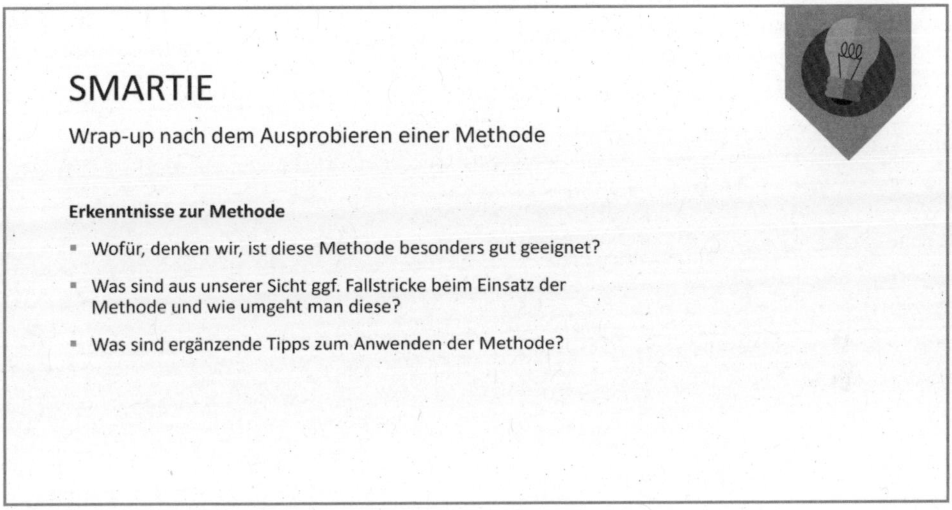

SMARTIE

Die Trainerin kann an dieser Stelle auch die „SMARTIE"-Methode einführen. Das ist ein von den Autorinnen entwickeltes Vorgehen, um die im Laufe eines Trainings besprochenen und ausprobierten Methoden einer abschließenden Bewertung zu unterziehen und ein Wrap-up durchzuführen, damit die Methode gut verankert wird. Das SMARTIE kann in Form einer fortlaufend geführten Tabelle auf einer Pinnwand ausgefüllt werden. Fragen (Spalten) für das SMARTIE können sein:

Name der Methode?	Wofür einzusetzen?	Was ist bei der Durchführung zu beachten?

Transfer-Journal

Im Anschluss sollte ein Zeitraum für persönliche Transferarbeit gegeben werden, die Teilnehmenden tragen ihre Erkenntnisse in ihr Transfer-Journal ein.

Modul V – Green Screen Loops: Den systemischen Eigen-Sinn von Organisationen erkennen

„Command, control, execute“: Damit kann man Veränderungsprozesse ziemlich sicher nicht erfolgreich gestalten.

Vielmehr bedarf es des „Sense making, enabeling & motivating“. Aber wie sich die einzelnen Interventionen konkret auswirken werden, das kann man nicht vorhersagen. Daher stellen wir in diesem Modul Vorgehensweisen und Methoden vor, die uns als Changebegleiter darin unterstützen, Muster im System immer besser zu verstehen und stetig mit dem System zu lernen.

V.1 Intro: Über den systemischen Eigen-Sinn von Organisationen

Orientierung

Ziele

Aufzeigen, wie Systeme funktionieren: Es ist nicht vorhersagbar, wie bzw. wieweit Veränderungsimpulse aufgenommen werden oder nicht

Zeit

Vortrag: 15 Minuten

Als Trainerin können Sie vorneweg das Ziel dieses Bausteins thematisieren (siehe Info-Kasten oben) und hierfür das Chart „Change-Management" hinzuziehen.

Change-Management

Ansatzpunkte für Veränderungen

- Aufgabeninhalte/Tätigkeitsbereiche
- Prozesse oder Strukturen im Unternehmen
- Systeme, mit denen das Unternehmen arbeitet
- Einstellungen und Verhaltensweisen
- Umgebungen (Arbeitsräume etc.)

Alle diese Veränderungen gelingen nur, wenn Menschen sie als sinnvoll, notwendig und zieldienlich betrachten und sie entsprechend motiviert realisieren.

Intro

Anschließend fahren Sie mit dem Intro fort:

„Wenn man davon ausgeht, dass zwei Drittel aller Veränderungsprozesse fehlschlagen, dann ist aus meiner Sicht einer der Gründe darin zu suchen, dass Veränderungen häufig immer noch viel zu technisch und mit beachtlichen Machbarkeitsfantasien angegangen werden.

Wir gehen davon aus, dass Transformationsmanagement drei Kernstränge umfasst:

1. *Das* **Projektmanagement** *bzw. Projektdesign (,Wer hat was bis wann zu erledigen?')*
2. *Das* **Kommunikationsmanagement** *bzw. Kommunikationsdesign (,Wer gibt welche Information mittels welchen Mediums an wen weiter und wie werden Rückmeldungen aufgenommen?')*
3. *Das* **Partizipationsmanagement** *bzw. Partizipationsdesign, auch* **Change-Architektur** *genannt (,Wer gestaltet wann, in welcher Form, die Ausarbeitung des weiteren Vorgehens wie mit?')*

Diese Stränge sind nicht trennscharf und fließen im Tun laufend ineinander über. Trotzdem ist es für unser Vorgehen und unsere Handlungsplanung extrem wichtig, als solche gedacht und designt zu werden. Das eigentliche Transformations- bzw. Change-Management umfasst für uns die Stränge 2 und 3. Darunter sehen wir die Gestaltung des gesamten Prozesses mit dem Blickwinkel und Schwerpunkt auf die betroffenen Menschen. Das heißt, mit dem Fokus auf möglicherweise notwendige Verhaltens- und Einstellungsänderungen (Osterchrist, Wagner & Forster, 2021).

Gleichzeitig bewegen wir uns immer auf drei Ebenen: auf einer strategischen, organisationalen Ebene, die etwa Kultur als Ganzes zu erfassen sucht und auf dieser Ebene Interventionen fordert, zum Beispiel metaphorische wie neue Bürokonzepte, ,Open spaces', einzurichten, auf einer Bereichs- oder Teamebene, auf der gruppendynamische Aspekte betrachtet und genutzt werden, wie etwa die Arbeit in ,familiy groups', Teamentwicklung, Teamcoaching und schließlich auf der individuellen Ebene, die beispielsweise bei Upskilling oder Reskilling-Konzepten, Trainings und Coachings ansetzt. Letzteres zielt sowohl auf Haltung, wie Verhalten, auf verhaltensbezogene wie auch methodische Fähigkeiten."

In unserer nun über 20-jährigen Beratererfahrung erleben wir immer wieder, dass wir uns nicht immer mit unseren „psychologischen" Change-Landkarten durchsetzen können. Nach wie vor beobachten wir, dass Transformationen rein projektspezifisch angegangen werden und nicht selten werden wir im Nachhinein dazugeholt, unter dem Motto: „Wir haben das Change-Management vergessen, bitte holen Sie das jetzt nach."

Doch auch dann ist wichtig, sich klarzumachen, dass sich Unternehmen als nicht-triviale hochkomplexe Systeme, die über einen enormen Eigen-Sinn und eine hohe Eigendynamik verfügen, einer mechanistischen Steuerung entziehen – siehe unser Vergleich mit dem Fußball (Schmidt, 2021). Jedes Unternehmen ist ein autonomes, sich selbst steuerndes System (ebda), welches autonom entscheidet, in wieweit Impulse als sinnvoll aufgegriffen und in Handlungsstrategien umgesetzt werden – oder auch nicht. Dabei zielen die Dynamik und das Verhalten des Systems einerseits darauf, die Balance der Elemente zu erhalten (Homöostase-Prinzip) sowie andererseits sich dem umgebenden relevanten Kontext anzupassen (Morphogenese), beides, um zu überleben. Entsprechend reagiert das System Unternehmen, indem es bestimmte Informationen ignoriert oder aufnimmt und sich weiterentwickelt. Für uns als Transformationsbegleiterinnen ist es daher enorm wichtig, solche im System existierenden „Muster" zu erkennen und deren Dynamik, deren „Eigen-Sinn" zu verstehen.

Der „Eigen-Sinn" eines Unternehmens, welcher durch die im System geltenden Spielregeln, Überzeugungen und Werte geprägt ist (nach dem Motto: „macht Sinn/macht keinen Sinn" oder „ist richtig/ist falsch" oder „ist wichtig/ist unwichtig" oder „passt/passt nicht"), ist ausschlaggebend dafür, ob bestimmte Informationen als Anstoß für Veränderungen aufgenommen oder ignoriert werden, kurz: ob es der Information gelingt, anzukoppeln. Ankoppeln kann leicht alles, was in die bestehenden Orientierungs- und Handlungsmuster passt. So kann es passieren, dass neue wichtige Informationen aus dem umgebenden Kontext – seien es technische Entwicklungen, strukturelle Veränderungen des Marktes oder Aktivitäten des Wettbewerbs – nicht aufgenommen, sondern ausgeblendet werden. Was dann dazu führen kann, dass bestimmte Systeme nicht überleben. Ankoppeln kann aber zugleich auch das, was als wertschätzend und nützlich erlebt wird. Darauf sollten sich interne oder externe Berater fokussieren.

Diese Erläuterungen können Sie als Trainerin je nach eigenen Vorlieben mit vielen verschiedene Beispielen unterfüttern: etwa Leica, der Kamerahersteller, deren Chef Ralf Coenen noch im Jahre 2005 zur digitalen Fototechnik meinte: „Sie passt weder zu uns noch zu unseren Kunden." Der Tenor im Unternehmen (geltende Regeln und Werte) war: „Wir sind so erfolgreich, uns kann keiner was." Oder: „Die Fotografen, die unsere Präzisionstechnik nutzen, brauchen keinen Autofokus." Und so überhörte das Unternehmen die doch recht lauten Töne des digitalen Veränderungskontextes.

Man kann sich auch auf die kollektiven Überzeugungen ganzer Branchen beziehen – etwa auf Daimler, Audi oder BMW und dabei beobachten, wie Tesla auf der Überholspur bleibt oder auch auf aktuelle Entwicklungen in der Finanzbranche: Block-Chain-Strategien werden in wenigen Jahren das gesamt Bankensystem disruptiert haben.

Henry Mintzberg et al. haben dieses Phänomen bereits 2009 in ihrem Buch „Strategy Safari" beschrieben: Die Netzwerke einer Branche fördern gemeinsame Werte und Überzeugungen, welche den Grad ihrer Trägheit erhöhen und Ähnlichkeiten in den „strategischen Haltungen" hervorbringen – wodurch ihnen Bedrohungen von Wettbewerbern außerhalb des Netzwerks entgehen können.

„Daher kann man Systeme nur ‚einladen', sich zu verändern, aber nicht etwas ‚erzwingen', wie in einem rein technischen System. Denn das System kann sich letztlich nur selbst verändern. Jeder Veränderungsimpuls, jede Information durchläuft somit eine Gratwanderung zwischen Ankopplung, Irritation, Veränderungswunsch oder Verdrängung und Abwehr (Exner, 2009). *Ist die Irritation zu massiv, kann sie genauso abgeblockt werden, als wenn sie zu gering ist."*

Hier können Sie das Chart „Der systemische Eigen-Sinn" zur Erläuterung hinzuziehen oder Beispiele aus der eigenen Erfahrung einfließen lassen.

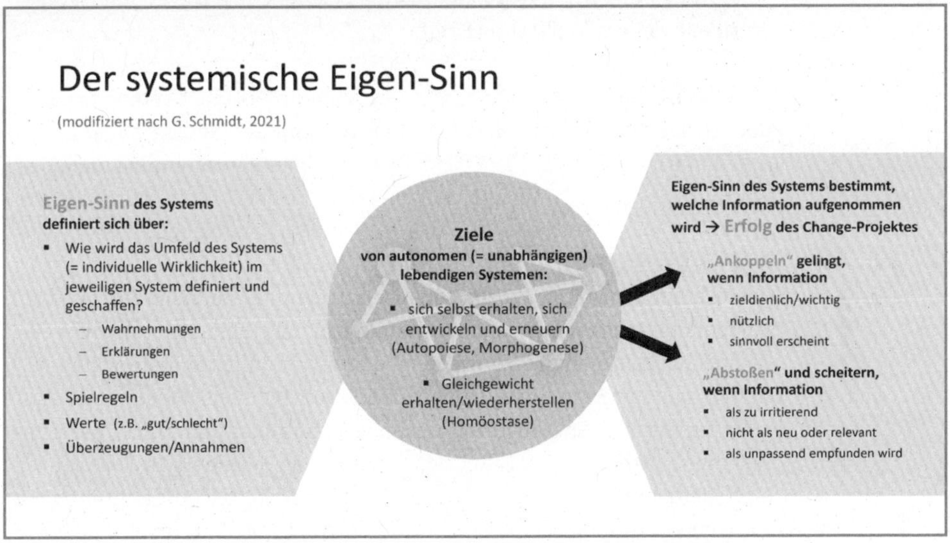

„Als entsprechend wichtig sehen wir es, mit fortlaufenden ‚Green-Screen-Schleifen' zu arbeiten, die immer wieder auswerten, wieweit wir erreicht haben, was wir erreichen wollten. Dazu bedarf es einer fortlaufenden gemeinsamen Reflexion (‚Staff Work') unserer Zielerreichungen, Hypothesen bzgl. der Werte, Glaubenssätze bzw. Überzeugungen und Sinn- bzw. Identitätsnarrative des Unternehmens (Erlach & Müller, 2020). *Eine Reflexion dessen, was hier anschlussfähig sein könnte und was nicht, beziehungsweise was Haltung und Verhalten der Mitarbeitenden brauchen, damit Veränderungsimpulse wirksam werden können."*

Hier könnten Sie als Change-Beraterin auch sehr gut noch die eigenen Prinzipien einbringen und diskutieren. Diese Prinzipien bilden die Grundlage („Hintergrundfolie") für das eigene Handeln im Change-Prozess. Für uns sind das folgende Überzeugungen:

1. Wir setzen darauf, dass es immer konstruktive und engagiert Menschen in Systemen gibt, die das System/die Organisation voranbringen wollen und unterstützend agieren.
2. Wenn wir Fragen haben und verstehen wollen, dann fragen wir die Menschen in den Systemen/Organisationen (denn sie wissen): Wie genau funktioniert...? Was könnte man tun, damit...? Was habt ihr schon getan, um (dieses oder jenes oder das) Problem zu lösen? Was hat (dabei) funktioniert, womit seid ihr noch nicht zufrieden ...?
3. Keiner kann alles wissen und schon gar nicht vorhersagen, wie sich was auswirkt. Daher sind Feedback und Rückkopplung die zwingend notwendigen, zentralen Vorgehensweisen, um zieldienlich zu arbeiten.
4. Wir müssen im Projektteam (internes & externes Beraterteam/Projektteam) vorleben, was wir möchten, dass sich in dem zu verändernden/ zu entwickelnden System zeigt.

Ein entsprechender Austausch mit den Teilnehmenden oder eine Gruppenarbeit zu diesem Thema könnte sich anschließen und sehr spannend und inspirierend sein.

Quellen

- Osterchrist, Wagner & Forster (2021). In: OE Heft 4 2021: Wir feiern – 40 Jahre Organisationsentwicklung, Change Beratung lernen, S. 24-29.
- Schmidt, Gunther: Weiterbildung bei Dr. Gunther Schmidt am Milton-Erickson-Institut Heidelberg „Kompetenz aktivierende hypnosystemische Konzepte für Coaching, Persönlichkeits-, Team- und Organisations-Entwicklung" (Hypnosystemisches Cognintuitions-Coaching), 2021.
- Mintzberg, H. (2009): Strategy Safari. The complete guide through the wilds of strategic Management. FT Publishing International.
- Exner, Exner & Hochreiter (2009): Selbststeuerung von Unternehmen. Ein Handbuch für Manager und Führungskräfte. Campus Verlag.
- Erlach, C. & Müller, M. (2020): Narrative Organisationen. Wie die Arbeit mit Geschichten Unternehmen zukunftsfähig macht. Springer Gabler.

Erläuterung der Green Screen Loops V.2

Orientierung

Ziele

- Die Teilnehmenden lernen die Methode „Green Screen-Loops" kennen und wissen, wofür diese eingesetzt wird
- Deutlich machen, was vor dem Start und während eines Veränderungsprozesses wiederholt reflektiert werden sollte, um die Wahrscheinlichkeit möglichst zu erhöhen, dass Veränderungsimpulse im gewünschten Sinn wirksam werden

Zeit

Vortrag: 10 Minuten

Wie die Arbeit von Feedback und Rückkopplung in der Praxis konkret aussehen kann, lässt sich anhand der Methode „**Green Screen Loops**" beschreiben. Als Green Screen Loop bezeichnen wir – im Gegensatz zu der Idee des „Blue Print" (= folge einem immer gleichbleibenden Schema) – ein Vorgehen im Veränderungsprozess, welches einerseits die Erkenntnisse der vorangegangenen Interventionen immer wieder aufgreift sowie andererseits danach sucht, die Ergebnisse unserer Interventionen auf einem „Green Screen" immer wieder völlig neu zu sehen und zu bewerten.

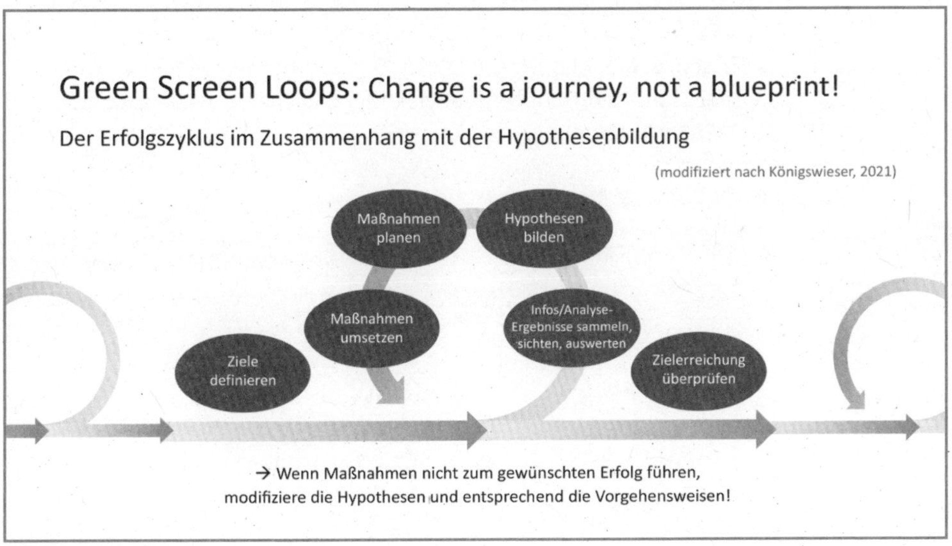

Dabei ist uns die Unausweichlichkeit unserer Beobachterabhängigkeit durchaus bewusst. Gleichwohl versuchen wir in der Arbeit mit dem Change-Team (Staff work, Projektteam = internes und externes Beraterteam), unterschiedliche Perspektiven und Hypothesen zu nutzen und uns stetig an den Ergebnissen unserer Interventionen zu messen.

Durchführung

Gemeinsam mit dem Auftraggeber werden pro Schritt Ziele formuliert (abgeleitet aus der Gesamtvision zum Thema Change), die erreicht werden sollen. Ebenso, anhand welcher Ergebnisse festgemacht wird, wieweit dies in jedem Schritt der Fall ist.

Dann werden mögliche Folgemaßnahmen besprochen: Die Argumente für oder gegen bestimmte Vorgehensweisen leiten sich aus den jeweiligen Hypothesen zur Unternehmenskultur ab (wie beispielweise: „Nicht anschlussfähig, weil schon mit negativen Erfahrungen XY besetzt"; „Nicht glaubwürdig, weil ..."). Hierbei ergibt es Sinn, die unterschiedlichsten Interessengruppen, die es jeweils im Unternehmen gibt, regelmäßig miteinzubeziehen und zusätzliche Blickwinkel wie etwa „Wie tickt das Unternehmen/der Bereich?" zu erfassen. Das könnte in einem ersten Schritt zum Beispiel anhand von Befragungen passieren, z.B. auch durch narrative Interviews (Erlach & Müller, 2021) (s. Seite 104), auch mittels der Methoden „Analyse der Unternehmens- (Bereichs-/Team-) Historie" (Seite 79) beziehungsweise „Analyse der Unternehmensverhaltensmuster anhand des Impuls-Reaktions-Zeitstrahls" (Seite 90 ff.). Diese Vorgehensweisen liefern den „Treibstoff" für das nachfolgende Vorgehen, für Change-Architekturen und Kommunikations-Skylines.

Quelle

▶ Erlach, C. & Müller, M. (2021). In: Organisationsentwicklung, Zeitschrift für Unternehmensentwicklung und Change Management, Heft 2, 2021; S. 55-60.

Als Basis für den Green Screen Loop: Die Analyse der Unternehmens- (Bereichs-, Team-) Historie

V.3

Orientierung

Ziele

Die Teilnehmenden lernen Methoden kennen, wie solche Reflexionen und Analysen ausgewertet werden können, um die Wahrscheinlichkeit für entsprechend ziel- und erfolgsorientierte Veränderungsvorhaben zu erhöhen

Zeit

10 Minuten

Intro

„Wie kann man vorgehen, um eine Idee bzw. Hypothesen zu kreieren, ob bestimmte Veränderungsimpulse von der Organisation angenommen werden oder eher nicht …? Um die Balance zwischen ‚Ergibt Sinn für uns' und ‚Ergibt keinen Sinn' zu erfassen, in der sich letztlich der Grad der Veränderungsbereitschaft manifestiert, kann es sehr hilfreich sein, den ‚Lebensweg' eines Unternehmens auf charakteristische Muster hin zu analysieren. Hier sind rückblickend insbesondere Umbruchphasen bedeutsam: Wie ist das Unternehmen mit solchen Umbruchphasen umgegangen? Wieweit wurden diese Phasen von innen heraus ‚evolutionär' oder von außen, etwa durch einen neuen Inhaber, Krisenmanagement etc. ‚revolutionär' angelegt? Was hat das Unternehmen in bestimmten Phasen gelernt? Was kann das Unternehmen wirklich gut? Solche Musteranalysen liefern Informationen und dienen der Hypothesenbildung, um abzuschätzen, mit welchen Maßnahmen die gewünschten Veränderungen initiiert werden könnten.

Schauen wir uns hierzu die Metapher ‚Biotop' an: Stellt euch vor, man würde das Unternehmen als ein ganz spezielles Biotop sehen und ihr als Führungskraft/Management/Berater seid die Gärtner. Auch ein guter Gärtner kann nicht bis ins Detail wissen und vorhersagen, wie sein Biotop funktioniert; er wird immer wieder Überraschungen erleben. Aber er weiß: Wenn es sich bei seinem Biotop um eine Wüste handelt, dann wird etwas Wundersames passieren, wenn er Wasser zuführt. Wenn es sich aber um einen Sumpf handelt, dem er Wasser zugibt, wird wahrscheinlich gar nichts passieren. Entspre-

chend können wir bestimmte Hypothesen formulieren, wie ein Unternehmen oder ein bestimmter Bereich ,tickt' und was bestimmte Interventionen auslösen könnten. Nach den entsprechenden Interventionen werden unsere vorab definierten Zielsetzungen mit unseren Handlungsergebnissen abgeglichen, Erkenntnisse daraus abgeleitet und gegebenenfalls Hypothesen sowie nächste Maßnahmen modifiziert. Für solche Analysen können wir uns das Unternehmen als Ganzes anschauen oder auch Teilbereiche des Unternehmens oder auch Teams – je nachdem, um welche Change-Vorhaben es geht …"

Durchführung

Situativ können dann als Basis für die ersten Green Screen Loops zum Beispiel „Die Analyse der Unternehmens- (Bereichs-, Team-) Historie" (Seite 79 f.) oder auch „Die Analyse der Wirkmuster anhand des Impuls-Reaktions-Zeitstrahls" (Seite 90 ff.) oder auch „Narrative Interviews" (Seite 104 f.) als Methoden durchgeführt werden.

Tagesausklang: Erste Ernte

Orientierung

Ziele

- Abrundung des Trainingstages
- Die Teilnehmenden machen sich bewusst, was sie aus diesem ersten Tag jetzt ernten können
- Sie füllen das Transfer-Journal weiter

Zeit

20 Minuten Partnerarbeit

Als Trainerin könnten Sie darauf hinweisen, dass man diese Methoden dann am nächsten Tag ausprobieren wird. Zum Abschluss des Tages sollten Sie noch Zeit für den Austausch mit einem Seminar-Buddy geben: eine „Erste Ernte".

Die Fragen hierzu:

- Was waren heute für mich wichtige Erkenntnisse?
- Worüber sinne ich noch nach?
- Was möchte ich im Transfer-Journal festhalten?

Tag 2 Retrospektive: Die Starfish-Methode

Orientierung

Ziele

- Die Teilnehmenden lernen die Starfish-Methode als ein Tool aus der agilen Arbeitswelt kennen, das sie in ihren Teams im Arbeitsalltag konkret nutzen können
- Die Teilnehmenden werden zu Selbstreflexion, Feedback und gemeinsamen Lernen angeregt
- Die Teilnehmenden und die Trainerin hören, was im Training gut läuft, was jedem wichtig ist und was verändert werden müsste

Zeit

- Vorstellung der Methode: 5 Minuten
- Anwendung: 20 Minuten
- Zusammenfassung: 5 Minuten

Material

- Pinnwand mit Bild des Seesterns und 5 gleichgroßen Feldern vorbereiten. In den Feldern des Seesterns stehen entsprechend die Begriffe: Stop, Start, Keep, More und Less
- Post-its in fünf verschiedenen Farben und Stifte zur Verfügung stellen

Hinweis

Wenn Sie diesen Baustein online durchführen wollen, fügen Sie ein Foto vom Seestern auf dem digitalen Whiteboard ein und zeichnen Sie als Verlängerung der Arme entsprechend fünf Felder ein. In jedem Feld ist jeweils ein andersfarbiges Kärtchen (z.B. Sticky notes bei Mural) mit den Begriffen stop, start, keep, more und less platziert. Die Teilnehmenden können anschließend ihre Kärtchen auch in den fünf verschiedenen Farben schreiben und direkt in die Felder platzieren.

Zum Start in den zweiten Tag bietet sich eine Form der Retrospektive an, mit der die Trainerin Feedback einholt, wie ihr Vorgehen wirkt, was wem wie wichtig ist und bei der zugleich auch die Teilnehmenden voneinander hören, was jeder braucht und was wem wie wichtig ist: die Starfish-Methode (Dollinger, Fehse, Haasis, 2019). Diese Methode ist ein einfaches

Vorgehen, um Feedback einzuholen und gemeinsam aus den Erfahrungen des ersten Tages für die weitere Zusammenarbeit zu lernen sowie gemeinsam entsprechende Vereinbarungen zum weiteren Zusammenwirken zu treffen. Diese Zielsetzungen der Methode stellt die Trainerin dar. Die Methode kann vor oder nach dem Blick auf die Agenda eingeführt werden.

Wenn alle Teilnehmenden gehört worden sind, fasst die Trainerin zusammen. Man könnte auch eine kurze Zusammenfassung durch die Teilnehmenden erbitten.

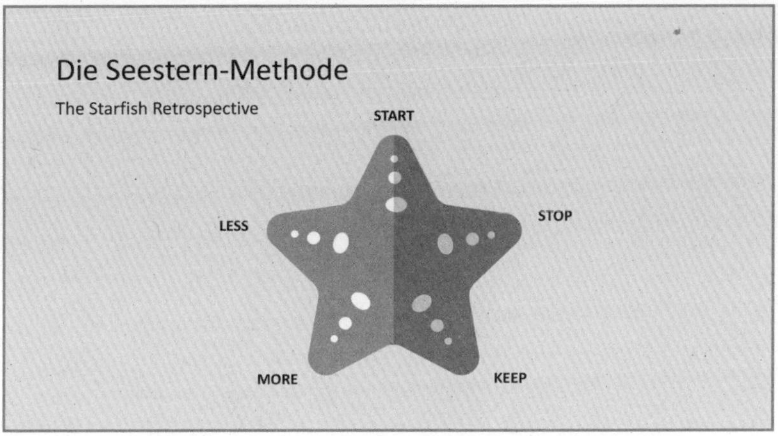

Der Starfish, also Seestern, fokussiert auf fünf Fragestellungen, die durch die fünf Arme des Seesterns repräsentiert werden (die meisten Seesterne haben fünf Arme). Diese stehen für: Stop, Start, Keep, More und Less. In der Erläuterung verbindet die Gruppe die Begriffe mit folgenden Fragestellungen:

- **Stop:** Womit sollten wir aufhören, weil es nicht hilfreich ist und deshalb auch nicht weiterverfolgt werden sollte?
- **Start:** Was sollten wir neu ausprobieren, neu tun? Was sind hier die Wünsche?
- **Keep:** Was sollten wir beibehalten, weil es sich bewährt hat, stimmig und hilfreich ist?
- **More:** Was sollten wir mehr tun, weil es sich als nützlich erweist?
- **Less:** Was sollten wir weniger tun, weil es nicht so hilfreich bzw. nützlich ist?

Diese fünf Felder sind auf der Pinnwand in Form des Seesterns angeordnet, wobei neben den Begriffen Platz für Post-its ist. Die Teilnehmenden müssen nicht, können aber zu allen Fragen Post-its schreiben. Das sollten

Sie in der Instruktion unbedingt betonen, ebenso, dass sich die Themen sowohl auf die Zusammenarbeit in der Gruppe als auch auf Vorgehensweisen, Methoden und die Trainerin beziehen können. Erst wenn alle Teilnehmenden die für sie wichtigen Post-its geschrieben haben, stellt jeder Teilnehmende die ihm wichtigen Aspekte vor und klebt sie in das entsprechende Feld. Bezüglich der Statements der Teilnehmendenden dürfen Verständnisfragen direkt gestellt werden, es darf aber nicht kritisiert oder diskutiert werden.

Fassen Sie als Trainerin zusammen und greifen Sie insbesondere die für Sie relevanten Themen auf. Wenn alle Teilnehmenden Post-its einer Farbe verwenden, könnte der Starfish am Abend oder am folgenden Morgen weiter ergänzt werden: Was gut gelungen ist, bekommt einen Haken, was ergänzt werden soll, ein neues Post-it in anderer Farbe.

Quelle

- Dollinger, Fehse & Hasis (2022): Komplexitätstrainings für Führende erfolgreich leiten. managerSeminare, 2. Aufl.

Gruppenarbeiten zur Analyse der Unternehmens- (Bereichs-/ Team-) Historie

V.4

Orientierung

Ziele

- Eine Analysemethode zur Erfassung der wichtigsten Wendepunkte/Veränderungen im Unternehmen (Bereich, Team) kennenlernen.
- Verdeutlichen, wie Hypothesenbildung und Analysearbeit zusammenhängen.
- Aufzeigen, wie die Analyseergebnisse in die Veränderungsarbeit und entsprechenden Maßnahmen einfließen können.

Zeit

- Vorstellung der Analyseschritte: 10 Minuten
- Gruppenarbeit: 60 Minuten
- Auswertung: 30 Minuten (pro Gruppe 10 Minuten)
- Debriefing: 10 Minuten

Material

Pinnwände, Post-its, Stifte

Hinweis

Wenn Sie diesen Baustein online durchführen wollen, bereiten Sie auf dem digitalen Whiteboard ausreichend Platz für drei Gruppen vor.

Rückbesinnung auf vergangene Phasen des Umbruchs

Weiter geht es in den praktischen Teil des Ausprobierens der Methode zur Unternehmensanalyse. Erfahrungsgemäß kann die Rückbesinnung auf vergangene Umbruchphasen sehr emotional ausfallen („Das habe ich ja gar nicht gewusst", „Das hatte ich schon ganz vergessen", „Ich hatte das ganz anders in Erinnerung"), wenn die Teilnehmenden aus einem Unternehmen oder auch demselben Bereich kommen, somit auch ziemlich viel Zeit in Anspruch nehmen. Dabei ist es wichtig, sich klar zu werden, wie viel Raum man als Trainerin dem Thema geben möchte und dies auch mit dem Auftraggeber und den Teilnehmenden abzustimmen. Der Erkenntniswert ist oft enorm. Wir haben in Change-Projekten mit 18 Teilnehmenden auch schon einmal sechs Stunden mit der Methode gearbeitet und die Zeit wurde von allen als gut investiert und die Arbeit als sehr wichtig bezeichnet. Gleichwohl kann es für das Training auch ausreichen, zum Beispiel drei wichtige Wendepunkte vertieft anzuschauen und auszuwerten. Dies kann in der gesamten Gruppe geschehen, wenn die Teilnehmenden aus dem gleichen Unternehmen stammen. Falls sie aus unterschiedlichen Unternehmen kommen, sollte man die Übung beispielhaft an zwei oder drei Systemen (z.B. entsprechend der Teams, aus denen die jeweiligen Teilnehmenden kommen) durchführen. Die Beispielgeber lassen sich dann vor allem durch die Fragen der Peers in ihren Überlegungen helfen. Die Hypothesen und Maßnahmen können ebenfalls kurz bearbeitet werden: „Welche ersten Ideen für … tauchen auf?"

Gruppenarbeit

Bitte machen Sie als Seminarleitung darauf aufmerksam, dass es nicht darum geht, die eine Wahrheit über das Unternehmen (den Bereich/das Team) zu finden, sondern darum, unterschiedliche Erfahrungen und Perspektiven wahrzunehmen, um im Anschluss Hypothesen darüber zu bilden, wie das Unternehmen „tickt" und was in dem aktuellen Veränderungsprozess an Interventionen bzw. Maßnahmen nützlich sein könnte. Unkonventionelle, verschiedenartige Sichtweisen sowie Hypothesen sollten unbedingt aufgegriffen und nicht geglättet werden, weil sie als wichtige Unterschiede Mehrwert für das Vorgehen und weiterführende Ideen bieten.

Anschließend werden die Gruppen gebeten, ihre Ergebnisse kurz vorzustellen, wobei der Schwerpunkt je nach Ausgangssituation gelegt wird. Entweder werden die konkreten Ansatzpunkte im Unternehmen herausgearbeitet oder die Anwendung der Methode sowie ihr Nutzen wird erfasst.

Teamarbeit

Analyse der Unternehmens- (Bereichs-, Team-) Historie

1. Listet die **wichtigsten Wendepunkte/Veränderungen** im Unternehmen (Bereich/Team) seit seiner Entstehung (oder seit 20XX) auf, soweit ihr diese kennt, und bringt sie in eine zeitliche Reihenfolge.

2. Wählt 3 bis 5 Wendepunkte aus und **analysiert** diese:
   - Wieweit wurden diese durch das Unternehmen selbst, durch bestimmte Personen eingeleitet?
   - Wieweit wurden diese durch äußere Ereignisse erzwungen (z.B. Kundenverlust, finanzielle Krise, enormer Auftragseingang …)
   - Was vermuten wir, was das Unternehmen (der Bereich/das Team) aus dieser Veränderung gelernt hat?

Analyse der Unternehmens- (Bereichs-, Team-) Historie

Mit Blick auf die Entwicklung des Unternehmens und die geplanten Veränderungen:
Was denken wir (Fazits, Annahmen und Hypothesen)

3. ... was das Unternehmen (der Bereich/das Team)
   - besonders gut kann?
   - eher weniger gut kann?

4. ... was an Maßnahmen im Unternehmen (Bereich/Team)
   - begrüßt werden wird?
   - Reaktanz auslösen könnte?

→ Bitte visualisiert eure Erkenntnisse auf Post-its!

Die Auswertung der Methode „Analyse der Unternehmens- (Bereichs-, Team-) Historie"

Nach den Präsentationen der einzelnen Gruppen zu den Erkenntnissen aus der Analyse der Wendepunkte können folgende Fragen diskutiert werden:

- Was ist uns beim Ausprobieren der Methoden aufgefallen?
- Wofür, denken wir, ist diese Methode besonders gut geeignet?
- Was bringt die Methode? (Worin besteht der Nutzen?)
- Was sind unsere Tipps zum Anwenden der Methode?
- Was sind aus unserer Sicht Fallstricke beim Nutzen der Methode und wie umgeht man diese?

Debriefing: SMARTIE

Wenn die Gruppe die Fragen diskutiert hat, kann das SMARTIE zur Methode (Seite 69 f.) ausgefüllt werden. Falls zum Thema „Green Screen Loops" (Seite 72 ff.) bereits eine intensive Diskussion stattgefunden hat, kann man auch hier erste Erkenntnisse sammeln.

Modul VI – Analysemodelle für Ausgangssituationen

Grundsätzlich sind wir der Meinung, dass der Einsatz von Analyse-Tools im Rahmen von Veränderungsprozessen nur begrenzt sinnvoll ist. Das Ziel ist sicherlich nicht, herauszufinden, was „wirklich im System los ist“, denn der Zustand eines Systems lässt sich nicht objektiv erfassen. Je nach Beobachterperspektive und aktuellen Gegebenheiten wird sich stets etwas anderes zeigen.

Daher sehen wir solche Analysen immer nur als vorläufige Hypothesen an, die eine Basis für die Interventionsauswahl darstellt. Als solche kann sie im Green Screen Loop gute Dienste leisten, ohne dass wir in eine „Paralyse durch Analyse“ verfallen. Frei nach dem Motto des Organisationsforschers Karl Weick: „Willst du erkennen, so lerne zu handeln“.

VI.1 Als Basis für den Green Screen Loop: Die Analyse der Wirkmuster anhand des Impuls-Reaktions-Zeitstrahls

Orientierung

Ziele

- Reaktionsmuster von Systemen bewusst machen
- Zusammenhang zwischen Umfeldentwicklungen und relevanten Reaktionsmustern verdeutlichen

Zeit

- Intro: 5 Minuten
- Bodenarbeit: 30 Minuten
- Reflexion: 10 Minuten

Material

- Tesakrepp-Streifen als Skala; Moderationskarten mit 0 (= trifft überhaupt nicht zu) bis 10 (= trifft ganz genau zu)
- Moderationskarten mit Begriffen wie z.B. Kostendruck, Produktinnovation, Kundenanforderungen, Prozess-Stabilität, Qualität, Effizienz ...
- Moderationskarten mit den Begriffen präadaptiv, antizipativ, reaktiv, inaktiv und disruptiv, Post-its, Stifte
- Flipchart mit abschließenden Reflexionsfragen

Hinweise

- Wenn die Teilnehmenden unterschiedliche Sichtweisen auf Themen haben, so kann dies sehr nützlich sein; ermutigen Sie die Teilnehmenden, unterschiedliche Sichtweisen deutlich zu machen.
- Wenn Sie diesen Baustein online durchführen wollen, stellen Sie auf dem digitalen Whiteboard die Skala als längeren Pfeil dar. Begriffe wie z.B. „Kostendruck" können Sie jeweils auf Kärtchen (z.B. Sticky notes bei Mural) schreiben und seitlich der Skala für alle sichtbar platzieren. Die Begriffe präadaptiv, antizipativ ... werden auch auf Sticky notes geschrieben und unterhalb, entlang der Skala, platziert. Bitten Sie die Teilnehmenden, ihre Positionierung durch Icons bzw. Symbole auf der Skala zu markieren und entsprechend den Skalenwert und das Beispiel auf einem Sticky note festzuhalten.

Auch die Methode „Analyse der Wirkmuster anhand des Impuls-Reaktions-Zeitstrahls“ kann eine Grundlage für den Green Screen Loop bilden. Wenn die Teilnehmenden aus einem Unternehmen (Bereich/Team) kommen, bilden die von den Teilnehmenden getroffenen Aussagen die Basis für den ersten Loop. Aussagen und Beispiele zum Impuls-Reaktions-Zeitstrahl werden visualisiert und dienen zur Ableitung von ersten Hypothesen und Maßnahmen zum Veränderungsprozess.

Wenn die Teilnehmenden aus unterschiedlichen Unternehmen kommen, dann berichten sie einfach von ihren (unterschiedlichen) Erfahrungen, die dann ebenfalls als kurzes Brainstorming für die Ableitung von ersten Hypothesen und Maßnahmen bzgl. eines Veränderungsprozesses beispielhaft genutzt werden können.

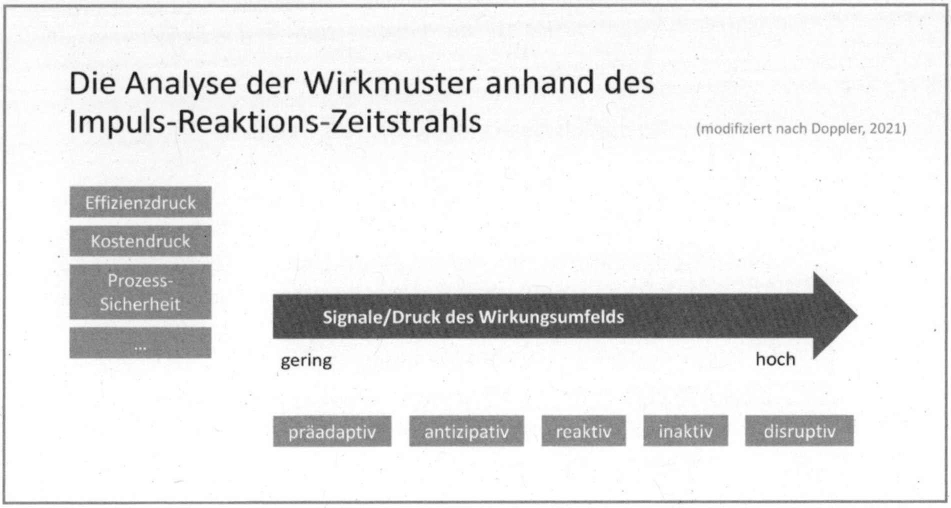

Das **Wozu** der Methode sollten Sie als Trainerin vorab kurz darstellen und dann direkt in die Übung einsteigen.

Durchführung

Zur Vorbereitung wird im Raum auf dem Boden ein Tesakrepp-Streifen ausgelegt. Daneben wird eine Skala aufgezeigt (auf Moderationskärtchen schreiben), die von 0 (= trifft überhaupt nicht zu) bis 10 (= trifft ganz genau zu) reicht. Schreiben Sie als Trainerin auch einige relevante Begriffe auf Kärtchen, die kennzeichnend und prägend sind für entweder den generellen derzeitigen wirtschaftlichen Kontext (wenn die Teilnehmenden aus unterschiedlichen Unternehmen kommen, fokussieren Sie auf fünf bis sechs der wichtigsten Aspekte wie etwa Kostendruck, Produktinnovation, Kundenanforderungen...) oder für ein spezifisches Unternehmen (Prozess-Stabilität, Qualität, Effizienz ...). Zudem notieren Sie die Begriffe präadaptiv, antizipativ, reaktiv, inaktiv und disruptiv auf große Moderationskärtchen. Die Teilnehmenden werden gebeten, Post-its und einen Marker zur Bodenarbeit mitzunehmen.

Bodenarbeit

Bitten Sie die Teilnehmenden, zuerst einmal zum Tesakrepp-Streifen zu kommen und moderieren Sie vertieft an:

„Nun werde ich rund um das Change-Thema eures Unternehmens gleich einige Aussagen vorlesen und bitte euch, euch entsprechend eurer Einschätzung auf der ausliegenden Tesakrepp-Skala aufzustellen. Die Skala reicht von 0 (= trifft überhaupt nicht zu) bis 10 (= trifft genau zu). Eure Antwort ist dann die jeweilige Position auf der Skala. Bitte schaut möglichst nicht danach, wie die Kollegen sich hier positionieren: Hört in euch hinein und bezieht dann Stellung. Los geht's ..."

Dann werden die Aussagen vorgelesen, zum Beispiel:

„Im Vergleich zum Verhalten des Wettbewerbs sind wir ..."

Legen Sie das Kärtchen **Wettbewerbsverhalten** über die Skala und bitten Sie die Teilnehmenden, sich zu positionieren sowie dann

a) ihren Skalenwert auf ein Post it zu schreiben und
b) ein Stichwort für ein entsprechendes Beispiel dazu zu notieren
c) und dieses dann über dem Impuls-Reaktionsstrahl an ihrer Position abzulegen.

Anschließend bitten Sie einige Teilnehmende, zu erklären, weswegen sie sich auf ihren gewählten Skalenwert eingeschätzt haben und ihr Beispiel darzustellen. Rückfragen sind möglich, jedoch sollte keine Diskussion stattfinden, damit sich alle auf das Zuhören konzentrieren.

Fragen Sie lieber nicht reihum jeden einzelnen Teilnehmenden, sondern bitten Sie zunächst einmal die extremeren Positionen sowie einige Personen im Mittelfeld der Skala um eine Erläuterung ihrer Position. Nach Abschluss aller Fragen/Aussagen sollten indes alle Teilnehmende mindestens einmal gefragt worden sein. Gegebenenfalls muss man bei unterschiedlichen Sichtweisen betonen, dass diese alle ihre Berechtigung haben, weil eben jeder andere Erfahrungen hat, andere Themen fokussiert und anders bewertet – und dass die Gruppe immer wieder danach schauen sollte, wie sie diese Unterschiede für ihr weiteres Vorgehen nutzen kann. Halten Sie diese Punkte ggf. auf einem „Themenparkplatz" fest.

Pro Aussage werden die Teilnehmenden jedes Mal gebeten, eine weitere Einschätzung per Strichlein auf dem entsprechenden Post-it vorzunehmen zu der Fragestellung/dem Aspekt: „Wie agiert das Unternehmen (mein Unternehmen) bezüglich dieses Themas (Drucks) insgesamt?" Solche Aspekte können gerne auch von den Teilnehmenden eingebracht werden: „Beim Thema Innovationen erleben wir uns ..."

- **Präadaptiv:** Also uns sehr vorausschauend anpassend, bevor entsprechend relevante Themen von anderen aufgegriffen wurden oder sogar selbst Trends initiierend
- **Antizipativ:** Also gleichzeitig mit dem Aufkommen des Themas Maßnahmen initiierend
- **Reaktiv:** Also erst nachdem der Druck von verschiedensten Stakeholdern angesprochen wurde
- **Inaktiv:** Bisher sind keine Reaktionen oder Handlungen diesbezüglich wahrnehmbar
- **Disruptiv:** Vorgehen oder Prozess wurden radikal in Frage gestellt und es wurden komplett neue Lösungen gesucht

Das gleiche Prozedere gilt für alle weiteren Aussagen, die Sie als Trainerin einbringen möchten, wie etwa spezifischer zu Themen wie Produktinnovation, Digitalisierungsprozess, neue Organisationsformen ...

Zwischenschritt

Bevor Sie dann in den Schritt der Hypothesenbildung und Maßnahmensammlung gehen (Seite 42 ff.), kann als Zwischenschritt sinnvoll sein, folgende Fragen zu thematisieren (diese können Sie vorab auf Flipchart visualisieren):

- Wie lassen sich unsere unterschiedlichen Einschätzungen erklären?
- Wieweit hängen diese Einschätzungen von der eigenen Rolle, von den eigenen Aufgaben ab?
- Wie können wir solche Unterschiede bestmöglich nutzbar machen?

Die Antworten sollten mitvisualisiert werden.

Auswertung

Anschließend können Sie je nach eingesetztem Tool („Analyse der Unternehmens-Historie", Seite 79 f., „Analyse der Wirkmuster", Seite 90 ff. oder z.B. auch „Narrative Interviews", Seite 104) die Ergebnisse weiter auswerten. Das ist insbesondere dann nützlich, wenn alle Teilnehmenden in einem konkreten Change-Prozess eines Unternehmens eingebunden sind.

Beispielsweise so: Mit Blick auf die Analyse der Unternehmensverhaltensmuster, was denken wir (Fazits, Annahmen und Hypothesen) …

1. was das Unternehmen (der Bereich/das Team)
- besonders gut kann?
- eher weniger gut kann?

2. was an Maßnahmen im Unternehmen (Bereich/ Team)
- begrüßt werden wird?
- Reaktanz auslösen könnte?

Anschließend kann diese Methode mithilfe des SMARTIEs bewertet werden.

Energizer: Seile-Kreis-Ressourcenspiel

Orientierung

Ziele

- Teilnehmende nach der Mittagspause aktivieren und für das Thema Veränderung sensibilisieren
- Zeigen, wie wichtig es ist, Kontextveränderungen bewusst wahrzunehmen und diese in Bezug auf die eigenen Ziele zu reflektieren und nicht einfach „weiter wie bisher" zu verfahren

Zeit

20 Minuten

Material

- Nylonschnüre von 60 cm (pro TN je eine Schnur)
- Flipchart mit Regeln
- Musik
- Raum mit freier Fläche

Hinweise

- Diese Übung birgt viele Aha-Effekte, v.a. zum Thema Kontextveränderung und Musterwechsel. Zudem zeigt sie, dass man auch mit weniger Ressourcen viel erreichen kann, wenn eine Zusammenarbeit im Team, kreative Ideen und der Wille nach Veränderung von Perspektiven vorhanden ist.
- Diese Übung lässt sich nur in Präsenz durchführen.

Zum Übergang in die nächste Thematik bzw. das nächste Modell hat sich das Seile-Kreis-Ressourcenspiel als sehr inspirierend erwiesen. Diese Übung stammt aus dem Buch „Teamkompetenz. Konzepte, Trainingsmethoden, Praxis" von Kriz & Nöbauer (2002). Mit der Übung kann gut gezeigt werden, wie wichtig es ist, Kontextveränderungen bewusst wahrzunehmen und diese in Bezug auf ihre Auswirkungen zu reflektieren und nicht einfach „weiter wie bisher" zu verfahren. Zudem zeigt die Übung, dass man auch mit wenigen Ressourcen einiges erreichen kann, wenn eine Zusammenarbeit im Team, kreative Ideen und der Wille zur Veränderung von Perspektiven vorhanden ist.

Bei dieser Übung erhält jeder Teilnehmende ein etwa 60 cm langes Seil. Bitten Sie als Trainerin jeden Teilnehmenden, jeweils die Enden seines Seils zu verknoten, sodass eine Schlaufe entsteht, und sich in diese Schlaufe zu stellen. Dann wird Musik abgespielt. Solange die Musik läuft, muss sich jeder Teilnehmende zwischen den auf dem Boden liegenden Schlaufen bewegen und darf nicht in den Schlaufen verweilen. Wenn die Musik verstummt, muss im Team dafür gesorgt werden, dass sich jeder Teilnehmende „sicher" mit beiden Füßen in einer Schlaufe befindet. Das heißt, sie dürfen nicht mit den Füßen auf der Schlaufe stehen und der Schuh darf entsprechend nicht außerhalb der Schlaufe sein. Wer sich nicht mit den Füßen/Schuhen innerhalb einer Schlaufe befindet, muss ausscheiden. Die Schlaufen dürfen nicht geöffnet oder miteinander verknotet werden. Nach der Darstellung der Regeln wird ein Probedurchlauf gestartet.

Nach dem ersten Probedurchlauf entfernen Sie als Trainerin eine Schlaufe: Dies sollten Sie durchaus auffällig tun. Meistens realisieren die Teilnehmenden schnell, worauf es ankommt und sprechen sich ab, Schlaufen zu teilen und rücken sie näher aneinander. Manche Teilnehmende fragen, ob es erlaubt ist, mit den Füßen in unterschiedlichen Schlaufen zu stehen. Ihre Antwort als Trainerin sollte lauten: *„Ja, das ist erlaubt. Es ist alles erlaubt, was nicht ausdrücklich verboten ist, um die Ziele zu erreichen."*

Bei jedem weiteren Durchgang entfernen Sie (offensichtlich!) eine weitere Schlaufe. Manche Teams beginnen sich dann darüber zu unterhalten, wie sie die Aufgabe lösen können, wenn „das" so weitergeht. Manche nehmen andere Teilnehmende auf den Rücken. Prüfen Sie hier als Trainerin immer sehr offensichtlich, ob die Füße auch dann noch innerhalb der Schlaufe sind. Wenn die Teilnehmenden zwar immer dichter zusammenrücken, aber ansonsten keine „Musterveränderung" vornehmen, sollten Sie deutlich darauf aufmerksam machen, dass dieses Muster vermutlich nicht mehr funktionieren wird, wenn nur noch eine Schlaufe übrig ist und verdeutlichen, dass sich die Gruppe etwas anderes einfallen lassen muss! Sie können in den Zwischensequenzen auch mehrere Schlaufen entfernen und auf Nachfrage sagen, dass sie nur eine Schlaufe übrig lassen wird.

Manche Gruppen experimentieren dann mit neuen Ideen und kommen schließlich auf die Lösung, sich auf den Fußboden zu setzen und die Füße/Schuhe einfach übereinander zu stapeln. Lassen Sie als Trainerin hier durchaus Zeit für Diskussionen, bevor wieder eine Sequenz weitergespielt wird! Die Gruppe soll ja Lösungen finden.

Das vorrangigste Ziel einer abschließenden Auswertung ist es zu verdeutlichen, wie wichtig es ist, Kontextveränderungen bewusst wahrzunehmen und diese in Bezug auf die eigenen Ziele zu reflektieren. Fragen Sie die Teilnehmenden daher:

- Was waren eure Überlegungen, als ihr bemerkt habt, wie die Übung weitergehen wird?
- Was hat dazu beigetragen zu erkennen, dass „weiter wie bisher" nicht funktioniert und es einen Musterwechsel braucht?
- Wieweit tauchte dabei das Thema „dann müssen eben welche ausscheiden", also eine Konkurrenzdynamik, auf?
- Was hat die Gruppe daran gehindert, erste Ideen zum Musterwechsel aufzugreifen?
- Was könnt ihr aus dieser Übung eventuell mitnehmen?

Das Seile-Kreis-Ressourcenspiel symbolisiert in besonderer Weise, die Bedeutung einer bestimmten Entwicklung anhand eines zeitlichen Verlaufs aufzugreifen sowie die Notwendigkeit des Umdenkens bzw. disruptiven Denkens. Die Eingangsfrage „Sich wandeln oder gewandelt werden" lässt sich gut wieder aufgreifen.

Auch können die Erfahrungen aus dem Experiment dahingehend diskutiert werden, in wieweit sie als Muster typisch für ein bestimmtes System (Unternehmen) sein könnte: Werden die unterschiedlichen Kontexte, in denen sich Systeme bzw. Organisationen befinden, permanent gescannt und entsprechend der Umfeldentwicklungen bzw. des Umfelddrucks mit unterschiedlichen Strategien verknüpft, so findet weniger ein „gewandelt oder geschoben werden" statt.

Quelle

- Kriz & Nöbauer (2002): Teamkompetenz. Konzepte, Trainingsmethoden, Praxis. Vandenhoeck & Ruprecht.

VI.2 Als Basis für den Green Screen Loop: Das Change-Portfolio

Orientierung

Ziele

- Darstellen, wie verschiedene Strategien des Change-Managements entwickelt werden können
- Sichtbar machen, dass natürlich trotzdem unterschiedliche Einschätzungen bzgl. der Notwendigkeit von Veränderungen existieren

Zeit

30 Minuten (kann aber durchaus auch länger sein)

Material

- Vorbereitete Pinnwand mit der Change-Matrix
- Flipchart mit Instruktion
- Post-its, Stifte

Hinweis

Wenn Sie diesen Baustein online durchführen wollen, können Sie wunderbar das Umfragetool Mentimeter nutzen (wie auch im Präsenztraining). Die Change-Matrix können Sie als Bild auf dem digitalen Whiteboard groß einfügen, sodass die Teilnehmenden ihre Sticky notes mit ihrem Namenskürzel und der Erklärung entsprechend platzieren können.

Intro

Erläuterung des Modells

Notwendige strategische Ausrichtungen lassen sich anhand des sogenannten „Change-Portfolios" diskutieren. Auch das Modell des Change-Portfolios kann als Tool in einem Green Screen Loop genutzt werden. Hierfür wird mittels verschiedenster Stakeholder eine 360-Grad-Perspektive sowohl im Hinblick auf die Entwicklungen des relevanten Umfelds als auch bezüglich notwendiger Einstellungs- und Verhaltensänderungen der Mitarbeitenden vorgenommen. Entsprechend erhellend ist dieses Tool besonders dann, wenn die Teilnehmenden aus dem gleichen Unternehmen kommen.

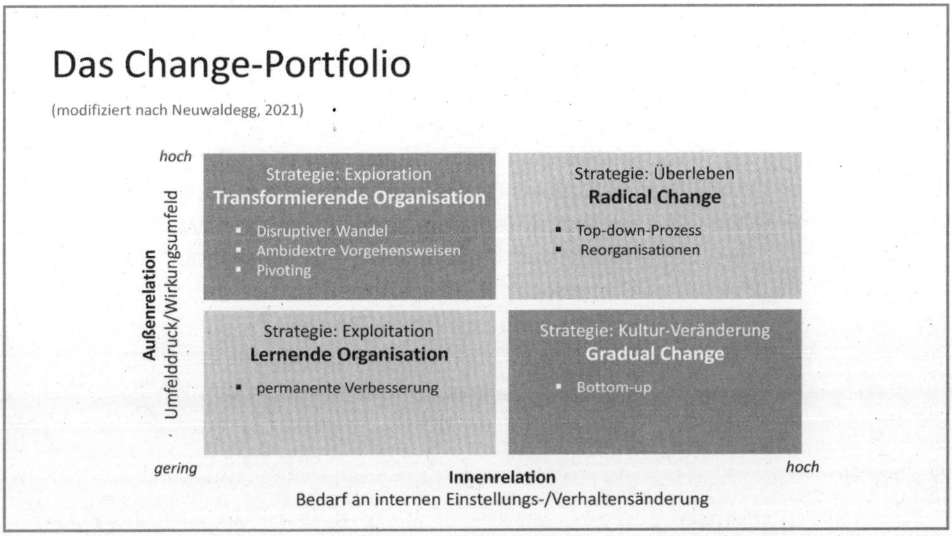

Als Trainerin können Sie das Change-Portfolio (Abb.) wie folgt erklären:

„In diesem Modell ist der Umfelddruck auf der vertikalen Achse dargestellt, der entsprechend gering oder hoch sein kann. Im unteren Bereich wäre bei einer eher gering ausgeprägten Notwendigkeit zur Haltungs- und Verhaltensänderung angemessen, eine ‚Exploitations-Strategie' der kontinuierlichen Verbesserung bzw. der lernenden Organisation zu wählen. Ziele sind hierbei, permanent an Optimierungen von Prozessen und Produkten zu arbeiten sowie aufmerksam zu bleiben und fortlaufend die Veränderungen und Entwicklungen im relevanten Umfeld zu beobachten. Viele Unternehmen, vor allem in der Automotive-Branche, waren jahrelang mit dieser Strategie unterwegs. Heute sind diese Unternehmen (daher) eher im oberen Bereich ‚hoher Umfelddruck' einzuordnen, um im Kampf mit Apple oder Tesla nicht bloß zu Hardewarelieferanten degradiert zu werden. Derzeit, könnte man sagen, bewegen sich BMW, VW und Daimler im Strategiefeld der Exploration, der sich transformierenden Unternehmen. So bezeichnet sich Daimler ja auch als ‚Mobilitätsanbieter' und erklärt in seiner Strategie: ‚Wachstums- und Gewinnchancen sehen wir … im Flottenmanagement sowie bei digitalen, vernetzten Mobilitätslösungen.'

Die Gefahr, durch Disruptionen nach rechts in Richtung Reorganisation und Radical Change geschoben zu werden, ist stets gegeben. Sehr deutlich zeigt sich dies beim Mitarbeiterabbau in den Jahren 2020/2021 und auch beim Wechsel an der Unternehmensspitze: Der ehemalige Daimler-Vorstand Dieter Zetsche merkte im Mai 2019 in seiner Abschiedsrede an, dass ‚… es nicht sicher sei, dass es Daimler in der heutigen Form in 10 Jahren noch gibt'. Denn der Umfelddruck bleibt hochdynamisch. Nicht nur für den Automotive-

Bereich, auch für Banken. Fragt euch einmal: Gibt es diese in zehn Jahren in der heutigen Form noch? Oder was ist mit dem stationären Handel? 76 Prozent der größten deutschen Unternehmen gaben 2021 an, dass sie in den kommenden 24 Monaten Reorganisationen planen. Als Haupttreiber dieser ‚Radical Changes' werden die Digitalisierung und die Entwicklung neuer Services gesehen (Dersch, Freibichler, Pannes & Zacherl, 2020). *Um nicht in diese Welt des Radical Change gezwungen zu werden, experimentieren derzeit viele Unternehmen mit dem Modell der Ambidextrie."*

Erläuterung Ambidextrie

Den nächsten Teil zur Erläuterung von Ambidextrie könnten Sie als Trainerin vertiefend einbringen, je nach Schwerpunkt des Trainings. Die gewählten Beispiele können selbstverständlich durch andere ersetzt werden.

„Der Begriff der Ambidextrie geht auf den britischen Managementvordenker James March zurück (Schumacher & Wimmer 2020). *March betont in seinen Studien zum organisationalen Lernen die Notwendigkeit eines Gleichgewichts zwischen Exploitation und Exploration. Diese sogenannte Ambidextrie bedeutet in seiner einfachsten Definition das Nebeneinander von Exploit-Modus – kontinuierliche Verbesserung, Effizienz steigern und Ressourcen und Potenziale ausschöpfen und optimieren – und dem Explore-Modus, Experimentieren, Innovationen verfolgen. Entsprechend der Weiterentwicklung dieses Ansatzes beschreiben Tushman & O'Reilly* (Schumacher & Wimmer, ebda) *Ambidextrie als die Fähigkeit eines Unternehmens, gleichzeitig zu forschen und zu experimentieren sowie zu optimieren, um langfristig erfolgreich zu bleiben. Die beiden Modi können wie zwei ‚Betriebssysteme' eines Unternehmens gesehen werden, die sich gleichzeitig widersprechen und ergänzen. So steuert Google mit der 80/20-Regel den Einsatz von 20 Prozent der Mitarbeitenden, die sich jenseits des Tagesgeschäfts mit Innovationen befassen. Ein weiteres Beispiel für gelungene Ambidextrie ist W. L. Gore, das mit Textilien startete – GORETEX – und heute auch erfolgreich in der Medizintechnik und vielen Industrieanwendungen ist. Wobei immer ein Teil der zeitlichen Ressourcen für Neuerungen, für Explore aufgewendet werden darf. Dieses Nebeneinander von beiden ‚Praktiken' ist für viele Unternehmen kein einfaches Unterfangen, weil offenbar althergebrachte Kulturen allzu leicht die innovative Explore-Haltung assimilieren* (OE, 2018).

Zurück zu unserer Matrix. Ein hoher Umfelddruck muss nicht zwingend mit einem hohen Bedarf an Einstellungs- und Verhaltensänderung einhergehen: Wenn Mitarbeitende aus Unternehmen wie Google, Facebook und Co. ggf. daran gewöhnt sind, ständig nach Innovationen zu suchen (Explore), dann begegnen sie diesem Umfelddruck ja bereits. Diese Haltung gehört sozusagen zur Kultur. Gleichwohl kann ein geringer Umfelddruck sehr wohl mit einem hohen Druck an Einstellungs- und Verhaltensänderungen einhergehen. Als Beispiele hierfür könnten wir Kliniken, Behörden oder auch Hotel- und Gastronomiebetriebe heranziehen. Der Umgang mit den Mitarbeitenden ist dort häufig geringschätzend, bei schlechter Bezahlung. Kein Wunder, dass diese Unternehmen eine ständige Unterbesetzung beklagen und sich schwer tun, bleibewillige Mitarbeitende zu finden. Obwohl der gegenwärtige Umfelddruck im Sinne eines Drucks durch Marktentwicklungen oder Wettbewerber derzeit eher gering zu sein scheint, ist die Notwendigkeit, etwas zu ändern gleichwohl hoch. Hier sind Strategien der Kulturentwicklung angesagt, mit einer starken Bottom-up-Betonung, um einen sogenannten ‚Gradual Change' einzuleiten und zu einem wertschätzenden Miteinander zu kommen."

Quellen

- Dersch, Freibichler, Pannes & Zacherl: Management Kompass 2020. Starke Führung ist der wichtigste Erfolgsfaktor für erfolgreiche Transformation (Porsche Consulting). In: Organisationsentwicklung Heft 4 2020.
- Schumacher, T. & Wimmer, R. (2020): Zum Management von Kern- und Innovationsgeschäft in der ambidextren Organisation. In: Organisationsentwicklung Heft 4, 2020.
- Ambidextrie: https://www.thinktank-ambidextrie.com/definition abgerufen am 26.08.2021
- Rebellen im Palast: Wie Start-ups Konzerne bewegen. In: Organisationsentwicklung, Ausgabe 01/2018.

Der Austausch zum Change-Portfolio

Gruppenarbeit

Diese Übung kann sowohl analog als auch digital durchgeführt werden. Das erwähnen wir hier ausdrücklich, weil es aus unserer Erfahrung Sinn und Spaß macht, hier zum Beispiel mal aufs Mobiltelefon zu wechseln …

Analog: Zur Vorbereitung der kommenden Anwendungsübung zeichnen Sie die Matrix mit den Dimensionen auf eine Moderationswand und visualisieren die Instruktion auf dem Flipchart (siehe unten). Nach der Erklärung des Modells werden die Teilnehmenden gebeten, ihr Unternehmen bzw. ihre Sicht auf das eigene Unternehmen in der Matrix zu positionieren.

Digital: Alternativ kann die Visualisierung der Übung auch über das Umfragetool Mentimeter erfolgen. Dazu wird eine „Pin on Image"-Frage erstellt und die Matrix als Bild hinzugefügt. Sobald die Trainerin die Umfrage im Präsentieren-Modus auf einem Bildschirm teilt, erhalten die Teilnehmenden den Mentimeter-Code für die Umfrage. Die Teilnehmenden können dann einfach digital über ihr Mobilgerät auf menti.com den Umfragecode eingeben. Sobald die Trainerin die entsprechende Frage zur

Matrix präsentiert, kann über das Mobilgerät ein „Pin" auf der jeweiligen Achse gesetzt werden. Die virtuelle Variante hat den Charme, dass die Teilnehmenden in Echtzeit anonyme Markierungen auf der Matrix in der geteilten Mentimeter-Präsentation sehen. Das ist insbesondere dann interessant, wenn die Teilnehmenden aus dem gleichen Unternehmen kommen und anschließend die verschiedenen Positionen diskutieren.

Wenn die Teilnehmenden aus unterschiedlichen Unternehmen kommen, stellen diese entweder ihr Unternehmen oder generelle Beispiele vor, begründen dann ihre Positionierungen und diskutieren diese. Die Beispiele werden in Stichworten visualisiert. Dies braucht nicht so viel Zeit, denn der Fokus liegt dann weniger auf den Inhalten, als vielmehr auf der Anwendung der Methode (man muss sich ja nicht auf eine Perspektive einigen oder Unterschiede nutzbar machen).

Wenn die Teilnehmenden aus einem Unternehmen kommen, wird in dieser Gruppenarbeit sehr schön eine 360-Grad-Perspektive sichtbar. Das ist häufig äußerst spannend, weil sehr unterschiedliche Positionierungen zum Vorschein kommen können. Es kann sowohl im Plenum (das kann etwas länger dauern, je nachdem, ob Sie bei den Beispielen ggf. mehr in die Tiefe gehen wollen) oder auch in Gruppenarbeiten stattfinden. Hier muss in jedem Fall Zeit für Präsentation und Diskussion eingeräumt werden. Die Arbeit mit dem Modell, der Austausch zu den 360-Grad-Perspektiven und eine abschließende Evaluierung können dann durchaus vier Stunden in Anspruch nehmen.

Instruktion auf dem Flipchart

Positionierung von Unternehmen hinsichtlich ihres Veränderungsbedarfs in der Change-Matrix („gemischte" Teilnehmende):

- Bitte positioniert euren Punkt/euer Kärtchen (mit eurem Kürzel und ggf. dem Namen eures Unternehmens) in der Change-Matrix.
- Formuliert für eure Positionierung eine Erklärung bezüglich der vertikalen und der horizontalen Achse nach dem Motto: „Weswegen hier platziert" (Arbeitszeit: 10 Minuten) in Stichworten auf einem Post-it
- Stellt eure Ergebnisse anschließend im Plenum vor (Zeit: 2 Minuten)

Wenn Sie beispielsweise das Wissen der Teilnehmenden für mögliche zugehörige Methoden anregen oder sie als Change-Team für Methoden inspirieren möchten, können Sie sie pro Positionierung/Bubble eines Unternehmens auch entsprechende Methoden sammeln lassen. Dazu könnten Sie Gruppenarbeiten initiieren.

- Für den Bubble **„Transformierende Organisation/Strategie der Exploration“** könnten Sie als Beispiele angeben: Green Screen Loops & entsprechende Methoden, Retrospektiven, Starfish-Feedback, Design-Thinking ...
- Für den Bubble **„Strategie des Gradual Change/Kultur-Veränderung“** könnten Sie angeben: Sprungbrett-Reden, Veränderungsformel, Visionsarbeit ...

Wobei man die verschiedenen Methoden auch wechselseitig einsetzen kann. Wichtig ist dann, bei der Diskussion zu begründen, wofür genau eine Methode eingesetzt wird (also was soll durch den Einsatz der Methode erreicht werden) und Hypothesenarbeit zu betreiben.

Abschließend können Sie als Trainerin wahlweise:

- Das SMARTIE weiter ausfüllen lassen.
- Die Folie unten präsentieren, mit dem Hinweis auf das „Boiled Frog Phenomenon“.
- Individuelle Transferarbeit via Transfer-Journal anstoßen.
- Bei einem konkreten Veränderungsprojekt können Sie die Fazitarbeit „Green Screen Loop“ im Plenum einleiten und die Aussagen mitvisualisieren, wobei Sie die Fragen stellen:
  - *„Was bedeuten unsere Überlegungen und die von uns ausgetauschten Erfahrungen in Bezug auf unsere eigenen Veränderungsprozesse/Veränderungsvorhaben?“*
  - *„Welche Hypothesen leiten wir daraus ab?“*
  - *„Welche ersten Zielsetzungen für unsere ersten Schritte leiten wir daraus ab?“*
  - *„Welche erste Handlungsansätze definieren wir?“*

Sich wandeln oder gewandelt werden

Die Analyse des Wirkungsumfeldes

- Das größte und mit den meisten Freiheitsgraden versehene „Zeitfenster“ des Gestaltens öffnet sich zu Beginn einer neuen Wirkungstendenz!
- Um dieses zu erkennen, ist ein ständiges „Abtasten“ des Umfelds in Bezug auf Veränderungen unabdingbar: „Wie ein Pfadfinder die Zeichen am Wegrand deuten!“
- Wer lieber gestalten möchte statt gestaltet zu werden, sollte Impulse aus dem relevanten Umfeld aufgreifen.
- Permanente selbstinitiierte Schritte der Veränderung beugen dem „Verändert werden“ vor.

→ **Achtung: Boiled Frog Phenomenon**

VI.3 Vorbereitende Interviews

Orientierung

Ziele

Die Teilnehmenden lernen eine pragmatische Methode kennen, um eine Basis für den Entwurf eines Green Screen Loops zu erhalten

Zeit

30 Minuten

Selbstverständlich kann man als Basis für den Entwurf eines ersten Green Screen Loops schlicht Interviews führen. Ganz zu Beginn eines Projekts ist dies oft pragmatisch und stimmig – das erste Mittel der Wahl. Interview-Partner sind dann die primären Auftraggeber (Geschäfts- oder Bereichsleitung, HR- und Projektpartner, QM- oder OE-Verantwortliche). Auch das kann, je nach Zusammensetzung der Teilnehmenden im Training ausprobiert und durchgeführt werden. Es ist besonders dann sinnvoll, wenn die Teilnehmenden aus einem Unternehmen kommen und in einem definierten Transformationsprozess eingebunden sind.

Dabei kann der erste Teil in einem solchen Interview auch ein narrativer sein, in dem man den Interview-Partner erst einmal motiviert, zu erzählen. Das kann aus mehreren Gründen methodisch sehr sinnvoll sein: Zum einen können Sie als beratende Person anhand der erzählten Geschichten Bedeutungsgebungen (also Interpretationsmuster) im System erkennen, nach dem Motto: „Wer beobachtet was, erklärt es und bewertet es wie?" Auch können Sie daraus Ansatzpunkte der Unterschiedsbildung herausarbeiten, die für spätere Interventionen sehr nützlich sein können. Zudem wird deutlich, welche Überzeugungen (Glaubenssätze) und Begriffe im System häufig genutzt werden, die wiederum als Ansatzpunkte der Interventionen höchst nützlich sein können. Dort, wo Begriffe fehlen und Erzählungen ins Stocken geraten, zeigen sich Begrenzungen in Deutungsmustern und somit zugleich wiederum „Akupunkturpunkte" des Systems (Krizanits, 2022), die als kraftvolle Interventionspunkte genutzt werden können und Unterschiede erzeugen.

Initiierende Fragen können zum Beispiel (je nach Veränderungsvorhaben) sein:

- Wie es denn so, hier zu arbeiten? Und woran kann man das merken?
- Was ist typisch für XYZ (Name des Unternehmens)?
- Was muss man hier tun, um Anerkennung bei den Kolleginnen und Kollegen zu bekommen?
- Was ist wichtig, um Anerkennung bei den Vorgesetzten zu bekommen?
- Wie finden Sie die Idee, dass eine Veränderung bei ... eintreten soll? Worum sollte es da aus Ihrer Sicht gehen?
- Welche Ereignisse im vergangenen Jahr (Jahren) zeigen, dass es ... (eher nicht) braucht?
- Was sollte getan werden, damit sich ... verbessert?

Eine Analyse der Unternehmens-Historie (Seite 79 f.) kann durchaus noch folgen, zum Beispiel als Gruppenarbeit, wenn alle leitenden Führungskräfte zusammenkommen, oder auch in Großgruppenveranstaltungen parallel bereichs- oder teambezogen; hier können dann anschließend Gemeinsamkeiten und Unterschiede gesichtet und weitere Schritte abgeleitet werden.

Anhand der konkreten Ergebnisse aus den im Training angewendeten Analyse-Tools wird anschließend ein (erster) Green Screen Loop erstellt.

Auch die Übung „Familiengeschichten“ (Seite 272 ff.) kann je nach Veränderungsvorhaben sehr hilfreich sein.

Quellen

- Krizanits, J. (2022): Einführung in die Methoden der systemischen Organisationsberatung. Carl-Auer Verlag, 4. Aufl.
- Dollinger, A. (2016): Familiengeschichten. In: Zeitschrift Training-aktuell, Serie Systemische Interventionen, Dezember 2016.

VI.4 Einen Green Screen Loop entwerfen

Orientierung

Ziele

- Die Teilnehmenden probieren die Methode „Green Screen-Loop" aus
- Deutlich machen, was während eines Veränderungsprozesses wiederholt reflektiert werden sollte, um die Wahrscheinlichkeit möglichst zu erhöhen, dass Veränderungsimpulse im gewünschten Sinn wirksam werden

Zeit

15-45 Minuten (je nachdem ob lediglich ein Beispiel vorgestellt wird oder ein Beispiel im Plenum oder Gruppenarbeiten bearbeitet wird)

Material

- Vorbereitete Pinnwand mit der „Learn_Build_Measure"-Schleife
- Farbige Klebepunkte zum Gewichten

Hinweis

Wenn Sie diesen Baustein online durchführen wollen, können Sie für die Gewichtung das Voting-Tool des digitalen Whiteboards nutzen (z.B. bei Mural)

Aufgrund der vorausgehend beschriebenen Analysen kann nun auch eine Change-Architektur entworfen werden (Seite 180 ff.; im Change-Training könnte man auch hieran weiterarbeiten). Eine solche Change-Architektur kann, wie nachfolgend auch beim Green Screen Loop dargestellt, immer nur ein erster Entwurf sein: Schritt für Schritt wird dann im Laufe eines Transformationsprozesses immer wieder mithilfe der Green-Screen-Loop-Methode überprüft, wieweit Zwischenziele erreicht wurden und was über das System/die Organisation gelernt wurde. Entsprechend werden dann nächste folgende Schritte modifiziert.

Zum Abschluss des Trainingstages hat es sich bewährt, noch einen konkreten Green Screen Loop erstellen zu lassen, der auf den bereits behandelten Analysen basiert. Die fortlaufende Arbeit mit diesem oder ähnlichen Tools ist in der Praxis sehr wichtig, um sich auf konkrete Schritte im Change-Prozess zu einigen, dabei transparent zu sein, das eigene Vorgehen im Sinne einer Erfolgsmessung „messbar" zu machen und daraus zu lernen.

Durchführung

Im Training wird diese Erstellung nun beispielhaft anhand eines Teilnehmeranliegens ausprobiert. Die konkrete Ausarbeitung kann (auch zur Abrundung des Tages) sehr gut gemeinsam im Plenum erfolgen.

Learn: Hypothesen und Ziele formulieren

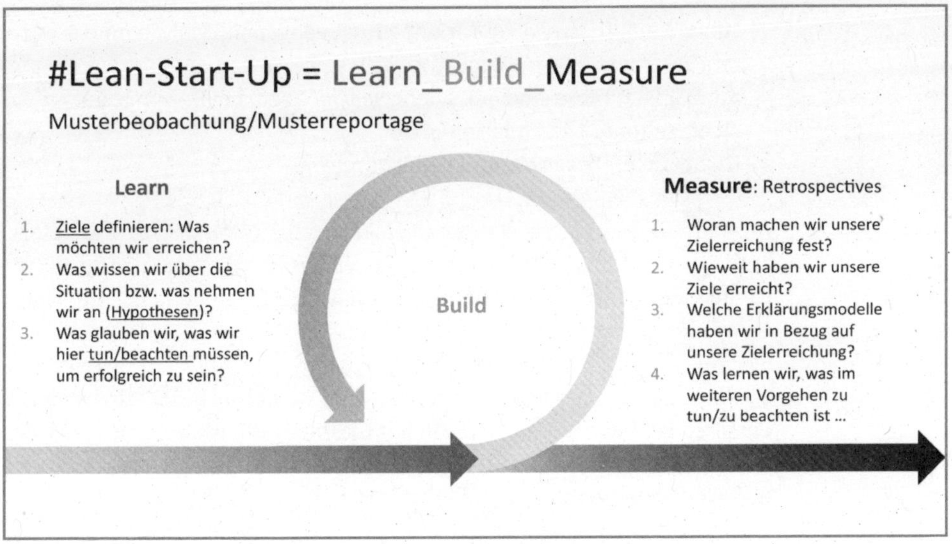

Zur Vorbereitung der folgenden Ausführungen wird die Schleife „Learn_Build_Measure" auf eine Pinnwand gezeichnet (Abb. oben). Beginnen Sie die weitere Ausarbeitung damit, den Schritt Learn mit Inhalt zu füllen. Das heißt, Sie formulieren gemeinsam Hypothesen zur aktuellen Situation und zu den Zielen, die Sie mit den ersten Schritten (oder auch dem ersten Schritt) erreichen wollen. Womit Sie zuerst starten, ist Geschmackssache. Beides funktioniert, zumal dies meist ein iterativer Prozess ist, bei dem man in der Generierung zwischen den Hypothesen und Zielsetzungen hin und her wechselt. In der Praxis werden Hypothesen und Ziele stets dokumentiert, weil sie auch für weitere nächste Schritte im Transformationsprozess relevant bleiben und genutzt werden.

Um die Ziele zu ermitteln, die die Gruppe im nächsten Schritt des Transformationsprozesses erreichen will, nutzen Sie schlicht ein kurzes Brainstorming. Dabei belassen Sie es bei den folgenden simplen Fragen:

- *Was wollen wir in dem nächsten Schritt konkret erreichen?*
- *Was noch? Und was noch?*

Anschließend gewichten Sie diese Ziele. Das kann einfach mittels farbiger Klebepunkte geschehen. Ziel bei der Gewichtung ist es, spezifische, **für die aktuelle Situation angemessene Ziele zu definieren und sich auf einige realistische Kernziele** (die drei bis fünf mit den meisten Klebepunkten) **zu fokussieren.** Manche Ziele können bereits auch Kriterien zur Ergebnismessung beinhalten.

Die Gewichtung der Ziele kann wie folgt definiert werden:

- **Muss-Ziele:** Diese wollen wir unbedingt erreichen, weil sie für das weitere Vorankommen im Projekt wichtig sind.
- **Kann-Ziele:** Diese sind ggf. auch wichtig, aber zum Beispiel zum jetzigen Zeitpunkt zu ambitioniert.
- **Nicht-Ziele:** Diese sind gerade nicht relevant.

Anschließend werden wiederum in einem Brainstorming Hypothesen formuliert, unter dem Motto: Was glauben wir, welche Einstellungen, Erfahrungen und Denkweisen der Betroffenen bei der Erreichung unserer Ziele eine Rolle spielen?

Die Hypothesen müssen nicht, können aber wiederum gewichtet werden, entsprechend der angenommenen Einflussstärke. Das hat den Vorteil, dass uns als Change-Begleiter noch klarer werden kann, worauf wir beim weiteren Vorgehen achten wollen.

Build: Die nächsten Maßnahmen und Schritte entwerfen

Entsprechend der Ziele und Hypothesen werden nun die nächsten konkreten Schritte und Maßnahmen definiert. Diese sollten vor allem zu Beginn des Transformationsprozesses eher kleinteilig sein. Wenn man bereits eine erste Change-Architektur entworfen hat, dann kann diese im Laufe des Prozesses Schritt für Schritt entsprechend des Green Screen Loop weiterentwickelt werden.

Auch bei diesem Schritt wird analog vorgegangen. Dabei kommt es durchaus vor, dass sehr unterschiedliche Ideen und Perspektiven entwickelt werden, was jetzt nächste nützliche und gesamtzieldienliche Maßnahmen sein könnten. Dann kann es sehr hilfreich sein, vor einer finalen Punkte-Abstimmung sogenannte Konsent-Runden durchzuführen, um unterschiedliche Perspektiven vertieft zu verstehen.

Exkurs: Die Konsent-Methode

Mit der Konsent-Methode (modifiziert nach G. Endenburg, 2019) lassen sich Entscheidungen partizipativ gestalten und gleichzeitig endlose Diskussionen vermeiden. Dabei ist Konsent nicht gleich Konsens. Beim Konsens wird mit der Kern-Frage „Wer ist dafür?“ auf die Maximierung der Zustimmung aller Beteiligten fokussiert. Währenddessen die Konsent-Entscheidung auf die Frage „Welche schwerwiegenden Einwände gibt es?“ referiert. Nachdem ein Lösungsvorschlag bzw. eine Handlungsoption genannt wird, erfolgt die Moderation nach der Konsent-Methode wie folgt:

1. Informations- oder bildformende Runde

Es werden alle Informationen über die anstehende Entscheidung von allen zusammengetragen, damit sich jeder eine Meinung bilden kann. Leitfragen können hier sein: Was müsst ihr noch wissen, um eine Entscheidung treffen zu können? Oder: Wer braucht noch welche Informationen?

2. Die verschiedenen Entscheidungsoptionen werden visualisiert

Bestenfalls folgt man dem Vorgehen in Bezug auf eine Entscheidungs- bzw. Lösungsoption; falls dies nicht möglich ist, müssen alle Entscheidungsoptionen entsprechend der weiteren dargestellten Schritte durchgegangen werden. Dann wird die Option gewählt, die die wenigsten oder keine schwerwiegenden Einwände erhält (analog zum systemischen Konsensieren).

3. Erste meinungsbildende Runde zur Entscheidung

Alle der Anwesenden dürfen nun eine erste Resonanz zu einem Entscheidungsvorschlag/ einer Handlungsoption geben. Wichtig ist hierbei, als Moderatorin darauf zu achten, dass jeder ungestört sprechen kann und die Beiträge nicht bewertet oder kommentiert werden (ggf. Zeitbegrenzung vorgeben). Leitfragen können sein: Wie geht es mir mit dem Vorschlag? Mein wichtigstes Argument ...

4. Zweite Meinungsrunde oder Meinungsänderungsrunde

Diese Runde ist dafür da, nachdem die Perspektiven von allen gehört wurden, Veränderungen im Fühlen, im Erleben oder in der Meinung Raum zu geben. Auch hier kommt wieder jeder Anwesende zu Wort. Leitfragen können sein: Wie geht es mir mit dem Gehörten? Was hat sich ggf. in meiner Wahrnehmung bzw. meiner Meinung verändert?

5. Konsent-Runde, Runde der Beschlussfassung

Es geht jetzt darum, den einen Lösungsvorschlag bzw. eine Entscheidungsoption zu bestätigen und einen Beschluss zu verabschieden. Zentrale Leitfrage ist bei dieser Runde: Gibt es einen schwerwiegenden Einwand gegen den Beschluss? Die Moderation sollte einerseits Einwände begrüßen und andererseits mit Fragen eine Lösungs- bzw. Beschlussfokussierung erzeugen, beispielweise mit der Frage: Was braucht es, damit ihr euch auf den Beschluss einlassen könnt? Ggf. wird hiermit ein weiterer Vorschlag erzeugt, mit dem die bisher aufgeführten Schritte wieder von vorne beginnen.

Erfahrungsgemäß lassen sich mit diesem Vorgehen Entscheidungen und Entschlüsse fassen, die von allen Beteiligten nachhaltig getragen werden. Denn alle Beteiligten werden gleichermaßen gehört und in die inhaltliche Weiterentwicklung der Lösung bzw. Entscheidung involviert.

Measure: Die Erfolgskriterien definieren

Auch für den dritten Schritt „Measure" sollten jetzt schon Vorbereitungen getroffen werden. Dabei kann die Gruppe in einem Veränderungsprozess zum aktuellen Zeitpunkt nur festlegen, woran sie die Zielerreichung nach dem erfolgten „Build" festmachen will.

Measure: Retrospectives

1. Woran machen wir unsere Zielerreichung fest?

Die weiteren Punkte 2 bis 4 bearbeiten Sie nach Abschluss der definierten und dann durchgeführten Maßnahmen:

2. Wieweit haben wir unsere Ziele erreicht?
3. Welche Erklärungsmodelle haben wir in Bezug auf unsere Zielerreichung?
4. Was lernen wir, was im weiteren Vorgehen zu tun/zu beachten ist …?

Hinweis

Wenn Sie möchten, können Sie noch ein eigenes konkretes Beispiel einbringen (oder das folgende aus diesem Buch nehmen), wie so ein Green Screen Loop aussehen kann. Als Trainerin können Sie aber auch direkt ins gemeinsame Entwerfen gehen. Im Plenum (oder auch in Gruppenarbeiten) wird dann ein vorangegangenes Analyse-Ergebnis ausgewählt, auf dessen Basis ein Green Screen Loop entworfen wird. Wichtig ist dabei (auch im konkreten Tun), dass man nichts Perfektionistisches entwickeln will. Denn das eine richtige Vorgehen gibt es nicht, und das Ganze sollte eine gewisse Leichtigkeit haben, im Sinne von *„Learn, Build, Measure, Learn"* oder auch *„Try, Reflect, Adjust"* (oder auch auf gut bayrisch: *„Jetzt schauen wir mal, dann sehen wir schon"*).

Beispiel: Für einen konkreten Veränderungsprozess sah der erste Green Screen Loop folgendermaßen aus (Abb.):

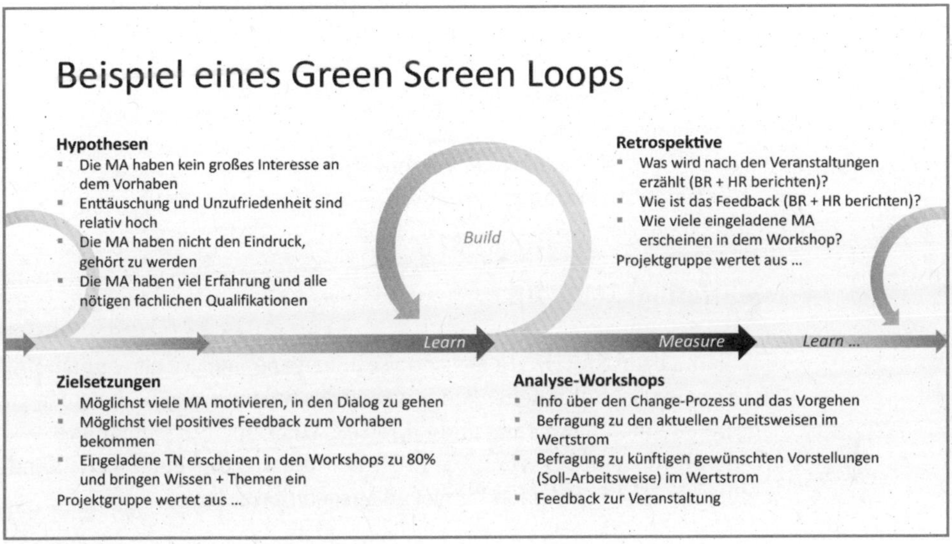

Hypothesen

- Die Mitarbeitenden haben kein großes Interesse an dem Vorhaben
- Enttäuschung und Unzufriedenheit sind relativ hoch
- Mitarbeitende haben nicht den Eindruck, gehört zu werden
- Mitarbeitende haben viel Erfahrung und alle nötigen fachlichen Qualifikationen

Zielsetzungen

- Möglichst viele Mitarbeitende motivieren, in den Dialog zu gehen
- Möglichst viel positives Feedback zum Vorhaben bekommen
- Eingeladene Teilnehmende erscheinen in den Workshops zu 80 Prozent und bringen Wissen und Themen ein (die Projektgruppe wertet aus …)

Daraus wurden folgende erste Maßnahmen abgeleitet

- Analyse-Workshops durchführen
- Info über den Change-Prozess und das Vorgehen
- Befragung zu den aktuellen Arbeitsweisen im Wertstrom
- Befragung zu künftiger gewünschter Vorstellung (Soll-Arbeitsweise) im Wertstrom
- Feedback zu Veranstaltungen erheben

Und als Messkriterien wurden benannt

- Was wird nach den Veranstaltungen erzählt? (BR & HR berichten)
- Wie ist das Feedback? (BR & HR berichten)
- Wie viele eingeladene Mitarbeitende erscheinen in den Workshops? (Projektgruppe wertet aus)

Quelle

- Endenburg, G.: Im Konsent vereint. In: Trainingaktuell, Serie Systemische Interventionen, von Judith Lucas, November 2019.

Debriefing: SMARTIE

Nun kann das SMARTIE zur Methode (vgl. Seite 69) ausgefüllt werden. Die Teilnehmenden unterziehen die Methode des Green Screen Loops einer abschließenden Bewertung und führen ein Wrap-up durch, damit die Methode gut verankert wird. Das SMARTIE kann in Form einer fortlaufend geführten Tabelle auf einer Pinnwand ausgefüllt werden:

Name der Methode?	Wofür einzusetzen?	Was ist bei der Durchführung zu beachten?

Retrospektive: Die 4-L-Methode

Tag 3

Orientierung

Ziele

- Die Teilnehmenden lernen die 4-L-Methode als ein weiteres Tool aus der agilen Arbeitswelt kennen, das sie in ihren Teams im Arbeitsalltag konkret nutzen können
- Die Teilnehmenden werden zu Selbstreflexion, Feedback und gemeinsamen Lernen angeregt
- Teilnehmende und Trainerin hören, was im Training bisher gut läuft, was jedem wichtig ist und was ggf. für die kommenden Tage anders gewünscht wird

Zeit

30 Minuten

Material

- Guten-Morgen-Kärtchen vorbereiten, analog der TN-Zahl
- Vorbereitete Pinnwand mit einem 4-Felder-Chart
- Post-its, Stifte

Hinweis

Wenn Sie diesen Baustein online durchführen wollen, können Sie auf dem digitalen Whiteboard das 4-Felder-Chart platzieren. Die Teilnehmenden schreiben ihre Sticky notes in die einzelnen Felder bzw. setzen für das erste L (Level of Energy) ein Icon/Symbol entsprechend ihrer Positionierung.

Guten-Morgen-Kärtchen

Da am dritten Tag viel zum Thema „Lernen und Kommunikation in Veränderungsprozessen" gearbeitet wird, können Sie als Trainerin „Guten-Morgen-Kärtchen" (siehe Abb. Folgeseite) mit entsprechenden Sinnsprüchen auslegen oder von Ihren Teilnehmenden wie Lose ziehen lassen. Diese können Sie vorlesen lassen und nachfragen, wie die Teilnehmenden den Spruch mit dem Thema Change in Verbindung bringen ... Das dient zum Warming-up.

Hier eine Auswahl an möglichen Change-Sprüchen:

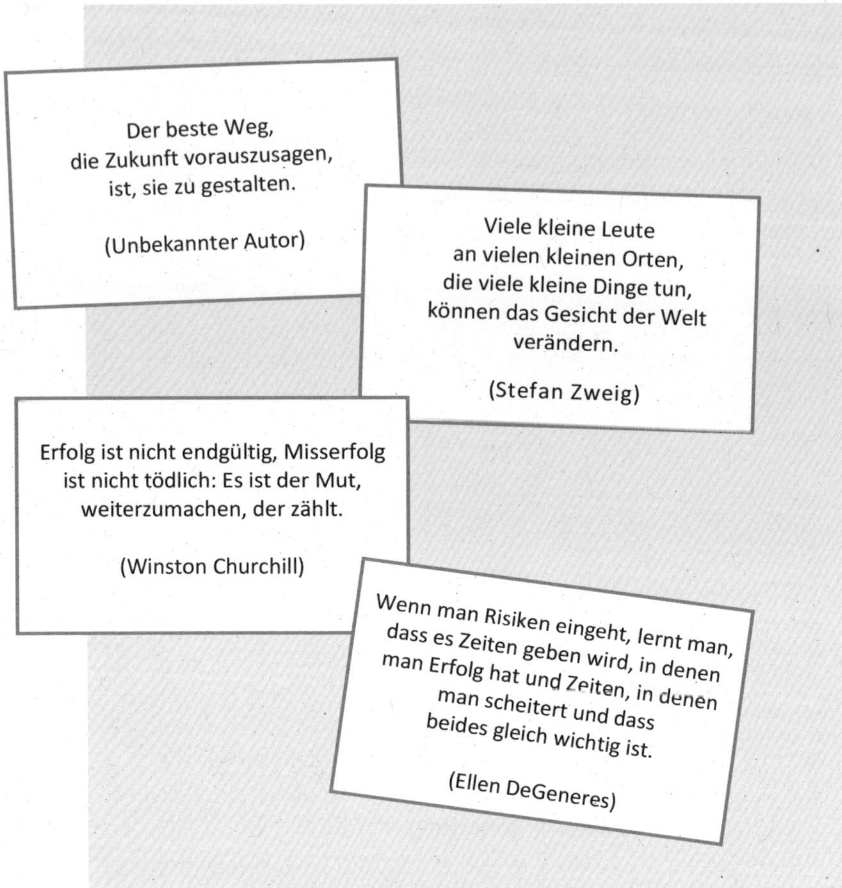

Retrospektive: Die 4-L-Methode

Anschließend stellen Sie die Agenda vor, um damit in die Retrospektive überzuleiten.

Wir verwenden die 4-L-Methode (etwas modifiziert siehe Quelle) gerne zum Tageseinstieg. Die Methode bietet einen Vielklang an Möglichkeiten für die Teilnehmenden: Eine metaphorische Standortbestimmung bzgl. des Energie-Levels der Teilnehmenden, einen Einblick in das, was gelernt wurde und was die Teilnehmenden besonders mochten sowie einen Ausblick auf das, was für den kommenden Tag gewünscht oder anders als bisher umgesetzt werden soll.

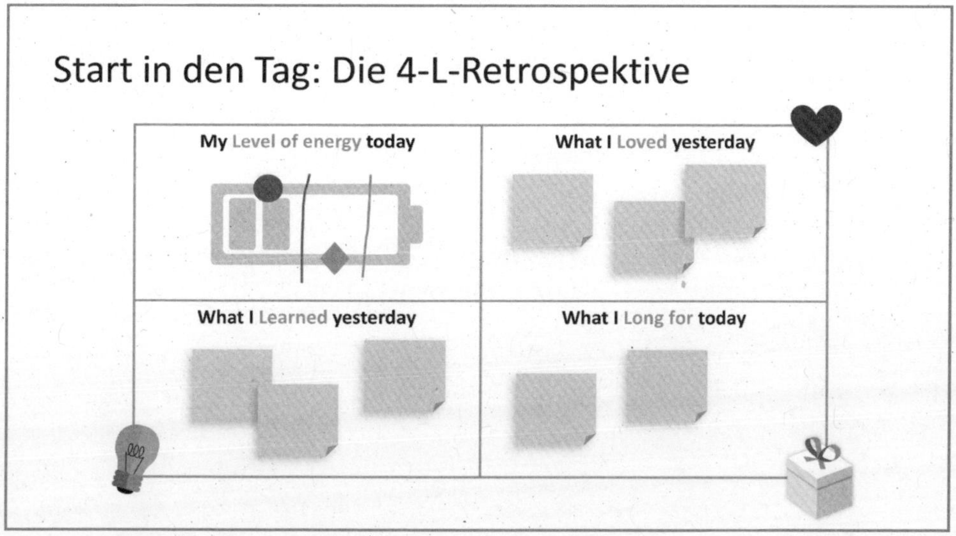

Zur Vorbereitung wird ein 4-Felder-Chart zum Beispiel auf eine Pinnwand gezeichnet (Abb.). In jedes Feld wird jeweils eine Frage geschrieben. In das erste Feld „Level of Energy“ zeichnen Sie eine Batterie und bitten die Teilnehmenden, hier einfach einen Strich zu ziehen, der das prozentuale Energie-Level ihrer persönlichen Batterie anzeigt. Zu den übrigen drei Feldern schreiben die Teilnehmenden Post-its: Jeder Teilnehmende schreibt nur etwas zu den für sie/ihn relevanten Fragestellungen (man „muss“ also nicht zu jedem Feld eine Aussage treffen). Wenn alle fertig geschrieben haben, stellt jeder seine Punkte vor. Verständnisfragen sind erlaubt, keine Kritik oder Diskussion.

Die vier „L“ der Methode stehen dabei für die Kernaussagen der jeweiligen Fragestellung:

- **What is my Level of Energy:** Unter diesem Aspekt beschreiben die Teilnehmenden ihr aktuelles Energie-Level.
- **What I Loved:** Unter diesem Aspekt beschreiben die Teilnehmenden, was ihnen bisher an Inhalten oder an der Zusammenarbeit besonders gut gefallen hat.
- **What I Learned:** Hier wird reflektiert, was die Teilnehmenden mit Rückblick auf den vergangenen Tag gelernt haben.
- **What I Long for:** Hier stellen sich die Teilnehmenden die Fragen: Was brauche ich/wünsche ich mir heute? Was hätte ich mir gestern noch gewünscht, worauf wir heute achten sollen? Was benötige ich, damit ich aus dem heutigen Tag möglichst viel mitnehmen kann?

Nachdem alle ihre Punkte vorgestellt haben, fassen Sie als Trainerin zusammen und stellen dar, was Sie daraus aufgreifen werden. Gegebenenfalls muss bzw. sollte eine Vereinbarung mit den Teilnehmenden ausgehandelt werden, wenn gegenläufige Vorgehensweisen oder Schwerpunkte gewünscht werden.

Quelle

- 4-L-Methode: https://www.ebgconsulting.com/blog/the-4ls-a-retrospective-technique/ – abgerufen am 08.08.2022.

Download-Ressource

- Textvorschläge für Guten-Morgen-Kärtchen

Modul VII – Planspiel: Solarflight AG

Zur Durchführung des folgenden Planspiels braucht es relativ viel Zeit – und bereits die Vorbereitung bedarf einiger Zeit (allerdings mit geringem Kostenaufwand).

Gleichwohl lohnt sich die Durchführung von Solarflight immer, wenn man typische wiederkehrende Effekte bei Change-Vorhaben zeigen will: die grundsätzliche Motivation der Menschen, beste Ergebnisse erzielen zu wollen (und Achtung: Wir bauen *nur* Papierflieger), Verunsicherung bei kritischen Ergebnissen bis hin zu Widerstand, die Auswirkung von (Nicht-) Beteiligung.

VII.1 Durchführung und Auswertung des Planspiels

Orientierung

Ziele

- Prozesse der Zusammenarbeit in Veränderungsprozessen simulieren
- Veränderungserfahrungen unmittelbar persönlich erleben
- Erkenntnisse zum Thema „Transformationen steuern" gewinnen

Zeit

- Instruktion: 10 Minuten
- Durchführung des Planspiels: 90 Minuten
- Auswertung: 45 Minuten

Material

- Spielanleitung „Solarflight AG" und Material analog der TN-Zahl
- Flipchart mit Instruktion zur Auswertung
- Mind-Map für das Sammeln der Erkenntnisse
- Rote und grüne Moderationskarten
- Stuhlkreis

Hinweis

Diese Übung lässt sich nur in Präsenz durchführen.

Dieses Planspiel zielt auf die Simulierung von Prozessen der Zusammenarbeit in Transformationsprojekten. Insbesondere tauchen Facetten einer Reorganisation auf, wie etwa unklare Verantwortlichkeiten, Prozessveränderungen und Qualitätsprobleme. Die Erfahrungen, wie mit diesen dann umgegangen wird, wie sich dies auf die Motivation der Beteiligten auswirkt und was alle Change-Verantwortlichen daraus lernen können, eignen sich gut, um Erkenntnisse für das eigene Change-Management abzuleiten. In diesem Planspiel sollen also Prozesse der Veränderung spielerisch durchlebt werden, um durch die persönlichen Erfahrungen wichtige Erkenntnisse für die Begleitung von Veränderungsprozessen bewusst zu gewinnen.

Das Planspiel kann an den unterschiedlichsten Stellen des Trainings eingesetzt werden. Zum Beispiel auch gleich zu Beginn nach der Arbeit mit der Veränderungsformel oder nach dem Change-Portfolio. In diesem Fall sind den Teilnehmenden die unterschiedlichen Strategien noch sehr gut in Erinnerung und sie werden vermutlich Aspekte daraus aufgreifen.

Durchführung Planspiel Solarflight AG

Durchführung

Allgemeine Beschreibung

Bei der Übung arbeiten zwei Firmen zusammen:

- die Solarflight AG, welche solarbetriebene Flugzeuge herstellt und
- die Energie-Systems AG, ein Mischkonzern, welcher gerade die Solarflight AG erworben hat.

Zurzeit befindet sich ein Projektteam der Energie-Systems AG bei der Solarflight AG.

Die beiden Firmenleitungen sind übereingekommen, dass das Team der Energie-Systems AG den Produktionsprozess bei der Solarflight AG beobachtet und gegebenenfalls verbessern soll, indem es zum Beispiel neue Prozesse und Produktionsverfahren einführt. Das Projektteam der Energie-Systems AG hat Weisungsrecht.

Außerdem gibt es eine Firma „Set“ (= Lieferant), die das Rohmaterial (Sets) für den Flugzeugbau verkauft. Diese Firma wird durch die Seminarleitung verkörpert. Die Trainerin spielt auch gleichzeitig den derzeit wichtigsten Kunden (= die Regierung des Landes) des Unternehmens, welcher als erster Kunde vom Kleinserienproduzenten Solarflight AG eine ganze Staffel von Flugzeugen kaufen möchte.

Sie als Trainerin sind gleichzeitig auch Spielleiterin: Sie achten auf die Einhaltung der Regeln, insbesondere der Zeitangaben.

Instruktion für die Mitglieder der Energie-Systems AG

Während der ersten 30 Minuten (Vorbereitungsphase B + C) ist es eure Aufgabe zu entscheiden, wie ihr nach der Produktionsphase I die Solarflight AG am besten beraten könnt, um ihr zu helfen, den Gewinn in der Produktionsphase II zu steigern.

In den Phasen B + C dürft ihr die Aktivitäten der Solarflight AG nur beobachten, nicht in deren Produktionsprozesse eingreifen, dort keine Fragen stellen oder Ähnliches.

Ansonsten könnt ihr euch als Mitglieder der Energie-Systems AG in eurer Vorbereitungsphase (B + C) beliebig organisieren und initiativ werden (z.B. Beobachter entsenden oder alle gemeinsam beobachten).

Auch in der Beratungsphase (Phase E im Planspiel) könnt ihr euch beliebig organisieren. Ihr könnt alles initiieren, was nicht ausdrücklich verboten ist, wenn es eurer Meinung nach Erfolg versprechend ist: Ihr könnt eine Beraterin/einen Berater benennen, der Informationen oder Vorschläge an die Solarflight AG weitergibt, oder ihr könnt euch mit jedem einzelnen Mitglied der Solarflight AG auseinandersetzen.

In den Produktionsphasen I und II seid ihr jeweils nur Beobachter.

Instruktion für die Mitglieder der Solarflight AG

Eure langjährigen und erfolgreichen Erfahrungen haben euch einen neuen Großauftrag im Flugzeugbau mit Solarantriebstechnik von der Regierung eures Landes eingebracht, die ihre gesamte Flotte in einem bestimmten Bereich austauschen will. Bisher waren eure Aufträge im Bereich der Solarantriebstechnik häufig Sonderanfertigungen, für die Solarflight bekannt und anerkannt ist. Aktuell sind eure Auftragsbücher mit den Aufträgen der Regierung gut gefüllt und ihr könnt in den nächsten Monaten so viel wie möglich produzieren.

Eure Konstrukteure haben für die Regierung ein kundenspezifisches Flugzeug entwickelt, das verschiedenen Qualitätskriterien genügen muss, die vorher zwischen den Geschäftspartnern vereinbart wurden.

Mitarbeitende der Solarflight AG müssen das Rohmaterial zu den in der Preistabelle angegebenen (bereits verhandelten) Preisen beim Hersteller „Set" kaufen.

Eurer Gewinn errechnet sich (der Einfachheit halber in diesem Planspiel) aus den zu einem Stückpreis von 5 Millionen Euro an die Regierung verkauften Flugzeugen, abzüglich der Rohmaterialkosten.

Die Gruppe der Regierungsvertreter wird in jedem Fall nur komplette Flugzeuge kaufen, die ihren Qualitätskriterien genügen. Überschüssiges Material aus der Produktionsphase C mindert euren Gewinn aus dieser Phase und kann erst wieder in der Produktionsphase II bearbeitet werden.

In der Vorbereitungsphase (Phase B) können die Solarflight-AG-Mitglieder in beliebiger Form initiativ werden beziehungsweise sich organisieren, um Kauf-, Produktions- und sonstige Entscheidungen zu treffen.

Während dieser Zeit stehen jedem Mitglied der Solarflight AG zwei kostenlose Rohmaterial-Sets zur Verfügung, um Produktionstechniken auszuprobieren und die Produktionsdauer abzuschätzen. Diese Bedingungen wurden mit eurem Rohmateriallieferanten ausgehandelt. Alle in dieser Pilotphase zur Verfügung gestellten Sets werden vom Lieferanten wieder abgeholt und recycelt. Jedes zusätzlich benötigte Set muss gemäß der Preistabelle bezahlt werden.

Die Energie-Systems AG wird während euer Vorbereitungsphase (Phase B) und euren Produktionsphasen nicht in eure Prozesse eingreifen. Die Energie-Systems AG darf hier nur bei der Solarflight AG beobachten.

Wenn ihr entschieden habt, wie viele Rohmaterial-Sets ihr in eurer ersten Produktionsphase verarbeiten wollt, kauft das Rohmaterial in der Phase B bei der Firma „Set" und tragt die Anzahl der Sets in eure Gewinn-/Verlust-Tabelle ein.

Ablauf des Planspiels Solarflight AG

Phase	Tätigkeiten (Schwerpunkte)	Zeitrahmen
A	Alle verschaffen sich einen Überblick über die Übung: Lesen der Unterlagen	max. 10 Min.
B	**Solarflight AG** • verschafft sich die nötigen Informationen und bereitet sich auf die Produktion vor • organisiert ihren Management- und Produktionsprozess • baut Flugzeugmodelle (Prototypen) • kauft Rohmaterial (Sets) • ... **Energie-Systems AG** • entwickelt einen Berater-Plan • beobachtet die Aktivitäten der Solarflight AG • ...	max. 25 Min.
C	**Solarflight AG** • ist in Produktionsphase I **Energie-Systems AG** • setzt die Beobachtung fort	exakt 5 Min.
D	Der Kunde bewertet und kauft Flugzeuge	max. 10 Min.
E	Beratungsphase: Die Energie-Systems AG beurteilt und berät die Solarflight AG bezüglich ihres Management- und Produktionsprozesses. Das Rohmaterial (Sets) für die Produktionsphase II muss gekauft werden.	max. 25 Min.
F	**Solarflight AG** • ist in Produktionsphase II **Energie-Systems AG** • setzt die Beobachtung fort	exakt 5 Min.
G	Der Kunde bewertet und kauft Flugzeuge	max. 10 Min.
Die Gewinne aus Produktionsphase I und II werden verglichen.		

Gewinn-/Verlust-Tabelle Solarflight AG

	Produktionsphase I	Produktionsphase II
Anzahl der gekauften Sets		
Gesamtkosten		
Hergestellte Flugzeuge		
Verkaufte Flugzeuge		
Einnahmen		
Verhältnis hergestellte Flugzeuge/ verkaufte Flugzeuge		
Unfertige Flugzeuge		
Gewinn/Verlust		
Gewinn/Verlust gesamt:		

Qualitätskontrolle

Folgende Qualitätskriterien wurden bisher während der Konstruktion der Flugzeuge im Rahmen der Verhandlungen zwischen dem Team der Solarflight AG und den Vertretern der Regierung ausgehandelt:

1. Das Flugzeug muss symmetrisch gebaut sein.
2. Die Flügelenden müssen so weit hochgeschlagen sein, dass die Solarzellen deutlich von oben sichtbar sind.
3. Die „Pilotenkabine“, auf der die meisten Solarzellen angebracht sind, muss deutlich ausgearbeitet und „aufgebläht“ sein.
4. Die beiden Flügel müssen auf gleicher Ebene liegen, d.h., die gesamte Tragfläche muss auf gleicher Ebene liegen.

Preistabelle: Material

Anzahl der gekauften Sets	Kosten pro Set in Euro
0 – 4	4.300.000
5 – 9	4.200.000
10 – 14	4.100.000
15 – 19	4.000.000
20 – 24	3.900.000
25 – 29	3.800.000

Anzahl der gekauften Sets	Kosten pro Set in Euro
30 – 34	3.700.000
35 – 39	3.600.000
40 – 44	3.500.000
45 – 49	3.450.000
50 – 100	3.300.000
über 100	3.200.000

Instruktionshinweise für die Trainerin

Vorzubereitende Materialien

- Planspielinstruktion entsprechend der Anzahl der Teilnehmenden (alle Teilnehmende bekommen alle Instruktionen)
- Anleitungen zum Flugzeugbau analog der Anzahl der Teilnehmenden
- genaue Uhr
- 100 kopierte Sets
- Notizblöcke und Schreibmaterial
- Moderationskarten oder Flipchart und Stifte

Vorbereitungen im Raum

Drei genügend weit auseinanderstehende Tische, sodass diese akustisch voneinander getrennt sind, mit Tischbeschriftung:

- Tisch 1: „Solarflight AG“
- Tisch 2: „Energie-Systems AG“
- Tisch 3: „Lieferant Sets“ und „Kunde“

Tisch 1 und 2 können auch räumlich getrennt sein; der Tisch des Lieferanten/Kunden sollte im Raum der Solarflight AG sein.

Die Planspielinstruktionen bekommen alle Teilnehmenden; sie können auf den Tischen ausliegen. Die Bauanleitungen liegen nur für das Team der Solarflight AG bereit. Wenn die Teammitglieder der Energie-Systems AG eine Bauanleitung haben wollen (was für ein operativer Eingriff!), dann bekommen sie diese. Allerdings keine Sets, denn das ist ja schließlich mit dem Lieferanten vereinbart (Kosten!). Manche Mitglieder der Energie-Systems AG lassen sich trotzdem nicht davon abhalten, selber zu bauen.

Teilnehmerzahl und Aufteilung der Rollen

Insgesamt können erfahrungsgemäß gut 16 Spieler an der Übung teilnehmen. Die minimale Anzahl liegt bei 10 Teilnehmenden.

Die Teilnehmenden können wie folgt auf die beiden AGs verteilt werden, die Rollen können dabei einfach per Spielkarten ausgelost werden:

Gesamtanzahl der Teilnehmenden	Anzahl der Teilnehmenden Solarflight AG	Anzahl der Teilnehmenden Energie-Systems AG
10	7	3
11	8	3
12	8	4
13	9	4
14	10	4
15	11	4
16	11	5

Generelle Hinweise

Vor dem Start des Planspiels benennen Sie als Trainerin die Ziele, die mit dieser Übung erreicht werden sollen (Simulierung von Prozessen der Zusammenarbeit, Veränderungserfahrungen persönlich erleben und entsprechende Erkenntnisse gewinnen). Weisen Sie darauf hin, dass das Planspiel insgesamt etwa 90 Minuten dauern wird.

Bei der Kopie der Sets ist darauf zu achten, dass die Sets grafisch betrachtet symmetrisch sind. Unsymmetrische Sets sind sehr schwer zu falten, weil die Teilnehmenden sich an den grafischen Linien orientieren. Sie sind dann irritiert und beschweren sich beim Lieferanten. Die beste Antwort ist dann zu sagen, dass es auf den symmetrischen Bau ankommt. Ob die Linien (also die Solarzellen) etwas tiefer oder höher sitzen, ist dem Kunden (= der Regierung) nicht wichtig. Es ist nicht die Grafik relevant, sondern die Symmetrie – übrigens auch nicht die Flugfähigkeit der Flugzeuge ;-)

Als Seminarleitung sind Sie gleichzeitig auch Spielleiterin: Sie müssen strikt auf die Einhaltung der Regeln, insbesondere der Zeitangaben, achten. Das Planspiel ist reich an Gruppendynamik, die, wenn nicht darauf geachtet wird, entgleiten kann.

Sie spielen gleichzeitig den derzeit wichtigsten Kunden des Unternehmens (= die Regierung des Landes), welcher keine Sonderanfertigungen (dafür ist Solarflight AG bekannt), sondern eine ganze Staffel von Flugzeugen kaufen möchte – und Sie spielen den Lieferanten.

In der Rolle des Lieferanten („Set"-Lieferant) sollten Sie darauf achten, dass keine weiteren Preisverhandlungen getroffen („das wurde bereits abgesprochen und die Abteilung Konstruktion hat äußerst harte Bedingungen verhandelt") und die Bedingungen klar eingehalten werden. Achtung: Die meisten Teams versuchen, die Lieferanten ein wenig zu bemogeln und halten nicht verfaltete Sets zurück! Aber auch diese müssen eingesammelt werden. Sonst verschiebt sich das Gewinn-Verlust-Verhältnis zuungunsten der Spieldynamik!

Sie als Trainerin sollten 100 Sets kopiert vorrätig haben, manche Teams sind hier erstaunlich optimistisch!

Die Kauf-Phase D

Diese Phase D ist eine sehr sensible Phase im Planspiel. Alle Teammitglieder der Solarflight AG wollen natürlich alle Flugzeuge verkaufen. In einigen Fällen sprechen die Teammitglieder nochmals vor dieser Phase mit dem Kunden (erlaubt ist, was nicht direkt verboten ist!) und befragen ihn, z.B. anhand eines konkreten Pilotflugzeugs, wieweit das Modell den Vorstellungen des Kunden entspricht. In der Rolle des Kunden können Sie hier immer sehr ehrlich Antwort geben, allerdings ohne etwas zu sagen, was nicht ausdrücklich gefragt wurde. Meistens wird aber stillschweigend davon ausgegangen, dass die Qualitätsvereinbarungen ja stehen und damit alles klar ist.

In der Kauf-Phase D ist es auch wichtig, sich als Kunde an den gestellten Qualitätsvorschriften zu orientieren, allerdings lassen diese generell noch viel Spielraum: Wie viele Zentimeter müssen die Flügelenden hochgeklappt sein? Müssen diese bei allen Flugzeugen gleich weit hochgeklappt sein? Was in der Beurteilung wichtig genommen werden sollte, ist die absolute Symmetrie (als Käufer sollten Sie die Flugzeuge wirklich in die Hand nehmen, die Tragflächen nach unten klappen und prüfen: Sind diese wirklich symmetrisch gebaut? Prüfen Sie das Flugzeug auch von hinten hinsichtlich der Symmetrie der Tragflächen ...). In der Rolle des Kunden sollten Sie durchaus ein wenig streng, aber in der Beurteilung unbedingt klar nachvollziehbar agieren. Für die Dynamik des Spiels wäre „einfach alles kaufen" nicht gut. Es sollte ja Verbesserungspotenzial in der zweiten Bauphase vorhanden sein. Natürlich dürfen Flugzeuge in der zweiten Bauphase nachgebessert werden, aber wirklich erst hier. Und Doppelknicke (= Verfaltungen) werden nicht akzeptiert. Die kann das Team zwar nachbessern, aber die Falze bleiben meist klar sichtbar.

Wie viele Flugzeuge eine z.B. zwölfköpfige Solarflight-AG-Mannschaft baut, ist nicht vorherzusagen: Manche sagen, hier gehen nur zwölf Flugzeuge (was sich als eher unterfordernde Vorgabe herausstellt), andere meinen, sie schaffen 50 (was, sauber gefaltet, in der vorgegebenen Zeit nicht möglich ist).

Die Schlüsselsituation, the Moment of Truth, im Planspiel ist der Beginn der Phase E. Hier kommt das Projektteam der Energie-Systems AG und „berät“ die Solarflight AG bezüglich ihres Management- und Produktionsprozesses. Diese „Beratung“ kann höchst unterschiedlich verlaufen und löst in vielen Fällen den „typischen“ Widerstand in Veränderungsprozessen aus.

Dies wird umso stärker zutage treten,

- je direktiver und autoritärer das Projektteam auftritt,
- je weniger das Projektteam sich vorstellt und erklärt (Sinn stiftet),
- je weniger das Projektteam die Gruppe der Solarflight AG mit einbezieht,
- je weniger der natürliche Lernimpuls der Gruppe (der in dieser Phase immer sichtbar wird) genutzt wird,
- je mehr alle Teammitglieder der Energie-Systems AG gemeinsam über das Team der Solarflight AG „herfallen“.

In manchen Planspielen haben die Teams der Solarflight AG auf zu autoritäres Eingreifen hin gestreikt. In anderen Projektteams haben einzelne Mitarbeitende aus dem Solarflight-AG-Team sogar gekündigt. Solche Effekte sollten Sie als Trainerin unbedingt bei der Aufarbeitung der Erkenntnisse nutzen.

Anleitung zur Produktion von Solarflugzeugen

Die Produktion der Flugzeuge ist in 11 Schritte unterteilt. Nach jedem Produktionsschritt solltet ihr das Produkt mit der Abbildung vergleichen und erst bei Übereinstimmung mit der Produktion fortfahren.

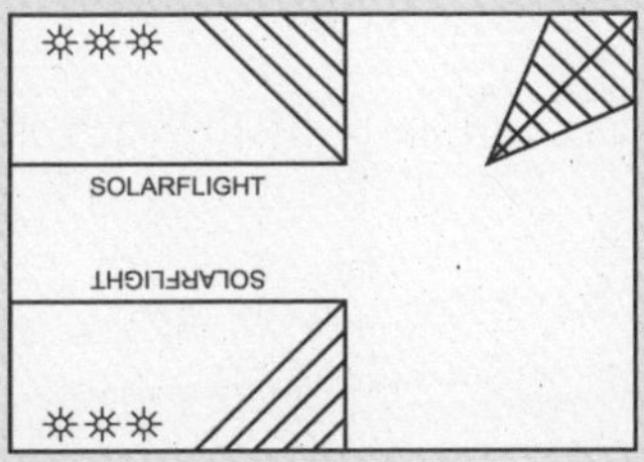

1. Ihr habt ein Blatt Papier (A4) erhalten, das eine weiße und eine bedruckte Seite hat. Legt das Blatt nun exakt so, wie im Bild dargestellt, vor euch hin.

2. Dreht die unbedruckte Seite nach oben.
Der Schriftzug bleibt dabei auf der linken Seite.

3. Faltet die Ecke A nach B.

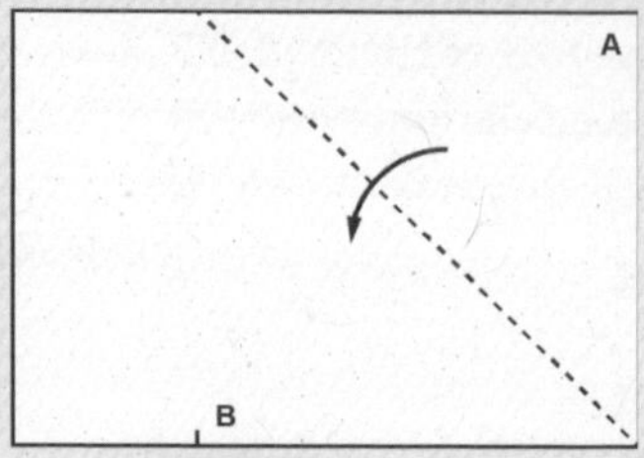

Das Produkt sollte nun so aussehen:

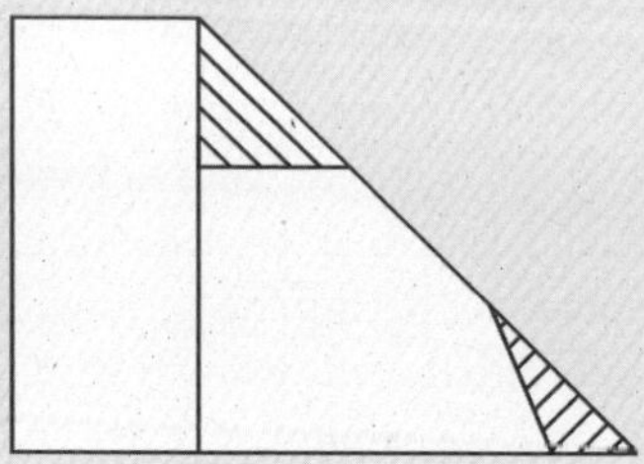

4. Faltet die rechte untere Ecke C nach D.

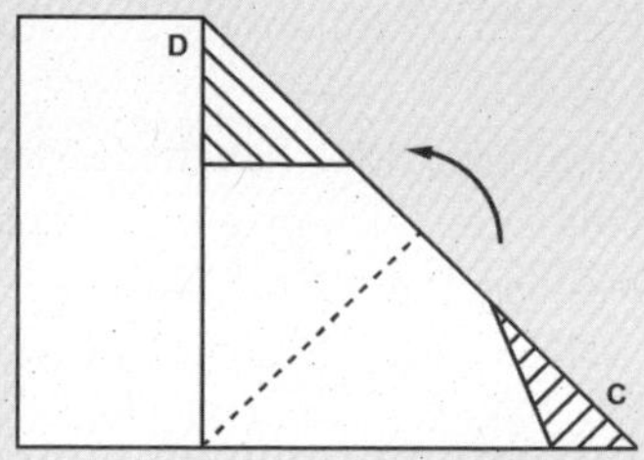

Das Produkt sollte nun so aussehen:

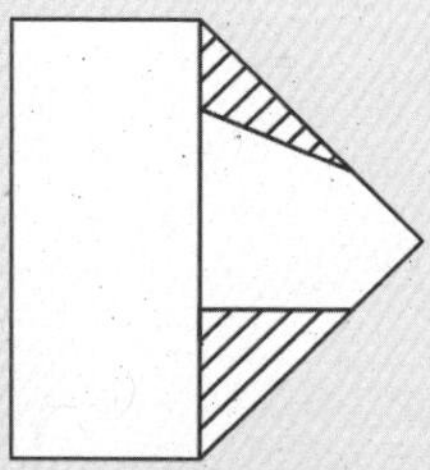

5. Klappt die untere Hälfte nach oben: E auf F.

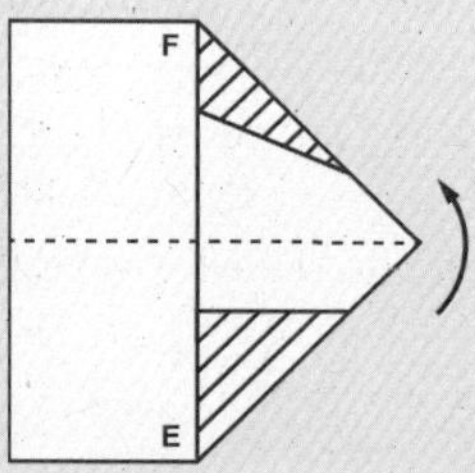

Das Produkt sollte nun so aussehen:

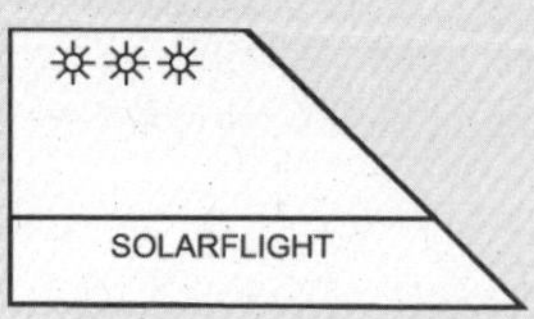

6. Faltet nun den Teil mit den Sternen auf der durchgezogenen G-H-Linie nach unten. Achtet darauf, nur das oberste Blatt nach unten zu klappen.

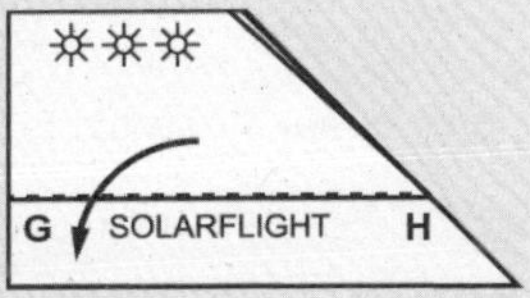

Das Produkt sollte nun so aussehen:

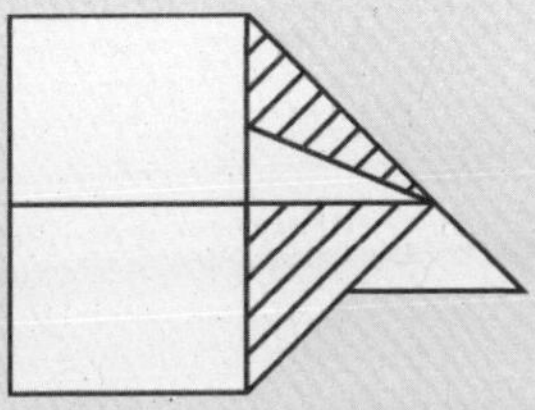

7. Faltet nun an der J-K-Linie, ca. 1,5 cm vom unteren Rand entfernt, das Papier nach oben.

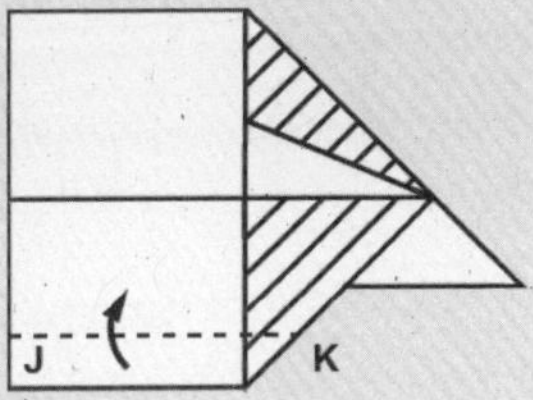

Das Produkt sollte nun so aussehen:

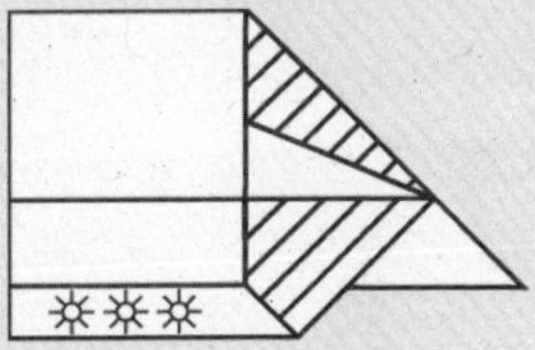

8. Legt nun das Flugzeug auf die andere Seite, mit der Spitze nach links.

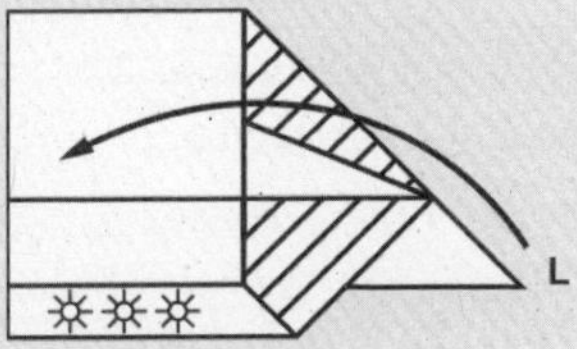

Das Produkt sollte nun so aussehen:

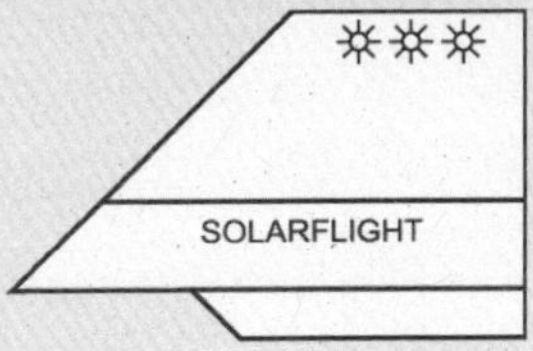

9. Faltet nun den Teil mit den Sternen – nur das obere Blatt – auf der durchgezogenen M-N-Linie nach unten.

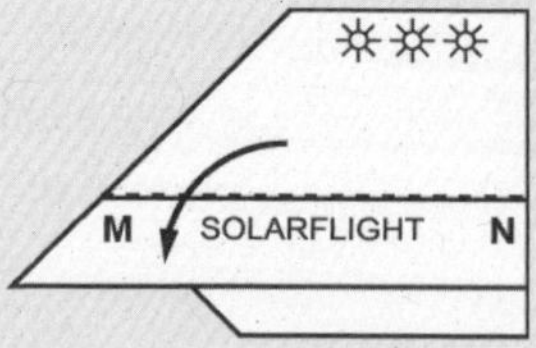

Das Produkt sollte nun so aussehen:

Wichtig: Vergewissert euch, dass die Ecke oben vorhanden ist.

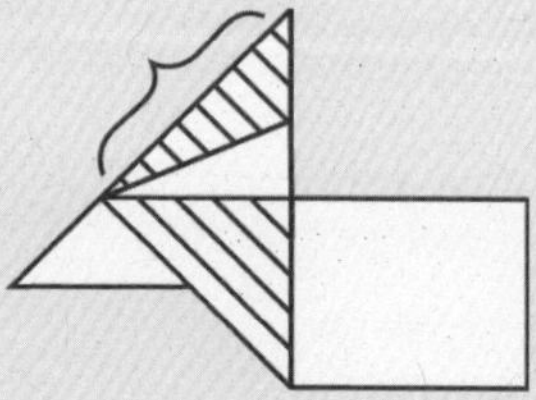

10. Faltet nun an der O-P-Linie, ca. 1,5 cm vom unteren Rand entfernt, das Papier nach oben.

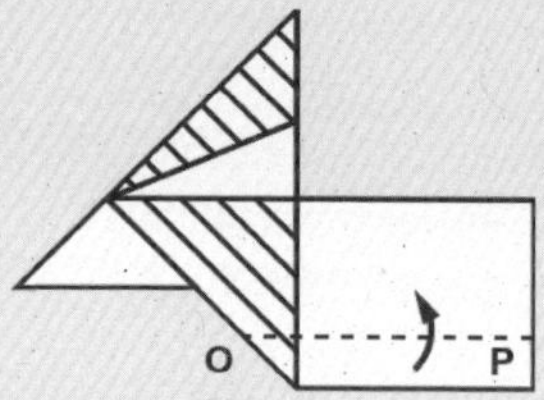

Das Produkt sollte nun so aussehen:

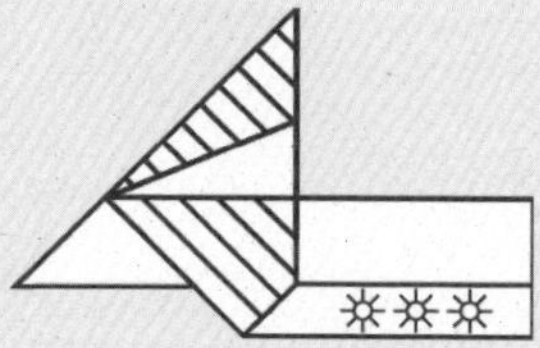

11. Lest nun die Punkte 11 a-d durch. Nehmt dann das Flugzeug in die Hand und führt die einzelnen Punkte aus.

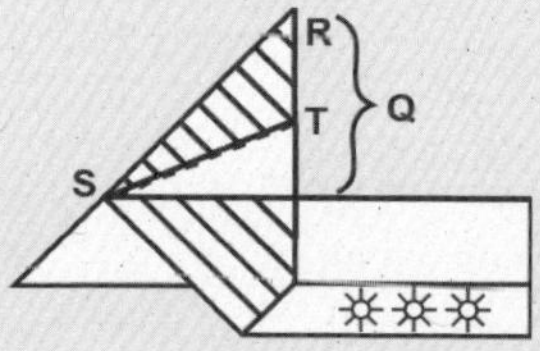

a) Nehmt das Flugzeug in die Hand.
b) Öffnet den Papierspalt an der Linie Q und drückt die gestrichelte Fläche leicht nach unten. Es entsteht ein „aufgeblähter" Hohlraum, die „Pilotenkabine".
c) Faltet nun die Pilotenkabine an der S-T-Linie, damit die Kanzel flach bleibt.
d) Gleicht nun die Höhe der Tragflächen aus.

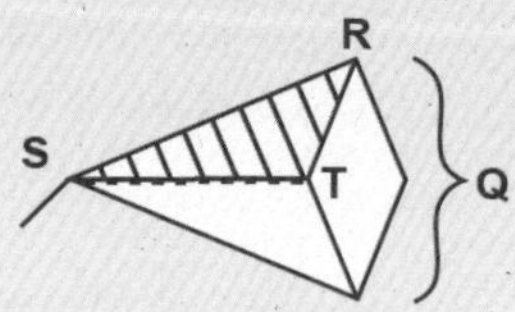

So sollte das fertige Flugzeug aussehen:

Seitenansicht Draufsicht Frontansicht

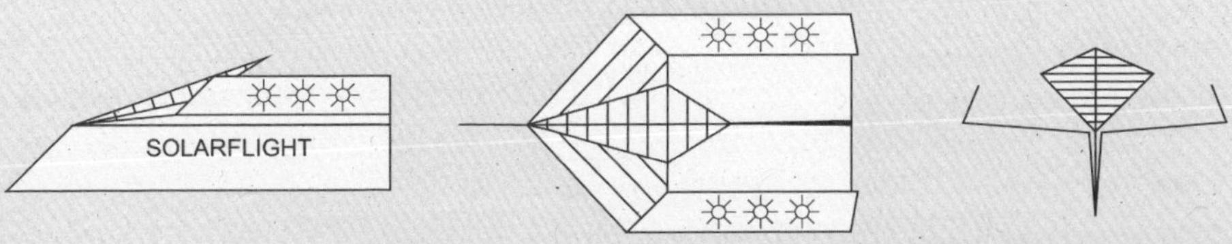

Bastelvorlage – Bitte als A4-Format nutzen

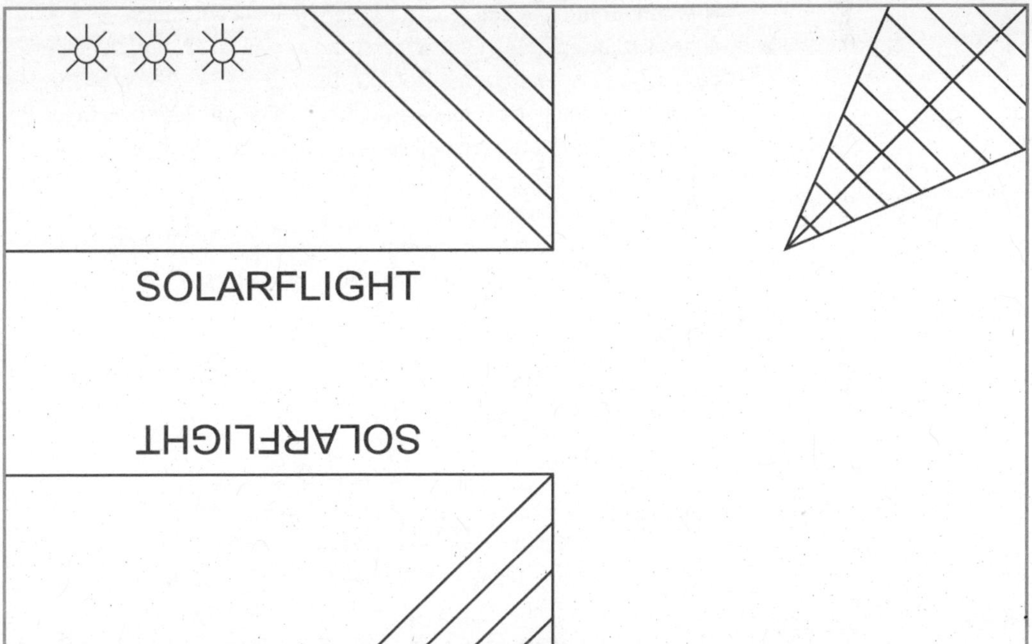

Auswertung Planspiel Solarflight AG

Schlüsselsituationen im Planspiel finden sich hauptsächlich zu Beginn der Phase E. Hier erscheint das Projektteam der „Energie-Systems AG" und „berät" die „Solarflight AG" bezüglich ihres Management- und Produktionsprozesses. Diese Beratung kann höchst unterschiedlich ausfallen und löst in vielen Fällen den für Veränderungsprozesse „typischen" Widerstand aus.

Die Übung kann man zum Beispiel mit einer Art Soziogramm, aber natürlich auch in vielfältiger anderer Weise auswerten. Im Rahmen des Soziogramms bieten sich folgende Auswertungsfragen an:

1. Jeder für sich hält auf jeweils max. drei roten oder max. drei grünen Kärtchen fest:

- Was waren für mich Schlüsselsituationen in dem Planspiel?
- Welches Verhalten hat bei mir Widerstand ausgelöst? Wodurch genau? Was lerne ich daraus für mich (rote Karten)?
- Welches Verhalten hat mich dazu angeregt, mich auf Veränderungen einzulassen? Wodurch genau? Was lerne ich daraus für mich (grüne Karten)?

2. Anschließend vergibst du Kärtchen an die entsprechenden Rollen/Personen (auf/unter den Stuhl legen), die in diesen Situationen entsprechende Funktionen übernommen hatten.

3. Schließlich werden die Kärtchen-Empfänger gebeten, die Kärtchen aufzunehmen und zu reflektieren.

Hinweise

- Optimal ist hier zur Auswertung ein Stuhlkreis ohne Tische.
- Alle Teilnehmenden des Planspiels erhalten je drei rote und drei grüne Kärtchen, die sie vergeben können (bitte den eigenen Namen als Feedback-Geber draufschreiben).
- Jeder Teilnehmende wird gebeten, sein Namensschild auf seinen Stuhl zu stellen und die roten und grünen Kärtchen entsprechend neben die Namensschilder der Rollenspieler zu legen, zu deren Verhalten sie Feedback geben möchten.
- Wir bitten die Feedback-Empfänger, erst einmal die Kärtchen für sich auszuwerten nach dem Motto: Wie geht es mir mit diesen Kärtchen? Was sind meine Überlegungen dazu? Was haben wir alle aus der Situation lernen können? Was nehme ich mit?

Wichtig ist, als Trainerin den Fokus der Auswertung im Plenum auf die Lernchancen zu legen, die ALLE aus den Schlüsselsituationen im Planspiel erleben durften. Ganz im Sinne einer Fehler- bzw. Lernkultur!

Fragen Sie daher in die Runde: *„Wer möchte beginnen und ist bereit, zu diesen Situationen, deren Wirkung und Lernpotenzial zum Thema ‚Veränderungsprozesse steuern' ein Resümee zu ziehen?"*

Ggf. können Sie hierfür vorher die 3-W-Feedback-Regel („Wahrnehmung, Wirkung, Wunsch") einführen. Meistens beginnen die Teilnehmenden mit mehreren roten Kärtchen. Dabei fragen Sie als Trainerin immer wieder ergänzend nach: *„... Und welche Erkenntnisse zum Thema ‚Veränderungsmanagement' können wir/kannst du aus deiner Sicht jetzt aus dieser Erfahrung mitnehmen?"*

Schreiben Sie die Erkenntnisse auf Kärtchen oder in einer Mind-Map mit. Nicht alle Rollenspieler müssen zwingend etwas beitragen oder besprochen werden, vordringlich die mit Feedback-Kärtchen. Allerdings sollten sich alle zum Thema äußern können bzw. dazu ermutigt werden. Fassen Sie abschließend die wichtigsten Erkenntnisse zusammen und bedanken Sie sich bei den Rollenspielern, dass sie sich auf diese Simulation eingelassen und etwas ausprobiert haben und damit im Dienst der Gruppe zu wichtigen Erkenntnissen beigetragen haben ... Dies ist unbedingt notwendig und wichtig, sodass niemand mit einem Grummeln aus der Übung geht! Gerade die Mitglieder des Projektteams Energie-Systems AG haben es hier nicht immer einfach!

Die erfahrungsgemäß stets wiederkehrenden Erkenntnisse zeigen, wie wichtig Partizipation ist, dass man gut mit Widerstand umgeht (Fragen nicht niederbügeln!) und wie eine gute Lern- bzw. Fehlerkultur aufgebaut werden kann. Auch zeigt sich anhand dieses Prozesses häufig eine „klassische" Klimakurve im Veränderungsprozess. Diese könnte auch Thema des nächsten Moduls sein. Alternativ könnten Sie im nächsten Schritt auch das Thema Fehler- bzw. Lernkultur weiter vertiefen.

Abschließend sollten Sie noch Zeit für die Arbeit im persönlichen Transfer-Journal geben.

- Anleitung zur Produktion von Solarflugzeugen
- Bastelvorlage

Download-Ressource

VII.2 Vertiefen des Themas „Fehler- bzw. Lernkultur im Transformationsprozess“

Orientierung

Ziele

- Die Teilnehmenden entwickeln ein gemeinsames Verständnis über Definitionen und Arten von Fehlern sowie darüber, was eine erwünschte lernorientierte Fehlerkultur ist.
- Sie reflektieren die Wichtigkeit im Umgang mit Fehlern, mit Scheitern und Rückschlägen in Transformationsprozessen.

Zeit

- Gruppenarbeit: 30 Minuten
- Präsentation und Wrap-up: 20 Minuten

Material

- Flipchart mit Instruktion zu „Fehler- und Lernkultur“
- Mind-Map für das Sammeln der Erkenntnisse

Hinweis

Wenn Sie diesen Baustein online durchführen wollen, bereiten Sie auf dem digitalen Whiteboard Felder für die Gruppenarbeiten vor.

Im Planspiel Solarflight ist immer sehr gut zu beobachten, wie sich das Team der Solarflight AG fortlaufend eigeninitiativ selbst optimiert und lernt. Wir sind immer wieder höchst beeindruckt, wie sich diese zutiefst menschliche Haltung selbst in einem „Planspiel“ (Papierflieger bauen) zeigt. Und wie man zugleich auch erleben kann, wie schnell die Motivation komplett ausgelöscht werden kann, wenn andere diesen Prozess (zer-)stören, weil sie etwas vorschreiben, abwerten und vorschnell urteilen. Gerade in Transformationsprozessen, die immer einen großen Anteil Explore enthalten, ist daher der Umgang mit Fehlern, mit Scheitern und Rückschlägen von herausragender Wichtigkeit.

Entsprechend kann im Anschluss an die Übung Solarflight sehr gut das Thema „Fehler- bzw. Lernkultur im Transformationsprozess“ aufgegriffen werden. Für eine vertiefte Hinführung zum Thema können Sie über die Funktion von „Fuckup Nights“ erzählen, Ihre Lieblingszitate zum Thema vorlesen (oder die Vorschläge der untenstehenden Präsentation nutzen) und die Teilnehmenden nach weiteren Aphorismen fragen.

Nach einer kurzen Fokussierung und Überleitung empfehlen wir, direkt in eine entsprechende Vertiefung zu gehen. Je nach Gruppenzusammensetzung und dem Grad an Offenheit und Vertrautheit könnten Sie hier zum Beispiel auch eine Forms-Abfrage durchführen oder in entsprechende Gruppenarbeiten übergehen.

Fehler- und Lernkultur, nicht nur aber vor allem in Veränderungsprozessen

„Bitte diskutiert folgende Fragen:

- *Wie definiert ihr den Begriff Fehler? Welche Art von Fehlern gibt es aus eurer Sicht?*
- *Wie und wodurch hat sich eure Haltung und euer Verhalten im Hinblick auf Fehler im Verlauf eurer beruflichen Entwicklung verändert?*
- *Was findet ihr besonders beachtenswert beim Thema „Aufbau einer Fehler- bzw. Lernkultur" – nicht nur, aber vor allem auch in Veränderungsprozessen?"*

Die Gruppen präsentieren ihre Ergebnisse. Anschließend sollte Sie als Trainerin ein Wrap-up durchführen:

- Wo sehen wir Widersprüchlichkeiten in den Ergebnissen?
- Wo sehen wir Gemeinsamkeiten in den Ergebnissen?
- Was können wir als Conclusio mitnehmen?

Die Ergebnisse sollten visualisiert werden, zum Beispiel in einer Mind-Map.

Energizer: Ball Point Game

Orientierung

Ziele

- Die Teilnehmenden nach der Mittagspause aktivieren und für das Thema Fehler- und Lernkultur weiter sensibilisieren
- Die Teilnehmenden lernen eine weitere agile Methode kennen und erfahren, wie wichtig es ist, Prozesse der Zusammenarbeit immer wieder zu reflektieren, um daraus zu lernen und ggf. besser zu werden

Zeit

- Je nach TN-Zahl 45 Minuten, einschließlich Reflexion
- Präsentation und Wrap-up: 20 Minuten

Material

- Mind. 100 Bälle (z.B. aus Kinder-Bälle-Bädern)
- Stoppuhr
- Freie Fläche
- Flipchart mit der Auswertungstabelle

Hinweis

Diese Übung lässt sich nur in Präsenz durchführen.

Bevor Sie in die ergänzenden Perspektiven zum Thema Fehler- bzw. Lernkultur einsteigen, könnten Sie gerade zum Start in den Nachmittag auch eine aktivierende Übung machen. Aus unserer Sicht eignet sich die Übung „Ball Point Game" sehr gut.

Das Ball Point Game, erfunden von Boris Gloger (2008), ist ideal, um die Teilnehmenden den Vorteil von schnellen Feedback-Zyklen gegenüber einem perfekten Projektplan, also von agilen Prozessen und deren Wirkungsweise, erleben zu lassen. Die Übung eignet sich besonders für Gruppen mit mehr als sechs Personen – je mehr Mitspielende, desto besser.

Intro

„In dieser Übung habt ihr die Möglichkeit, agile Prozesse und Prinzipien des gemeinsamen Lernens hautnah zu erleben. Ihr habt als Team die Aufgabe, so viele Bälle wie möglich in einer bestimmten Zeit durch euer System zu

schleusen. Ihr müsst euch dazu selbst organisieren und den für euch besten Weg zum Erfolg finden. Dabei gelten folgende Regeln ..."

1. Alle agieren als ein Team.
2. Der Ball muss am Ende wieder bei der Person landen, die den Ball ins Spiel gebracht hat.
3. Der Ball darf nicht direkt zu dem rechts oder links neben dir stehenden Nachbarn gereicht werden.
4. Bei der Übergabe von einem Teilnehmenden zu einem anderen muss der Ball kurz in der Luft sein („Air-time") (... damit einfache Lösungen verhindert werden).
5. Der Ball muss von jedem Team-Mitglied berührt werden (... Berühren symbolisiert die Mitarbeit an einem Projekt oder im Betrieb).
6. Ein Durchgang dauert 2 Minuten.
7. Die Feedback-Runde dauert 3 Minuten.
8. Insgesamt gibt es fünf Durchgänge/Iterationen.

Durchführung

„Vor jedem Durchgang habt ihr die Aufgabe zu schätzen, wie viele Bälle ihr durch euer System transportieren könnt. Dann erfolgt der zweiminütige Durchgang und anschließend habt ihr die Chance einer Feedback-Runde, um euer Vorgehen zu evaluieren und ggf. anzupassen. In diesem Schema werden fünf Runden gespielt: Schätzung – Spiel – Feedback.

Bevor ihr beginnt, habt ihr nun zwei Minuten Zeit, um euch vorzubereiten. Daraufhin könnt ihr die erste Schätzung abgeben: Wie viele Bälle können wir durch das System ‚jonglieren'? Diese Schätzung sowie die pro Runde erzielten Ergebnisse (Done = durchgereichte Bälle; Fehler = heruntergefallene Bälle) können in der Tabelle auf dem Flipchart (siehe unten) protokolliert werden."

Danach erfolgen der erste Durchgang sowie die erste Feedback-Runde, eine erneute Schätzung für Durchgang 2 und anschließend auch direkt der zweite Durchgang usw.

Wenn ein Team nach ein paar Runden aufgeben möchte, weil es der Meinung ist, sich nicht mehr weiter steigern zu können, kann ein Beobachter ernannt werden. Dieser beobachtet das Spiel von außen und gibt in der Feedback-Runde sowohl Feedback zur Übung als auch zum Kommunikationsstil in der Feedback-Runde selbst.

Es kann auch vorkommen, dass in einem Durchgang ein schlechteres Ergebnis erzielt wird als im vorherigen. Dies kann ebenfalls einen effektiven

Lernprozess in Form einer Auswertungsrunde nach sich ziehen. Die Teilnehmenden können so viele Runden spielen, wie sie wollen!

Debriefing

Im Debriefing mit den Teilnehmenden kann zunächst darauf eingegangen werden, wie zufrieden die Teilnehmenden mit dem Ergebnis sind und ob sie das so am Anfang erwartet hätten. Anschließend können folgende Fragen diskutiert werden:

Auswertung Ball Point Game

- Was habt ihr während der Durchgänge erlebt?
- Wann/Wo habt ihr einen Flow gespürt, im Sinne der systemischen Schleife (try, reflect, adjust)?
- Welche Erfahrungen waren für euch nützlich und wertvoll?
- Was nehmt ihr jetzt für euren Unternehmensalltag mit?

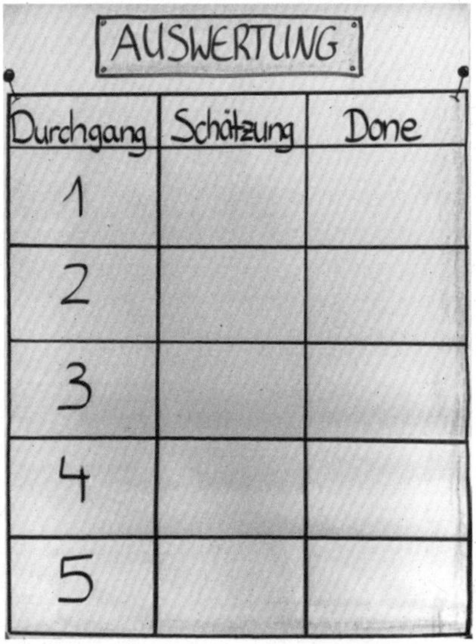

Quelle

- https://www.borisgloger.com/wp-content/uploads/Publikationen/Tools/BallPointGame.pdf – abgerufen am 08.08.2022

Ergänzende Perspektiven zum Thema Fehler- bzw. Lernkultur VII.3

Orientierung

Ziele

- Die Teilnehmenden entwickeln ein gemeinsames Verständnis einer lernorientierten Fehlerkultur
- Sie reflektieren die eigene Lernkultur im Unternehmen

Zeit

- Vortrag: 15 Minuten
- Partnerarbeit: 20 Minuten

Arten von Fehlern

„Zur Abrundung unseres Themas lasst uns noch einen Blick auf weitere Definitionen und Modelle zum Thema werfen. Bevor man ein gemeinsames Verständnis darüber entwickelt, was eine erwünschte lernorientierte Fehlerkultur ist, sollte man sich zuerst darauf einigen, was man denn unter einem ‚Fehler' verstehen will. Denn hier gibt es jüngst in vielen Unternehmen, die sehr großmundig eine Fehlerkultur ausgerufen haben, einiges an Irritation: Wenn Mitarbeitende sich darauf berufen haben, bekamen sie Rückmeldungen wie ‚Ja, aber das war damit nicht gemeint – das müssen Sie doch wissen' oder ‚Man kann diesen Fehler schon machen, aber dann sollte das nur einmal der Fall sein'."

Fehlerarten & Lernkultur

„Laut Wikipedia ist ein Fehler: ‚die Abweichung eines Zustands, Vorgangs oder Ergebnisses von einem Standard, den Regeln oder einem Ziel'. Entsprechend der DIN EN ISO 9000: ‚Die fehlende Erfüllung einer festgelegten, voraussetzbaren Forderung'. Das ist sozusagen die eine Art von Fehlern: Wenn Wissen bekannt ist und gewünschtes Handeln definiert wurde, dann könnten wir von sogenannten vermeidbaren Fehlern (Edmondson, 2020) *sprechen (siehe Chart). Das sind Fehler, die aus Nachlässigkeit oder Unachtsamkeit entstanden sind. Man könnte auch von ‚vermeidbarem Scheitern' sprechen. In einem EXPLOIT-Modus, in dem die Ausschöpfung von Potenzialen und Effizienz im Vordergrund stehen, sollten diese nicht vorkommen. Wenngleich sie natürlich trotzdem passieren. Wichtig dabei ist, auch mit dieser*

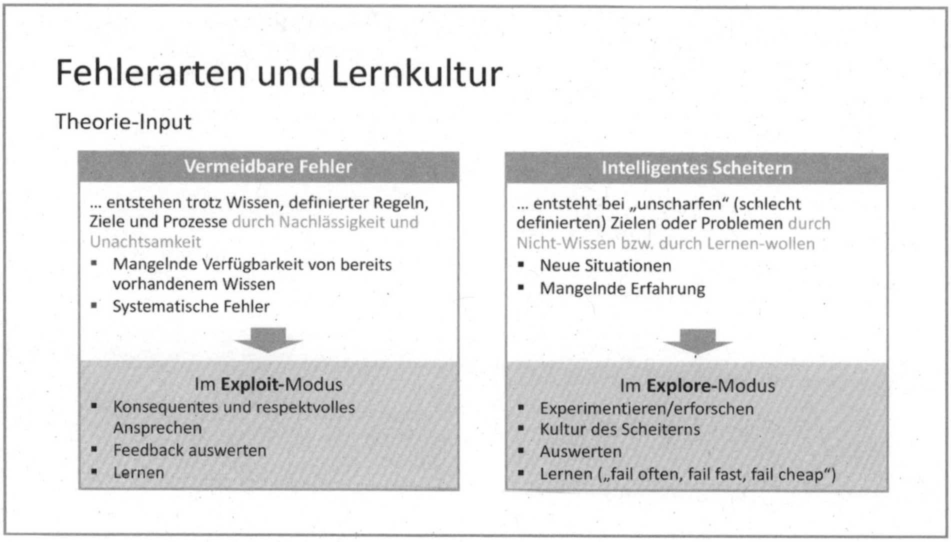

Art von Fehlern lern- und zukunftsorientiert umzugehen. Ohne Vorwürfe, Aggression und mit nach vorne gerichteten Fragen und dem Darstellen der Konsequenzen bzw. den Auswirkungen des Fehlers. Das heißt, darauf zu achten, nicht zu fragen ‚Was tun Sie künftig, damit so ein Fehler nicht mehr vorkommt?‘ sondern zu fragen ‚Wie stellen Sie sicher, dass künftig das vereinbarte XYZ-Vorgehen eingehalten wird?‘.

Demgegenüber stehen die ‚Fehler‘, die beim Ausprobieren von etwas Neuem, beim Explore auftauchen. Hier geht es darum, zu scheitern, um zu lernen, um zu neuen, erweiterten Erkenntnissen zu gelangen. Ein Fehlerverständnis im Sinne von Trial & Error, das in der deutschen Sprache nicht so klar angelegt ist. Am ehesten beschreibt das aus unserer Sicht das Wort SCHEITERN, was im engen Zusammenhang mit Veränderungen und Innovationen steht und nahezu eine Notwendigkeit darstellt. ‚Fail often, fail fast, fail cheap‘, lautet denn auch die entsprechende Aufforderung des kanadischen Unternehmers Jim Estill – wobei dieser Satz in allen Varianten allen möglichen Persönlichkeiten in den Mund gelegt wird, die Quellenangabe kann also nicht als gesichert bezeichnet werden. Durch ein solches Vorgehen sollen gezielt und zügig Erkenntnisse gewonnen werden für Themenstellungen mit geringer oder keiner Erfahrung bzw. keinem Wissen, bei unscharfen Zielen und Problemstellungen. Um auf diese Weise schnell zu tragfähigen Lösungen für Innovationen, Produkte oder Prozesse zu gelangen.

Über eine Kultur des Scheiterns zu sprechen, impliziert klarer, dass es Versuche gegeben hat, etwas zu erreichen und dass etwas ausprobiert wurde. Daher macht es aus unserer Sicht mehr Sinn, insgesamt von einer Lernkultur zu sprechen. Schneller zu lernen als andere wird u.a. von Erik Brynjolfsson und Andrew McAfee in ihrem Buch ‚The Second Maschine Age' (2014) als der Faktor beschrieben, der unseren Erfolg in der Zukunft sichert. Voraussetzung für ein solches schnelles Lernen ist, dass in der Unternehmenskultur Fehler und Scheitern als Lern- und Wachstumschancen erkannt, besprochen und genutzt werden. Dass nicht vertuscht, verdreht oder beschönigt werden muss. Amy Edmondson spricht in diesem Zusammenhang von einer Kultur der ‚Psychologischen Sicherheit'. Unter diesem Begriff versteht sie eine Atmosphäre der Zusammenarbeit bzw. im Team, in der Menschen angstfrei ihre Ideen und Meinungen, Bedenken, Beobachtungen und Fehler an- bzw. aussprechen, ohne beschämt, abwertend behandelt oder beschuldigt zu werden."

Psychological Safety im Zusammenhang mit Leistung, Lernen und Innovation

„Sanktionen verhindern keine Fehler, sie fördern eher Vertuschung, wodurch oft ein noch größerer Schaden entsteht. Was dann nicht dazu beiträgt, künftigen Fehlern vorzubeugen. Leider ist eine motivierende, innovationsförderliche Fehler- bzw. Lernkultur noch lange keine Selbstverständlichkeit.

Im Rahmen einer EY-Studie zum Thema Fehlerkultur im Jahr 2018 waren 57 Prozent der Angestellten der Ansicht, dass Fehler im Unternehmen nicht zugegeben werden. Als Ursache hierfür gaben sie an, dass die Fehlerverursacher fürchten, zum ‚Bauernopfer' zu werden. 66 Prozent der Führungskräfte waren der Meinung, dass bei ihnen offen über alles geredet werden kann – diese Ansicht teilen allerdings nur 42 Prozent der Mitarbeitenden.

Und Michael Frese von der Universität Lüneburg behauptet, ‚in Deutschland ist es einfacher, Forschung über das Sexualverhalten älterer Manager zu betreiben als über ihre Fehler'. Der Wissenschaftler verglich die Toleranz für Fehler in 61 Ländern weltweit. Dabei landete Deutschland auf dem vorletzten Platz. Schlechter schnitt nur noch Singapur ab.

Nicht nur die Studie von Amy Edmondson, sondern viele weitere Studien wie etwa Google re:Work belegen, dass eine Atmosphäre der psychologischen Sicherheit ein Kennzeichen von Hochleistungsteams ist. Im Zusammenhang mit einer ausgeprägten Feedback-Kultur und dem Einbezug aller Mitwirkenden eines Teams bilden diese Aspekte die Voraussetzungen für gelungenen Wandel und Innovation ab."

Partnerarbeit Lernkultur

Zum Abschluss und zur Abrundung und Verankerung des Themas Lernkultur könnte gut noch eine Partnerarbeit von 20 Minuten angesetzt werden.

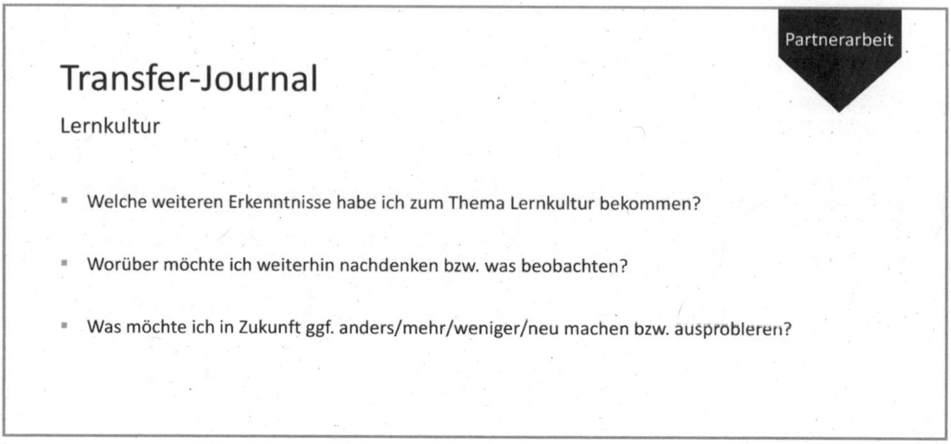

Fragen hierfür können sein:

- Welche Erkenntnisse habe ich zum Thema Lernkultur gewonnen?
- Worüber möchte ich weiterhin nachdenken bzw. was beobachten?
- Was möchte ich in Zukunft ggf. anders/mehr/weniger/neu machen bzw. ausprobieren?

Quellen

- Brynjolfsson, E. & McAfee, A. (2014): The Second Machine Age. Plassen.
- Edmondson, A. (2020): Die angstfreie Organisation. Vahlen Verlag. https://de.wikipedia.org/wiki/Versuch_und_Irrtum abgerufen am 08.08.2022
- EY-Studie: https://blog.wiwo.de/management/2018/12/04/ey-studie-fehlerkultur-wenn-mitarbeiter-vertuschen-um-nicht-selbst-bauernopfer-zu-werden/ abgerufen am 08.08.2022.
- Frese, Michael: https://www.welt.de/wirtschaft/bilanz/article178370014/Unternehmensfuehrung-Deutschland-braucht-eine-neue-Fehlerkultur.html abgerufen am 08.08.2022

Modul VIII – Die Klimakurve und die Phasen des Wandels

Die Grundidee der Klimakurve wurde als erstes von Kurt Levin eingebracht, der in seinen Beobachtungen von Veränderungsprozessen feststellte, dass sich bestimmte Prozesse typischerweise wiederholen. Die Klimakurve ist gut anschlussfähig an die „Solarflight"-Übung.

Entsprechend unserer Erfahrungen verläuft diese Kurve durchaus sehr unterschiedlich: Abhängig davon, ob die Veränderung selbst (mit-)initiiert war oder ob man „verändert" wurde (etwa bei der Einführung von New Work oder dem Verkauf eines Unternehmensbereichs), verläuft sie erfahrungsgemäß anders. Grundsätzlich aber lassen sich „Täler der Tränen" und „Hochebenen der Ernte" in praktisch allen Formen von Veränderungsprozessen beobachten. Auch wenn die Art der Emotionen jeweils etwas anders geartet ist. Insofern können wir uns mindestens zwei verschiedene Arten von „Klimakurven" anschauen. Einmal die eines Top-down-Prozesses (Radical Change, Seite 144) und ergänzend hierzu die emotionale Kurve eines gemeinsam getragenen Produktentwicklungs-, Wachstums- oder Transformationsprozesses (Pivoting, Seite 153). Diese erleben wir so bei einer graduellen Transformation, aber auch bei Produktentwicklungsprozessen, die mit dem Design-Thinking-Ansatz durchgeführt werden. Gerade bei Letzterem ist das „Fail fast – learn fast" in die standardisierte Vorgehensweise eingebaut. Und trotzdem ist jeder Pivot erfahrungsgemäß immer wieder mit loslassen und trauern verbunden.

Die Präsentation der Modelle kann mithilfe einer PowerPoint-Präsentation geschehen oder, was wir gerne tun, als Bodenarbeit mit einem Seil und entsprechenden Kärtchen, wobei wir beides während des Beschreibens auslegen.

VIII.1 Aufstellungsarbeit mit der Klimakurve „Radical Change“

Orientierung

Ziele

- Deutlich machen, dass Tiefs in Veränderungsprozessen nicht „schlecht“ sind, sondern „normal“ (und damit die Gruppe, falls sie in einem solchen Prozess steckt, entlasten)
- Erste Ideen gewinnen, wie man Tiefs möglichst wenig tief macht
- Deutlich machen, wie man dieses Modell zur Arbeit in konkreten Veränderungsprojekten nutzen kann

Zeit

45 Minuten

Material

Als Bodenarbeit vorbereiten

- Tesakrepp-Streifen
- Ein Seil (es muss gut formbar sein)
- Moderationskarten mit Smileys darauf
- Moderationskarten mit den Phasen im Klima-Prozess darauf (Schock, Verneinung/Verdrängung, rationale Einsicht, emotionale Akzeptanz, Ausprobieren, Erkenntnis & Integration)

Hinweis

Wenn Sie diesen Baustein online durchführen wollen, können Sie ein Bild der Klimakurve über eine „Pin on Image“-Frage in Mentimeter visualisieren. Die Teilnehmenden erhalten den Umfrage-Code über die Trainerin und gehen online über den menti.com-Zugang auf das Umfrage-Tool. In dem Moment, in dem die Frage zur Klimakurve präsentiert wird, können die Teilnehmenden über ihr Mobilgerät eine Markierung auf die entsprechende Stelle der Kurve setzen und sehen auf dem geteilten Bildschirm der Trainerin die gesetzten „Pins“. Anschließend wird die Situation gemeinsam betrachtet und ausgewertet.

„Hier sehen wir den typischen, empirisch oft beschriebenen emotionalen Verlauf einer Klimakurve in einem Radical Change ... “

Intro

An dieser Stelle können Sie nochmal erklären, wie „Radical Change“ definiert ist, wer solche Reorganisationen bereits erlebt hat und wie die emotionalen Erfahrungen waren. Fragen Sie nach, wieweit diese mit der ausgelegten Kurve übereinstimmen.

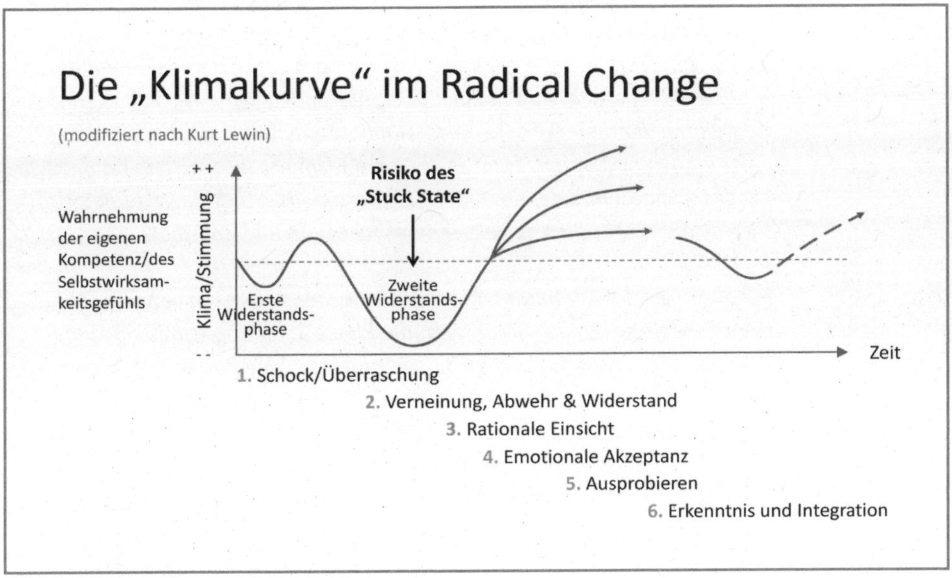

„Die Klimakurve zeigt den Zeitverlauf auf der X-Achse sowie die Gestimmtheit der Mitarbeitenden, die Wahrnehmung der eigenen Kompetenz und des Gefühls, etwas aktiv zu eigenen Gunsten bewirken zu können, auf der Y-Achse. Wenn wir uns hier den Verlauf eines typischen top-down initiierten Veränderungsprozesses anschauen, beispielsweise eine Umstrukturierung in dem Bereich, in dem man selbst arbeitet, so wird in ***Phase 1*** *die Reaktion beim Erhalt dieser Nachricht vermutlich Überraschung auslösen und zu einem Absinken der eigenen Stimmung, die mit einem Gefühl des Ausgeliefertseins verbunden ist, führen. In extremeren Fällen vielleicht sogar zu einer Art Schock oder Erstarrung, ‚wie vor den Kopf gestoßen‘. Es kommt zu einem gefühlten Absinken der eigenen Kompetenz, weil eigene Vorstellungen, Handlungsvorhaben oder Routinen nicht in der gewohnten Weise fortgesetzt werden können. Diese Phase wird häufig auch als die erste Widerstandsphase bezeichnet. Der Überraschung oder dem Schock folgt häufig eine Art Leugnung und Verdrängung, die die* ***Phase 2****, die Verneinung, kennzeichnet. Nach dem Motto: ‚Es kann nicht sein, was nicht sein darf‘ oder ‚Bestimmt war es anders gemeint, das können die doch nicht so meinen‘ oder ‚Bestimmt wird es etwas anders kommen‘.*

Selbst wenn Mitarbeitende nachvollziehen können, dass Veränderungen notwendig sind, dass sich etwas ändern muss, so ist doch nach wie vor die Idee, die im Raum steht, dass sich vor allem andere ändern müssen. Dieser Zustand hält umso länger an, je weniger Informationen über die Notwendigkeit der Veränderung gegeben oder verstanden wurden. Oder je weiter weg in der Zukunft das Veränderungsvorhaben aktuell erscheint. Ich habe das zum Beispiel erlebt, als ein Mitarbeiterabbau innerhalb der nächsten drei Jahre verkündet wurde, der aber erst im Folgejahr beginnen sollte. In dem ersten Jahr wurden alle entsprechenden Informationen ignoriert und Informationen, die auf eine eventuelle Überarbeitung der Strategie hindeuteten, wurden aktiv gesucht und in einer entsprechenden Richtung diskutiert. Wenn dann der reale Wandel wahrnehmbar und greifbar wird, kann es zu einer lang anhaltenden, zweiten Widerstandsphase kommen, in der je nach Art des Wandels und der Kommunikation eine Art ‚Stuck State' erlebt wird: Nichts geht mehr, alles was ist, scheint schwierig und unlösbar.

*Mit andauernder Kommunikation – entsprechend auch der von uns diskutierten Erfolgsfaktoren – folgt dann die **Phase 3**, die sogenannte rationale Einsicht. Die Wahrnehmung bleibt erst einmal problemorientiert, also nicht wirklich lösungsorientiert und (Schein-)Lösungen sind vom Wunsch nach einer möglichst raschen Beendigung der unangenehmen Situation getragen. Die emotionale Auseinandersetzung hat noch nicht wirklich stattgefunden. Diese findet letztlich erst statt, wenn man sich wirklich mit der Bedeutung der Veränderung für das eigene Handeln auseinandersetzt, etwas konkret anders tut, etwas Neues anpackt. Das geht meist einher mit dem Tiefpunkt der zweiten Widerstandsphase, die auch einen Tiefpunkt des Gefühls der mangelnden eigenen Handlungskompetenz markiert. Diese Phase wird in der Literatur oft als ‚Tal der Tränen' beschrieben.*

*Bis schließlich die **Phase 4**, die Phase der emotionalen Akzeptanz, erreicht wird: Jetzt ist es zu einer wirklichen Haltungsänderung bezüglich des Neuen gekommen, die in einem Sich-einlassen-Können und Ausprobieren – **Phase 5** – mündet. In dieser erfahren Menschen oft auch wieder Rückschläge, aber ebenso erste Erfolge. Es ist wichtig, dass mit diesen Misserfolgen und Fehlern gelassen, ermutigend und lernend umgegangen wird. Denn schlimmstenfalls kehren die Menschen gedanklich wieder zum ‚Alten' zurück – was sie emotional immer einmal wieder tun werden – oder bleiben gar im Prozess stecken. Im besten Fall steigt die wahrgenommene eigene Handlungskompetenz wieder deutlich an und die neue Situation wird als zufriedenstellend erlebt.*

Die Erkenntnis, in welchen Situationen das Neue angemessen ist und wo alte Denk- und Handlungskompetenzen durchaus noch ihren Platz haben, führt zu einer Erweiterung des gesamten Denk-, Fühl- und Handlungsspektrums.

Im günstigsten Fall übertrifft die neu wahrgenommene eigene Kompetenz und Selbstwirksamkeit das Niveau vor der Veränderung. Die ***Phase 6*** *der Erkenntnis und Integration ist erreicht."*

Nun können Anmerkungen, Erkenntnisse und Fragen zur Klimakurve diskutiert werden. Sehr interessant ist es, die Teilnehmenden immer wieder zu fragen, inwieweit sich diese Ausführungen mit ihren eigenen Erfahrungen decken. Hier können Sie als Trainerin auch mit der Kopfstand-Technik arbeiten und fragen, was man tun müsste, um Menschen möglichst tief und möglichst lange in der zweiten Widerstandsphase zu halten oder um die Phase der emotionalen Akzeptanz möglichst lange hinauszuschieben ..., um dann umzuschwenken und zu einer unterstützenden Kommunikation zu kommen, die bestenfalls den Change begleitet.

Durchführung der Aufstellungsarbeit

Durchführung

Wenn die Teilnehmenden aus demselben Unternehmen kommen oder jeder bzw. die meisten von ihnen sich gerade in einem Veränderungsprozess befinden (dieses Vorgehen kann man wunderbar in jedem konkreten Change-Prozess nutzen, weil es dann wirklich viele Aha-Effekte produziert), dann lässt sich die Klimakurve gut für eine Standortbestimmung im eigenen Veränderungsprozess heranziehen. Der Nutzen des Modells in konkreten Veränderungsprojekten liegt insbesondere darin, den Betroffenen/Beteiligten deutlich zu machen, dass Tiefs in Veränderungsprozessen nicht „katastrophal", sondern „normal" sind. Sie sind ein Indiz dafür, dass sich die Menschen wirklich mit den Veränderungen auseinandersetzen. Werden die Tiefs als normaler Prozess gesehen und akzeptiert, fühlt sich das für die Betroffenen entlastend an („Wir sind nicht inkompetent, das ist normal. Wir ringen eben ernsthaft." – hier findet eine Normalisierung durch theoretische Modellierung statt). Dann kann man sich leichter Ideen zuwenden, wie man möglichst gut, lösungsorientiert und zieldienlich mit der aktuellen Situation umgehen kann. Dazu helfen oft auch die Sichtweisen einzelner Teammitglieder, die schon wieder „Licht am Ende des Tunnels sehen".

Im konkreten Vorgehen beginnen wir die Aufstellung, indem wir ein Seil mit dem typischen Kurvenverlauf komplett auslegen. Wir bitten die Teilnehmenden, sich an die Stelle der Kurve zu begeben, an der sie sich emotional gerade befinden. Wenn alle Teilnehmenden sich positioniert haben, wird die Situation gemeinsam betrachtet und ausgewertet.

Reflexion der Ergebnisse der Aufstellungsarbeit in gemeinsamen Veränderungsprozessen

Fragen, anhand derer die Positionierungen ausgewertet werden können, sind:

- Inwieweit hattet ihr das so erwartet?
- Was findet ihr auffallend? Interessant? …
- Wie erklärt ihr euch, dass … (aktuell so unterschiedliche Erfahrungen und Emotionen vorhanden sind)?

Um die eher negativ Gestimmten abzuholen, verweilen Sie als Trainerin bei Fragen wie: *„Was brauchst du, um …?"* Bei den Betroffenen/Beteiligten, die schon wieder „auf dem aufsteigenden Ast" sind, können Sie gemeinsam das *„Weswegen?"* und *„Was hat geholfen?"* herausarbeiten. Ziel ist es, hier vor allem die Ressourcen und Möglichkeiten in den Vordergrund zu stellen, um zu ermutigen. Zum Beispiel mit Fragen wie:

- *Was könntest du brauchen, um … positiv gestimmter …?*
- *Was hat dir besonders dabei geholfen …?*
- *Was noch …?*

Reflexion der Ergebnisse der Aufstellungsarbeit bei verschiedensten Veränderungsprozessen

Auch wenn die Teilnehmenden aus unterschiedlichen Unternehmensbereichen oder unterschiedlichen Unternehmen kommen, können Sie die Übung mit einer Positionierung am Seil beginnen. Anschließend befragen Sie die Teilnehmenden zu ihrer Positionierung, um weitere Erkenntnisse rund um das Thema Transformationsmanagement zu gewinnen. In den allermeisten Fällen gehen die Erkenntnisse dieser Übung stark in Richtung „Kommunikation" als Schlüssel, um im Prozess voranzukommen. Hier können Sie darauf hinweisen, dass Sie auf das Thema „Kommunikation im Veränderungsprozess" im Verlauf des Trainings nochmal ausführlich schauen werden. Mögliche Fragen könnten sein:

- *Was ist die Situation, für die du dich hier positioniert hast?*
- *Was hat dazu beigetragen, dass du hier stehst?*
- *Was bräuchtest du jetzt, um (emotional) voranzukommen?*

Wenn die Teilnehmenden gehört worden sind, sollte ein gemeinsames Conclusio gezogen werden:

- Welche (neuen) Erkenntnisse habe ich/haben wir durch diese Übung gewonnen?
- Wofür könnten diese Erkenntnisse nützlich sein?
- Wie kann ich diese Erkenntnisse in meiner Praxis umsetzen?

Als Trainerin können Sie dies mitvisualisieren.

SMARTIE und Transfer-Journal

Natürlich können Sie stattdessen anschließend auch ein SMARTIE zum Modell der Klimakurve erarbeiten und Zeit zur individuellen Reflexion mit dem Transfer-Journal anbieten.

VIII.2 Die Saatgut-Methode & Lernschleifen einbauen

Orientierung

Ziele

- Bewusst machen, welche Möglichkeiten und Ressourcen die Teilnehmenden haben, um mögliche Widerstandsphasen in Veränderungsprozessen zu überwinden
- Nachhaltigkeit für entwickelte Maßnahmen und Spielregeln bei den Teilnehmenden erzeugen

Zeit

30 Minuten

Material

- Pinnwand mit einem 4-Felder-Chart
- Klebepunkte für die Priorisierung

Hinweis

Wenn Sie diesen Baustein online durchführen wollen, können Sie ein entsprechendes 4-Felder-Chart auf dem digitalen Whiteboard anlegen und die jeweiligen Punkte auf Sticky Notes visualisieren. Für die Priorisierung können Sie anschließend eine Voting Session (so wird es bei Mural genannt) starten. Alle Teilnehmenden haben dann wie in Präsenz die Möglichkeit, die Themen zu voten, zu denen sie sich committen. Wenn Sie das Voting abgeschlossen haben, ist für alle ersichtlich, wie viele Personen sich zu welchen Themen committed haben.

Nach wie vor geht es darum, sich der eigenen Ressourcen und Möglichkeiten in Veränderungsprozessen bewusst zu werden. Ergänzend kann man die bereits gesammelten Aussagen in einer Art gemeinsamen Maßnahmenplan zusammenfassen oder zum Beispiel einige Spielregeln aufstellen, um sich gegenseitig in diesem Prozess zu stützen. Solch einen Maßnahmenplan erarbeiten wir beispielsweise mit der Saatgut-Methode (noesis, 2020): Wir haben diese Methode so genannt, weil der Begriff verdeutlicht, dass wir hier eine gute Aussaat vorbereiten, gleichwohl jeder Einzelne dazu beitragen muss, dass die Saat aufgehen kann. Durch die Visualisierung der Ressourcen können Sie unter den Teilnehmenden Nachhaltigkeit erzeugen.

Saatgut

Themen	Was kann ich für mich tun?	Was können wir für uns tun?	Was tun wir, wenn´s mal nicht klappt?

Durchführung

Es wird eine Übersicht mit vier Spalten und den jeweiligen Überschriften „Themen", „Was kann ich für mich tun?", „Was können wir für uns tun?" und „Was tun wir, wenn's mal nicht klappt?" vorbereitet.

Hierbei werden in der ersten Spalte die aktuellen herausfordernden Themen festgehalten, in der zweiten Spalte, was jeder Einzelne tun kann, um bei diesem Thema voranzukommen, und in der dritten Spalte, wie wir uns bei dem jeweiligen Thema gegenseitig unterstützen können. Das kann per Zuruf gesammelt werden, um dann zum Abschluss der Methode durch eine Bepunktung der Themen das Commitment zu visualisieren. Hierfür bekommen die Teilnehmenden eine unbegrenzte Anzahl an Klebepunkten. Alle Aspekte, die von allen Teilnehmenden einen Punkt bekommen haben, gelten als akzeptiert.

Die vierte Spalte ist insbesondere dann wichtig, wenn die meisten Teilnehmenden sich im „Tal der Tränen" befinden. Damit stellt diese Spalte eine Art „Sicherheitsnetz" dar. Erfahrungsgemäß ist das Risiko, in ressourcenarme Haltungen zurückzufallen, gerade in dieser Phase relativ hoch. So kann es passieren, dass einzelne Teilnehmende äußern: „Das habe ich doch gewusst, dass das nicht klappt" und damit innerlich das ganze Vorhaben ad acta legen. Um dem vorzubeugen, haben wir dieses Sicherheitsnetz eingeführt (vgl. Lernschleife, Schmidt, 2020).

Dieses können Sie wie folgt einleiten:

„Gerade wenn es Schwierigkeiten gibt, und das ist in Transformationen fortlaufend sehr wahrscheinlich, dann könnte man unwillkürlich in ressourcenarme emotionale Zustände fallen. Daher ist es sehr sinnvoll, obwohl jeder von euch natürlich sein Bestes geben wird – und dessen bin ich mir sicher –, schon heute darüber zu sprechen, was ihr tun könnt, wenn einer von euch in solche Muster fällt. Es ist wichtig, darüber zu sprechen, was in solchen Fällen weniger hilfreich sein kann und was eher hilfreich sein wird. Was also wäre in einem solchen Fall weniger hilfreich? Zum Beispiel zu denken: ‚Das habe ich ja gleich gewusst, dass das nicht funktioniert' oder: ‚Typisch, ist ja klar…' – und sich dann zurückziehen. Und was wäre eher hilfreich?"

Hier nutzen wir die Ideen der Teilnehmenden und visualisieren die Zurufe entsprechend in Spalte 4: „Was tun wir, wenn's mal nicht klappt?" Dann suchen wir das Commitment für diese meist ein bis drei Regeln. Diese könnte zum Beispiel sein, den anderen in Ruhe darauf anzusprechen und zu sagen: „Wir wollten doch …" Oder ein Ritual, ein Handzeichen zu entwickeln, das für „Durchhalten" oder „In solchen Situationen wollten wir doch …" steht.

Quelle ▶ Schmidt, G. (2020): Persönliche Mitteilung im Workshop.

Die Klimakurve „Pivoting" VIII.3

Orientierung

Ziele

- Die Teilnehmenden lernen eine zweite Form der Klimakurve kennen
- Sie machen sich bewusst, dass jedes Umschwenken in einem Veränderungsprozess mit einem Haltungswechsel und neuem Verhalten einhergeht

Zeit

20-30 Minuten (inkl. Diskussion)

Nun können Sie als Trainerin die zweite Form einer Klimakurve vorstellen. Abhängig davon, welchen Transformationshintergrund die Teilnehmenden haben, wird mehr Zeit für die Präsentation und Diskussion des einen oder anderen Modells verwendet.

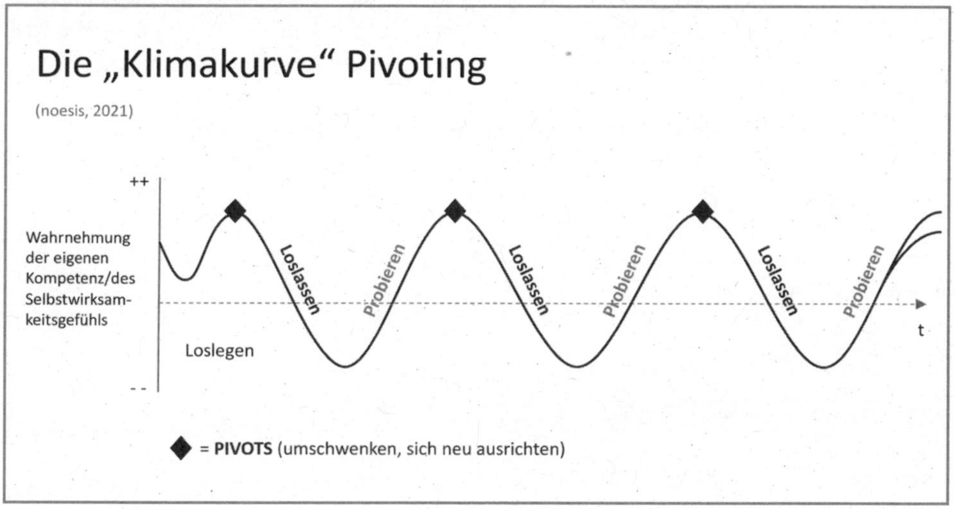

„Unsere Erfahrung zeigt, dass auch ‚graduelle Changes' sowie Veränderungen, die durch Prozess- und bei Produktentwicklungen angestoßen werden (Explore Modus), mit emotionalen Hochs und Tiefs verbunden sind (siehe Abb.). *Wenn diese mit dem Design-Thinking-Ansatz angepackt werden, ist das ‚Fail fast – Learn fast' in die standardisierte Vorgehensweise*

eingebaut. Und trotz des kognitiven Wissens fällt es immer wieder schwer zu akzeptieren, wenn die eigenen Ideen, das eigene ‚Baby' nicht die erhoffte Akzeptanz finden. Und so ist jeder Pivot, jedes Umschwenken, Neuansetzen und Wiederausprobieren pro Schleife jeweils mit einem Haltungswechsel und neuem Verhalten verbunden und somit auch immer wieder mit Loslassen und Trauern. Insbesondere, weil ja die Beteiligten oft mit großem Engagement und viel Leidenschaft unterwegs sind. Entsprechend kann die Klimakurve in einem solchen Prozess zum Beispiel so aussehen … Unserer Erfahrung nach braucht es in solchen Phasen des Umschwenkens Menschen, die ermutigen: die das Lernen, wenn gewünschte Ergebnisse nicht erzielt wurden, in den Vordergrund stellen und hervorheben, wie wichtig und kostbar dieses Lernen ist."

Hier sollten Sie unbedingt wieder die Teilnehmenden einbinden, deren Beispiele und Erfahrungen suchen und diese gemeinsam diskutieren.

Selbstverständlich können solche Kurven auch ganz anders, etwa flacher oder etwas steiler aussehen. Und doch zeigt unsere Erfahrung, dass einem, wenn man als Betroffener mit Herzblut bei der Sache ist, selbst mit jahrelanger Erfahrung das emotionale Loslassen nie ganz leichtfällt.

Um die Teilnehmenden und deren Eigenverantwortung zu stärken und Nachhaltigkeit in der Wirkung zu erzeugen, kann auch hier die Saatgut-Methode (Seite 150) angeschlossen werden – insbesondere, wenn die Teilnehmenden einen gemeinsamen Transformationshintergrund haben.

Für beide Methoden (Saatgut-Methode und Pivoting) können SMARTIEs durchgeführt werden. Zum Ende eines Tages hin schließt das gut ab.

Übung: Sag jetzt nichts

Tag 4

Orientierung

Ziele

- Mit Leichtigkeit und Heiterkeit auf den Tag einstimmen
- Stimmung der Teilnehmenden erfassen

Zeit

30 Minuten

Material

- 2 bis 3 Instantkameras
- 2 Pinnwände mit den Überschriften „Sag jetzt nichts" und darunter „Zeige es – wie es dir heute Morgen geht: mimisch & gestisch" und „Bitte jemanden, ein Foto von dir zu machen"

Hinweis

Wenn Sie diesen Baustein online durchführen wollen, können Sie auf dem digitalen Whiteboard mehrere Stimmungsbilder einfügen und die Teilnehmenden bitten, eines der Bilder auszuwählen und zu berichten, warum sie sich genau für dieses Bild entschieden haben.

Ganz klar, diese Übung haben wir geklaut: vom SZ-Magazin! Und wir finden, besser kann man einen Seminartag, an dem über Kommunikation gesprochen wird, gar nicht starten. Ziel der Übung „Sag jetzt nichts" ist es, die Stimmung der Teilnehmenden zu erfassen und das mit einer gewissen Leichtigkeit und Heiterkeit.

Zur Vorbereitung ist es wichtig, sich zwei bis drei Instantkameras und das entsprechende Bildmaterial zu besorgen. Es werden, je nach Teilnehmerzahl, ein bis zwei Pinnwände vorbereitet mit der Überschrift „Sag jetzt nichts" und darunter „Zeige es – wie es dir heute Morgen geht: mimisch & gestisch" sowie „Bitte jemanden, ein Foto von dir zu machen". Selbstverständlich können auch weitere Fragen gestellt werden, die nur via Mimik und Gestik beantwortet werden dürfen.

Wenn die Teilnehmenden in den Seminarraum kommen, werden sie direkt an die Pinnwände gebeten. Die Aufgabe wird erklärt, die Kameras jemandem in die Hand gedrückt und los geht's. Falls jemandem sein Foto nicht gefällt, kann sie/er auch ein zweites bekommen. Die Porträtierten kleben ihr Foto an die Pinnwand und schreiben ihren Namen darunter. Das macht viel Spaß.

Falls Ihnen als Trainerin zu viel umweltschädlicher Abfall entsteht, können Sie das Ganze auch als „Zeichenauftrag" vergeben und die Teilnehmenden bitten zu skizzieren, wie es ihnen heute Morgen geht. Alternativ kann auch eine kleine Collage entstehen (dann sollten Sie etwas Material bereitlegen und die Zeit begrenzen).

Check-in-Runde

Erst danach nehmen die Teilnehmenden zu einer Check-in-Runde Platz. Eine der anwesenden Personen wird gebeten, zu starten. Der Auftrag ist, sich das Bild eines anderen Teilnehmenden auszuwählen und zu interpretieren. Anschließend gibt's vom Porträtierten ein kurzes Feedback und eine kurze ergänzende Interpretation, falls erwünscht. Hier können Sie sich als Trainerin einfach einreihen, wenn Sie möchten. In jedem Fall sollten Sie die Themen der Check-in-Runde aufgreifen und zusammenfassen.

Modul IX – Kommunikation im Veränderungsprozess

Neben dem Definieren des Change Frames ist das Thema „Kommunikation im Veränderungsprozess" einer der zentralen Erfolgsfaktoren. Dabei erleben wir dieses Thema immer wieder höchst herausfordernd. Watzlawicks Aussage „Man kann nicht nicht kommunizieren" könnte nicht deutlicher erfahren werden. Nicht-Kommunikation wird umgehend Bedeutung gegeben, auch wenn man den Eindruck hat, „wir haben doch eben erst kommuniziert". Dann lernen wir also: Man kann nicht genug kommunizieren im Veränderungsprozess. Und schließlich: Es gibt keine Garantie, dass die Botschaft so verstanden wird, wie sie gemeint war; sie wird immer anders verstanden.

Also könnte man gleich fortfahren mit: „Du hast keine Chance – nutze sie!" Und das tun wir unbedingt, indem wir uns intensiv mit dem Thema „Kommunikation im Veränderungsprozess" befassen.

IX.1 Die Kommunikations-Kollision umgehen

Orientierung

Ziele

Veranschaulichen und erklären, wie unterschiedliche Sichtweisen und Positionen zustande kommen

Zeit

15 Minuten

Material

- Grafik oder Abbildung auf Flipchart entwickeln
- Pinnwand mit Überschrift „Erste Erkenntnisse, um die Kommunikations-Kollision zu umgehen"

Intro

„Wir alle wissen, wie herausfordernd einerseits und wie wichtig für den Erfolg eines Change-Prozesses andererseits das Thema Kommunikation ist. In 81 Prozent der gescheiterten Transformationen sehen die in einer Studie befragten Führungskräfte unzureichende Kommunikation als Ursache (Dersch, Freibichler, Pannes & Zacherl, 2021). *Der Spruch ‚Am Anfang war das Wort … und gleich danach kam das Missverständnis' (Abb.) weist klar darauf hin. Und insofern gilt gerade in Veränderungsprozessen die Devise: ‚Lasst uns*

zum Äußersten greifen und miteinander reden'. Um die sogenannte Kommunikations-Kollision zu umgehen. Die begleitende Kommunikation kann man sich vorstellen wie die Begleitmusik in einem Film. Sie kann unterstreichen und betonen, sie kann besänftigen und motivieren."

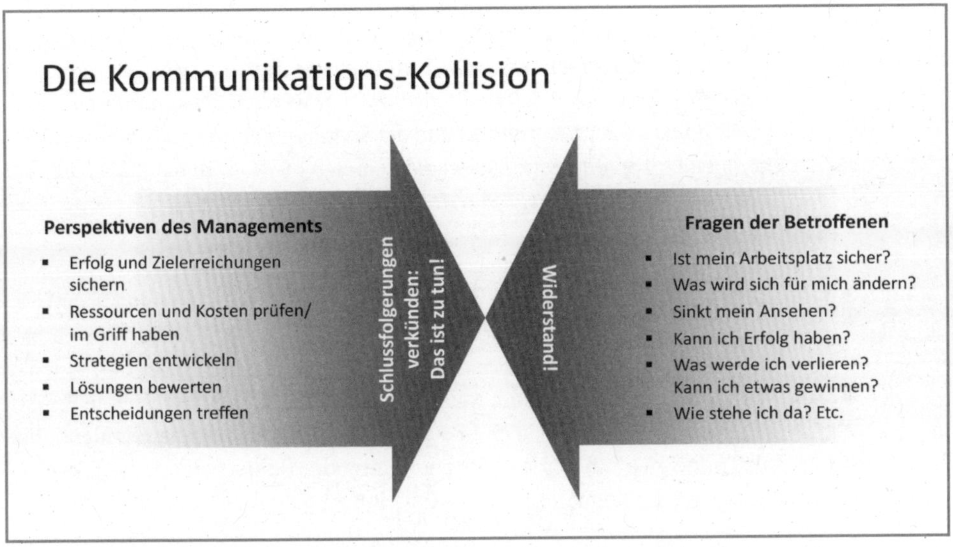

„Ein gut durchdachtes Kommunikationskonzept ist eine Voraussetzung dafür, die häufig in der Praxis wahrgenommenen Kommunikations-Kollisionen, die insbesondere, aber nicht nur bei Reorganisationen auftreten, zu umgehen. Die Kommunikations-Kollision (Abb.) ist die Folge einer vom Management in mehreren Monaten erarbeiteten und nun in ihren Ergebnissen verkündeten Veränderungsstrategie, die verkürzt lautet: ‚Das ist ab sofort so anzupacken.' Das Management, das sich monatelang mit den Themen ‚Erfolg und Zielerreichung sichern, Ressourcen und Kosten prüfen bzw. im Griff haben, verschiedene Lösungen bewerten, Entscheidungen treffen' befasst hat und nun gut synchronisiert ist, versteht oft nicht, wieso nach dem Verkünden ihrer Schlussfolgerungen diese den Mitarbeitern nicht ebenso glasklar sind wie dem Führungsteam selbst! Wieso Fragen auftauchen, wie: ‚Ist mein Arbeitsplatz wirklich sicher?', ‚Was kann ich hier verlieren – kann ich etwas gewinnen?', ‚Wie werde ich vor meinen Kollegen, meiner Familie … dastehen?' Oder: ‚Wieso können wir nicht auch über Themen wie XY nachdenken?' Dies sind beispielhafte Aussagen, die auch ganz anders lauten können. Im Kern geht es jedoch immer darum, dass die Mitarbeitenden den Entscheidungsprozess der Auseinandersetzung mit dem Thema ebenso durchlaufen müssen wie das Management.

Erfahrungsgemäß reagiert manches Management hier sogar verärgert, weil es Hinterfragungen als Widerstand und mangelnde Motivation interpretiert.

Dass man sich im Management für entsprechende Fazits bzw. Ergebnisse selbst einige Monate Zeit des Durchdenkens genommen hat – man denke nur an die magische 18 in der Veränderungsformel – und dass andere folglich ebenfalls eine gewisse Zeit und mehr Informationen brauchen, wird allzu leicht vergessen. Auch die Erkenntnis, dass jeder (!) Mitarbeitende eine andere Wahrnehmung der Realität hat, fällt dabei schnell unter den Tisch. Die Wirkung von Aussagen wie ‚Was ist für mich wichtig?' muss immer wieder neu reflektiert, verhandelt und synchronisiert werden. Sonst reiht sich Missverständnis an Missverständnis und die Kommunikations-Kollision birgt zunehmend an Sprengstoff. Zudem diffundieren die Maßnahmen, Zielkonflikte wachsen und das Potenzial von Handlungsinitiativen verpufft."

Durchführung

Gehen Sie hier mit den Teilnehmenden in den Dialog. Kommen Sie evtl. auch zurück zu den Erkenntnissen aus dem Baustein „Erfolgsfaktoren im Veränderungsprozess", Seite 47 ff., und fragen Sie nach. Was die Teilnehmenden verstanden haben, welche Fragen auftauchen und welche Erfahrungen und Beispiele sie einbringen können, ist erfolgsentscheidend. Sie als Trainerin können die Diskussion unter der Überschrift „Erste Erkenntnisse, um die Kommunikations-Kollision zu umgehen" mitvisualisieren.

Eine schon klassisch zu nennende Metapher für das Bild der Kommunikations-Kollision ist das Bild eines fahrenden ICEs: Im Cockpit des Zuges befindet sich das Management, das, metaphorisch betrachtet, „in den dunklen Tunnel der Diskussionen und Auseinandersetzungen" zuerst einfährt. Und während das Management dann die Conclusio gezogen und die Entscheidung getroffen hat, also aus dem Tunnel wieder herauskommt, fahren die Mitarbeitenden mit der Verkündung in den Tunnel der Diskussionen und Auseinandersetzungen gerade erst ein.

Quelle

- Dersch, Freibichler, Pannes & Zacherl (2020): Management Kompass 2020. Starke Führung ist der wichtigste Erfolgsfaktor für erfolgreiche Transformation (Porsche Consulting). In: Organisationsentwicklung Heft 4/2021.

Prinzipien der Kommunikation in Veränderungsprozessen

IX.2

Orientierung

Ziele

Veranschaulichen und erklären, welche Prinzipien der Kommunikation es im Veränderungsprozess zu beachten gilt

Zeit

Vortrag: 15 Minuten

Setzen Sie als Trainerin nun zu einem entscheidenden Input an.

„*Keine Transformation gilt als so schwer zu kommunizieren wie die Reorganisation, die als Top-down-Prozess (radical change) initiiert wird* (Dersch et al., 2021). *Wird zu früh, zu wenig oder auch zu viel kommuniziert, beginnt die Gerüchteküche zu brodeln, die Produktivität im Unternehmen sinkt. Erfolgt die Kommunikation aus Sicht der Mitarbeitenden zu spät, fühlt sich die Mannschaft für dumm verkauft, weil Gerüchte und Teilwahrheiten sowieso schon längst angekommen sind und somit der Widerstand massiv ansteigt - denkt bitte mal an die Erkenntnisse aus dem Solarflight-Planspiel. Entsprechende Beispiele, wie kommuniziert werden kann, wie damit der Widerstand ggf. umso stärker erhöht wird, gibt es reichlich.*"

Sie können hier aktuelle Beispiele aus Politik und Wirtschaft heranziehen, Sie brauchen zurzeit nur die Tageszeitung aufschlagen ...

„*Ebenso häufig wird das Thema Absicht und Wirkung virulent. Je nach Emotionen, Bedürfnissen und Partizipationsmöglichkeiten hat jeder Empfänger seine eigene ‚Wahrgebung'. So nennt es der Systemiker Gunther Schmidt, denn den Inhalt einer Botschaft und dessen Bedeutung bestimmt letztlich immer der Empfänger. Diese Tatsache hat eine enorme Relevanz für jede Form von Kommunikation in jedem Veränderungsprozess! Es bedeutet, dass Kommunikation so gut wie möglich bedacht, geplant und gezielt in ihrer Wirksamkeit überprüft werden muss. Zudem sollten wir in unserer Kommunikation neueste verhaltenswissenschaftliche Erkenntnisse berücksichtigen* (Lakoff & Wehling, 2016), *um Irritation und Missverständnisse zu reduzieren.*

Gerade, weil man nach Paul Watzlawick ‚nicht nicht kommunizieren' kann, ist es für alle Transformationsvorhaben notwendig, von Anfang an ein durchgängiges Kommunikationskonzept zu entwickeln. Dieses Kommunikationskonzept beschreibt, was, also welche Informationseinheit, wann von wem in welcher Form, also schriftlich, mündlich, anhand welches Mediums … an Information bzw. Kommunikation an wen gesendet wird und was jeweils mit dem Geben dieser Informationseinheit erreicht werden soll. Zu einem Kommunikationskonzept gehören zum Beispiel auch Berichte darüber, woran gerade arbeitet, worüber nachgedacht wird und welche Ergebnisse erzielt wurden – sowie fortlaufende Feedbackschleifen darüber, was wie ankommt, damit gegebenenfalls nachgesteuert werden kann. Dieses Konzept wird fortlaufend weiterentwickelt und angepasst."

Prinzipien der Kommunikation in Veränderungsprozessen

95 % der Informationen, die Menschen aufnehmen, werden emotional-unwillkürlich aufgenommen.

Generelle Aspekte, die darum bei der Kommunikation in Veränderungsprozessen beachtet werden sollten:

- Sammelt bereits im Vorfeld, welche Fragen gestellt werden könnten und entwickelt gemeinsam(e) Antworten
- Achtet auf glaubwürdige Sender, die Beziehungskomponenten betonen
- Sprecht (auch eigene) Emotionen an & streicht mögliche positive Aspekte heraus, ohne euphemistisch zu sein
- Zeigt auf, wo im Verlauf des Prozesses Autonomie und Mitgestaltung möglich sind
- Verzichtet auf Vorwürfe oder Drohungen
- Betont den Nutzen der Veränderung
- Wiederholt eure Botschaften systematisch

„Wenn du nichts Neues zu verkünden hast, verkünde es."

„In vielen Fällen informiert das Change-Team dabei zu faktenorientiert. Dabei ist es wichtig, sich dessen bewusst zu sein, dass 95 Prozent der Informationen, die Menschen aufnehmen, intuitiv, also sozusagen emotional-instinktiv aufgenommen werden (Abb.). *Diese von Daniel Kahneman* (2016) *validierten Erkenntnisse werden ergänzt durch seine Forschungen, die nachweisen, dass Menschen zwei Systeme zur Verarbeitung von Informationen haben: System 1, welches intuitiv und schnell verarbeitet, und System 2, das langsam und analytisch vorgeht. Die Verarbeitung in System 1 unterscheidet sich je nach Persönlichkeit, Erfahrungen und emotionaler Gestimmtheit und kann äußerst hilfreich sein. Zugleich ist diese Art von Informationsaufnahme aber auch sehr störanfällig für kognitive Verzerrungen. Daher ist es wichtig, bei der Kommunikation folgende Aspekte zu beachten …"*

Kommunikationsaspekte

- Wir müssen glaubwürdige Sender auswählen, die über positive Beziehungen zu vielen der Betroffenen verfügen. Für viele Menschen ist es wichtiger, wer etwas sagt, und weniger wichtig, was genau gesagt wurde.
- Sprechen Sie (auch eigene) Emotionen an und streichen Sie mögliche positive Aspekte heraus, ohne euphemistisch zu sein: Selbstverständlich werden auch negative Emotionen, die entstehen, angesprochen. Und gepaced mit Aussagen wie: „Und es ist nachvollziehbar, dass aus Ihrer Sicht ... das nicht positiv ..."
- Zeigen Sie auf, wo im Verlauf des Prozesses Autonomie und Mitgestaltung möglich sind, denn Menschen mögen keine Veränderungen, auf die sie keinen Einfluss haben (Status-quo-Bias).
- Sammeln Sie bereits im Vorfeld, welche Fragen gestellt werden könnten und entwickeln Sie gemeinsam(e) Antworten. Gerade für schwierige, herausfordernde Fragen sollten Sie vorbereitet, ruhig und überlegt wirken und im Change-Team abgestimmt sein. Je mehr (und wiederholt) ähnliche Antworten auf Fragen gegeben werden, desto glaubhafter wirkt der Gesamtprozess.
- Verzichten Sie auf Vorwürfe oder Drohungen. Diese erhöhen nur unnötig die Reaktanz und Widerstände. Und steigern sicher nicht die Motivation für das Neue. Die Vergangenheit ist, wie sie war, und kann nicht mehr geändert werden. Nur noch die Zukunft.
- Betonen Sie den Nutzen der Veränderung. Das kann gar nicht oft genug gesagt werden, worauf auch der abschließende Aspekt hinweist.
- Wiederholen Sie Ihre Botschaften systematisch: Aufgrund des sogenannten Wahrheitseffekts halten Menschen Aussagen, die sie häufiger gehört haben, für glaubwürdiger als jene, die sie erstmals hören.

„Da Veränderungen immer Unsicherheit erzeugen, suchen potenziell Betroffene fortlaufend nach Informationen, um diesen Unsicherheitsgrad zu reduzieren. Es entsteht so leicht ein ‚Stille-Post-Effekt', der die Gerüchteküche zum Brodeln bringt. Solange die Menschen im Unternehmen stark mit Informationssuche beschäftigt sind, weil es wenig Informationen gibt und die Unsicherheit groß ist, sinken die wertschöpfenden Aktivitäten – viele Autoren behaupten, im Extremfall um bis zu zwei Drittel! Daher gilt als Grundsatz: Eine fortlaufende, umfassende Kommunikation ist eine zwingende Notwendigkeit, wenn man nicht möchte, dass ein Informationsvakuum Wertschöpfung verschlingt. Für Führungskräfte gilt in diesem Zusammenhang: ‚Auch wenn du nichts zu sagen hast, sage es!'"

Selbstverständlich wird man als Trainerin beim Durchgehen der Aussagen die Teilnehmenden immer wieder einbeziehen und nach deren Perspektiven und Beispielen fragen.

Quellen

- Dersch, Freibichler, Pannes & Zacherl (2020): Management Kompass 2020. Starke Führung ist der wichtigste Erfolgsfaktor für erfolgreiche Transformation (Porsche Consulting). In: Organisationsentwicklung Heft 4/2021.
- Lakoff, G. & Wehling, E. (2016): Auf leisen Sohlen ins Gehirn. Politische Sprache und ihre heimliche Macht. Carl-Auer Verlag.
- Kahnemann, D. (2016): Schnelles Denken, langsames Denken. Penguin.

Energizer: Die Change-Playlist

Orientierung

Ziele

- Die Teilnehmenden aktivieren
- Deutlich machen, wie sehr das Thema Change auch in der Musik (und Musiktiteln) bzw. im täglichen Leben präsent ist

Zeit

5-10 Minuten

Material

- Playlist
- Lautsprecher

Hinweis

Diese Übung lässt sich natürlich einfacher in Präsenz durchführen. Wenn Sie diesen Baustein online durchführen wollen, können Sie die Teilnehmenden bitten, den jeweiligen Titel in den Chat zu schreiben.

Nach einer Kaffeepause könnten Sie gut mit einem Energizer einsteigen. Denn bisher war es schon eine Menge Input.

Wir spielen oft schon den ganzen Morgen bzw. Vormittag diese Playlist ab und leiten nach der Kaffeepause bewusst damit ein, dass wir uns eine Playlist mit Songs zum Thema Veränderungen zusammengestellt haben, die durch die Tipps unserer Teilnehmenden immer weiter wächst (Achtung: GEMA-Vorschriften im Blick behalten). Wir kündigen an, dass wir jetzt nacheinander einige (fünf Songs) anspielen und die Teilnehmenden uns zurufen sollen, von wem das jeweilige Stück ist. Wer besonders viele Songs richtig errät, bekommt den Change-Grammy (Was immer das ist!). Dann fragen wir nach weiteren Ergänzungen der Playlist.

Download-Ressource

Hier einige Beispiele, in den Download-Ressourcen finden Sie weitere:

- Peter Fox — Alles neu
- Clueso – Neuanfang
- Scorpions — Wind of Change

IX.3 Kommunikation im Veränderungsprozess: Definitionen, Konzepte und Unterscheidungen

Orientierung

Ziele

Sich den Unterschied zwischen „Kommunikationskonzept" und „Kommunikations-Skyline" vergegenwärtigen

Zeit

Vortrag: 5-10 Minuten

Auf Seite 73 wurde bereits die Unterscheidung zwischen den drei Hauptsträngen des Transformationsmanagements besprochen.

Nun vertiefen wir das Thema „Kommunikationskonzept". Bei noesis haben wir uns dabei intern auf folgende Definition bzw. Terminologie für die Unterscheidung von Kommunikationskonzept und Kommunikations-Skyline verständigt. Wir beschreiben sie wie folgt: Unter einem „Kommunikationskonzept" verstehen wir den Prozess der Kommunikation im Rahmen einer Reorganisation. Hierbei geht es aus unserer Sicht primär um die Veränderung einer Aufbau- oder Ablauforganisation (Wertstrom-Analyse, Prozess-Fluss-Organisation, von Linien- zur Matrixorganisation), also darum, ganze Unternehmensbereiche neu auszurichten in Bezug auf Prozesse, Aufgaben, Verantwortlichkeiten usw. Hier wird die notwendige Kommunikation jeweils für die aktuellen und nächsten Projektschritte entwickelt und fortlaufend überdacht.

Kommunikations-Skyline

Wenn wir von der „Kommunikations-Skyline" sprechen, beziehen wir uns auf einen dauerhaften, systematischen und rhythmisierten Kommunikationsprozess. Das ist dann beispielsweise in der Umsetzung eines Transformationsprozesses der Fall, weniger in seiner Entwicklungs- oder Vorbereitungsphase. Oder in einem Kulturentwicklungsprozess. Es liegt selbstverständlich in der Hand der Trainer-Kolleginnen, wieweit sie dieser Definition folgen möchten. Im Sinne der Teilnehmenden finden wir es wichtig, diese oder ähnliche Unterscheidungen und Hintergründe transparent zu machen.

Kommunikation im Veränderungsprozess

Definitionen, Konzepte und Unterscheidungen

Kein Change-Prozess ohne Kommunikationskonzept

Das Kommunikationskonzept	Die Kommunikations-Skyline
… beinhaltet den Prozess einer sich schrittweise entwickelnden Kommunikation in Rahmen einer Reorganisation	… bezieht sich auf einen durchgängig zu planenden Kommunikationsprozess
Darum geht es: Veränderung einer Aufbau- oder Ablauforganisation (Wertstrom-Analyse, Prozess-Fluss-Organisation, von Linien- zur Matrixorganisation), also ganze Unternehmensbereiche neu auszurichten in Bezug auf Prozesse, Aufgaben, Verantwortlichkeiten, …	**Darum geht es:** Fokus auf einer dauerhaften systematischen, rhythmisierten zielgruppenspezifischen Kommunikation, z.B. in der Umsetzung eines Transformationsprozesses oder in einem Kulturentwicklungsprozess

→ Basis von beidem ist die Erstellung einer Stakeholder Map

„Wie wir nun seit unserem Check-in bis hin zu unserem Planspiel immer wieder festgestellt haben, ist die Kommunikation während eines Veränderungsprozesses ein entscheidender Erfolgsfaktor: Mangelnde Kommunikation wirkt wie ein schwarzes Loch, das Wertschöpfung verschlingt und die Gerüchteküche zum Brodeln bringt. Ein Kommunikationskonzept zum Thema Transformation legt fest, wer zu welchem Zeitpunkt wen worüber womit – also mit welchen Medien oder Kommunikationskanälen – informiert. Ziel ist es, die vorab definierten Zielgruppen mit den entsprechenden Informationen, Nachrichten und Botschaften zu versorgen, damit diese motiviert mitwirken können.

Kommunikationskonzept

Dabei unterscheiden wir das ‚Kommunikationskonzept' von der ‚Kommunikations-Skyline'. Wir tun das, weil sich die Konzepte auf jeweils eine andere Art von Veränderungsprozessen beziehen und auch ein etwas anderes Vorgehen erfordern. Bei einer Reorganisation, die oft top-down initiiert wird – Stichwort ‚Radical change' –, geht es zum Beispiel um die Veränderung einer Aufbau- oder Ablauforganisation, wie etwa die Wertstrom-Analyse, die Prozess-Fluss-Organisation oder den Wechsel von der Linien- zur Matrixorganisation, also darum, ganze Unternehmensbereiche neu auszurichten hinsichtlich der Prozesse, Aufgaben, Verantwortlichkeiten. Hier wird die notwendige Kommunikation jeweils für den Start, die aktuellen und nächsten Projektschritte entwickelt und fortlaufend überdacht sowie auch entsprechend der jeweils sich entwickelnden Resonanz. Hier spielt häufig auch das Timing in der Kommunikation eine erfolgsentscheidende Rolle. Das alles verstehen wir unter ‚Kommunikationskonzept'.

Wenn wir von ‚Kommunikations-Skyline' sprechen, beziehen wir uns auf einen durchgängigen Kommunikationsprozess, einen Kommunikations-

rhythmus, der einen andauernden graduellen Change oder einen Kulturentwicklungsprozess begleitet. Erfolgsentscheidend ist hier aus unserer Sicht, dass 2-Weg-Kommunikation im Vordergrund steht und dass alle Interessengruppen regelmäßig mit Informationen versorgt werden."

Die Erstellung eines Kommunikationskonzepts

IX.4

Orientierung

Ziele

- Die Teilnehmenden verstehen, was ein Kommunikationskonzept umfassen soll
- Sie vergegenwärtigen sich die Methoden und Instrumente, die sich in einer kommunikativen Werkzeugkiste befinden können
- Sie können ein Kommunikationskonzept erstellen

Zeit

Entwerfen des Kommunikationskonzeptes (2 Gruppen): gesamt 120 Minuten

- Einarbeiten in den Business Case: 10 Minuten
- Synchronisieren des Verstandenen: max. 15 Minuten
- Entwickeln der Stakeholder Map: 30 Minuten
- Entwerfen der Ablaufmatrix: 60 Minuten

Präsentation der Kommunikationskonzepte (2 Gruppen): gesamt 75 Minuten

- Stakeholder Map: 5 Minuten pro Gruppe, 10 Minuten Abgleich und abschließend Fazit zum Thema „Eine Stakeholder Map erstellen, was ist zu beachten?"
- Ablaufmatrix: max. 10 Minuten pro Gruppe + 10 Minuten Auswertungszeit pro Gruppe

Material

- Arbeitspapier „Leitfaden zur Erstellung eines Kommunikationskonzepts" analog TN-Zahl
- Business Case
- 6-8 Pinnwände, Post-its, Stifte
- Flipchart mit Instruktion
- Flipchart für das Fazit

Hinweis

Wenn Sie diesen Baustein online durchführen wollen, planen Sie auf dem digitalen Whiteboard für die Visualisierung ausreichend Platz für die zwei Gruppen ein.

Leitfaden zum Start eines Kommunikationsprozesses (Reorganisation)

Ablaufübersicht zur Erstellung eines Kommunikationskonzepts

1. Stakeholder Map: Definition der relevanten Interessen-/Kommunikationszielgruppen
2. Wie wirkt die Veränderung vermutlich auf wen bzw. welche Einstellung zur geplanten Veränderung hat vermutlich wer: Die Interessengruppen konnotieren
3. Informationskonzept erstellen und definieren:

Wann?	Wer?	Worüber?	Wen?	Wodurch?	Wozu?	Resonanz & Ergebnis-überprüfung
Zeitpunkt	(Glaubwürdige) Sender	Thema/ Informations-einheit	Personen/ Zielgruppen	Medien/ persönlich	Zweck, Ziel	Ziele erreicht? Welche Resonanzen gibt es & worauf sollten wir wie reagieren?

Download-Ressource: Leitfaden zur Erstellung eines Kommunikations-konzepts

Nach einer generellen Einführung besprechen Sie als Trainerin das konkrete Vorgehen zum Erstellen eines Kommunikationskonzepts. Hierfür stellen Sie eine Ablaufübersicht zur Erstellung eines Kommunikationskonzepts vor (Abb. oben). Neben der PowerPoint-Vorlage, um die generellen Schritte vorzustellen, teilen Sie am besten noch ein etwas ausführlicheres Arbeitspapier aus (Download). Ziel ist es, die Teilnehmenden zu bitten, ein Kommunikationskonzept anhand eines Business Cases zu entwerfen. Wenn ein aktuelles gemeinsames Change-Projekt gegeben ist, ist die Arbeit an diesem realen Projekt natürlich vorzuziehen.

1. Eine Stakeholder Map entwickeln

Im ersten Schritt befassen sich die Teilnehmenden mit der Analyse der Interessengruppen und erstellen eine Stakeholder Map. Diese Methode ist vielen aus dem Projektmanagement vertraut (Abb.).

Die Stakeholder Map

Zielsetzung

- Übersicht über relevante, betroffene Interessengruppen schaffen
- Einbezug/Betrachtung aller relevanten Interessengruppen sichern

sowie ggf.

- Einflussmöglichkeiten/Macht pro Person/Dynamik im System definieren
- Prognosen über die Auswirkungen von Maßnahmen erstellen (z.B. „Verlierer“ und Gewinner“ der Reorganisation)
- Ideen und Hinweise für kritische Vorgehensweisen & Erfolgsfaktoren gewinnen

Dann werden die Teilnehmenden gebeten, in Gruppenarbeiten eine konkrete Stakeholder Map zu erstellen. Entweder für den Business Case „Kundenservice" (siehe unten) oder für ein konkretes Transformationsprojekt aus der eigenen Praxis. Es sollen auch erste Konnotierungen der spezifischen Interessengruppen vorgenommen werden. Machen Sie darauf aufmerksam, dass dies selbstverständlich keine Wahrheiten sind und dass diese dazu dienen, die eigene Sensibilität zu schärfen und achtsam mit den verschiedenen Zielgruppen umzugehen (auch, sich zu überlegen, wie ggf. Widerstand reduziert werden könnte, wie die Motivation für das Neue erhöht werden könnte ...). Dafür stellen Sie den Teilnehmenden 30 Minuten Arbeitszeit für einen ersten Entwurf zur Verfügung.

Wenn alle Gruppen einen gemeinsamen „Change-Hintergrund" haben oder an dem Business Case arbeiten, können die Ergebnisse verglichen und vertiefend hinterfragt werden. Wenn unterschiedliche Transformationsprozesse als Vorlage für die Stakeholder Map genutzt wurden, dann können die Ergebnisse wertschätzend kritisch hinterfragt werden mit dem Ziel, den Betreffenden weiterführende Inspiration und Ideen zu bieten. In diesem Fall muss der betreffende Change kurz beschrieben werden.

2. Der Business Case „Kundenservice": Ein Kommunikationskonzept (Ablaufplan) entwerfen

Die Übersicht möglicher Kommunikationsmedien (Abb.) sollte eher kurz besprochen werden: Das Ziel dieser Zusammenstellung ist, den Teilnehmenden zu zeigen, welche Fülle von Möglichkeiten der Information und

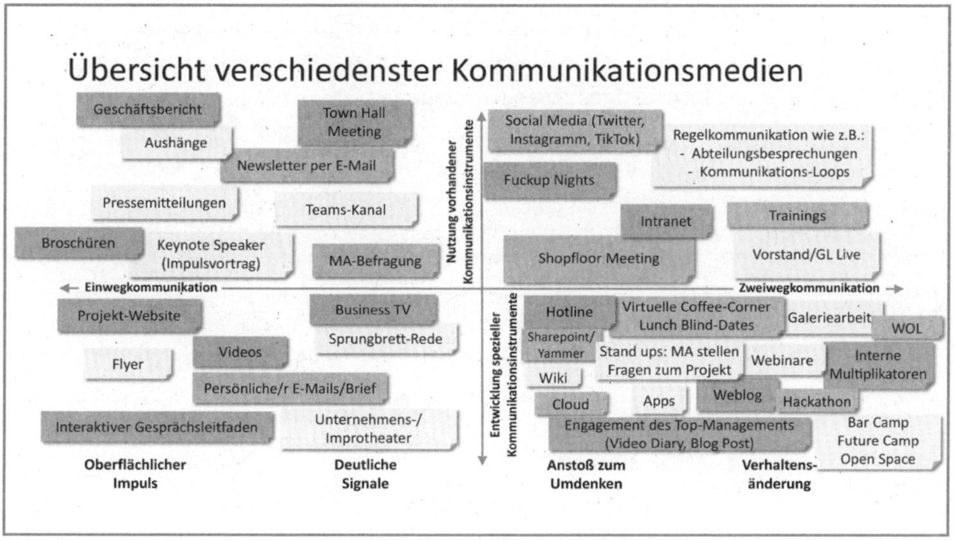

Kommunikation es gibt, sie auf die kommende Gruppenarbeit einzustimmen und zu inspirieren.

Für den Business Case, der die Start-Kommunikation im Rahmen eines Veränderungsprozesses „Reorganisation" zum Thema hat, bitten Sie die Teilnehmenden, ein Kommunikationskonzept entsprechend der Matrix (wann, wer, ... siehe Abb.) zu erstellen.

Professionelle Information und Kommunikation

Am Beispiel des Business Case „Kundenservice"

Die Ablaufübersicht zum Kommunikationskonzept

- Erstellt anhand folgender Dimensionen und unter Einbezug der Erkenntnisse aus der Stakeholder Map ein Kommunikationskonzept in Form eines Ablaufplans:

Wann?	Wer?	Was?	An wen?	Womit?	Wozu?	Reaktionen
Zeitpunkt	Sender	Thema/ Informationseinheit	Personen/ Zielgruppen	Medien/ persönlich	Zweck, Ziel	Fragen, Antworten

Business Case: Kundenservice

Quelle: noesis

In einem großen Finanzdienstleistungsunternehmen gibt es einen Bereich „Customer Care" mit etwa 120 Mitarbeitenden und 16 Teamleitern. Einige Teamleiterpositionen sind derzeit unbesetzt, weil vier der Führungskräfte in Rente gegangen sind. Die Mitarbeitenden sind hochqualifiziert. Ihre Aufgabe ist es, anspruchsvolle Kunden online zu betreuen, sie durch Phasen von zum Beispiel Finanzierungen zu begleiten und deren Fragen zu beantworten. Der Bereich ist derzeit in 16 Teams zu je sechs bis sieben Teammitgliedern aufgeteilt, die einen dezidierten Kundenstamm betreuen und einen Betrieb zwischen 7:00 Uhr und 22:00 Uhr abdecken. Jedes Team wird von einer Führungskraft geführt. Wobei wegen des Schichtbetriebs immer nur einige Teammitglieder anwesend sind (zwei bis drei Personen); entsprechend ist auch die Führungskraft immer nur teilweise anwesend.

Die Qualität der geführten Kundengespräche ist sehr hoch (hohe Kundenzufriedenheit); das haben Kundenbefragungen und „Mystery Calls“ ergeben. Allerdings dauern die Gespräche zu lange (im Durchschnitt 12 Minuten, es sollten laut Benchmark im Durchschnitt aber bloß 5 Minuten sein). Die Zeitanteile „ausgeloggter“ Zeiten des Bereichs (Mitarbeiter in Nachbearbeitung/Vorbereitung) sind, wie vergleichbare Benchmarks zeigen, deutlich zu hoch.

Wie Befragungen unter den Mitarbeitenden ergeben haben, brauchen sie diese Zeit vor allem für Recherchen, für Wissens- und Informationsabfragen und „mühsame“ Abstimmungsgespräche (weil die Kolleginnen und Kollegen im Team schwer erreichbar sind). Die eigenen Führungskräfte (= Teamleiter) wurden dabei als „nicht so hilfreich“ bezeichnet, weil diese sehr mit Verwaltung und Bürokratie beschäftigt seien und von dem Geschäft „nicht mehr so viel Ahnung“ hätten.

Die Leitung des Bereichs „Customer Care“ ist seit einigen Wochen nicht mehr besetzt. Die Mitarbeitenden warten jeden Tag darauf, dass die Neuen vorgestellt werden.

Der Vorstand hat sich in den vergangenen drei Monaten mit der Überlegung einer Neustrukturierung des Bereichs befasst. Die Entscheidung einer Reorganisation ist nun gefallen und eine neue Aufbaustruktur ist entschieden. Der Vorstand spricht von einer „agilen“ Umstrukturierung des gesamten Bereichs. Künftig sollen drei PEPs (politisch exponierte Personen) die Rolle der Personalentwicklung und Personaleinsatzplanung übernehmen und für die Mitarbeitenden des gesamten Bereichs verantwortlich sein („konsultative Führung“): jeder für etwa 40 Mitarbeitende. Die drei künftigen PEPs wurden aus dem Kreis der bisherigen Teamleiter anhand einer Potenzialanalyse (Management-Audit) ausgewählt, die vor einiger Zeit durchgeführt wurde. Die Kriterien waren unter anderem: ausgeprägte Ergebnis- und Zielorientierung, hohe analytische und strategische Kompetenz, hohe Sozialkompetenz (Feedback, Selbstreflexion, Coaching-Skills) und sehr hohe methodische Kompetenzen. Die verbleibenden Teamleiter sollen in die Teams integriert werden oder andere Stellenangebote innerhalb des Unternehmens in anderen Abteilungen erhalten oder zum Beispiel Projektleitungen übernehmen. Die Teamleiter sollen dies selbst entscheiden können.

Die Mitarbeitenden sollen künftig eigenverantwortlich und selbststeuernd im Sinne eines New-Work-Ansatzes agieren. Dabei sollen Teams von jeweils zehn Teammitgliedern gebildet werden.

Die neue Struktur soll sobald wie möglich kommuniziert und eingeführt werden. Die nächsten vier Wochen ist keiner der drei künftigen PEPs im Urlaub. Zwei bis drei der Teamleiter sind in den nächsten Wochen jeweils nacheinander im Urlaub.

Bitte entwerfen Sie eine Kommunikations-Skyline, in der Sie darstellen, wie Sie in der Rolle der Change-Begleitung die neue Organisation und die Veränderungen kommunizieren würden. Derzeit ist noch keine der betroffenen Personen informiert.

Organigramm nach der Umstrukturierung:

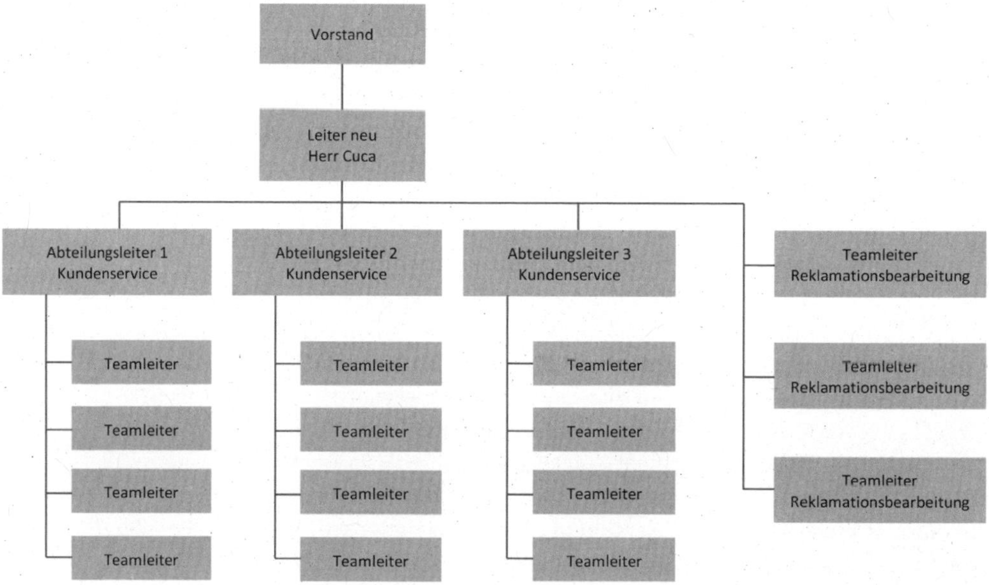

Organigramm vor der Umstrukturierung:

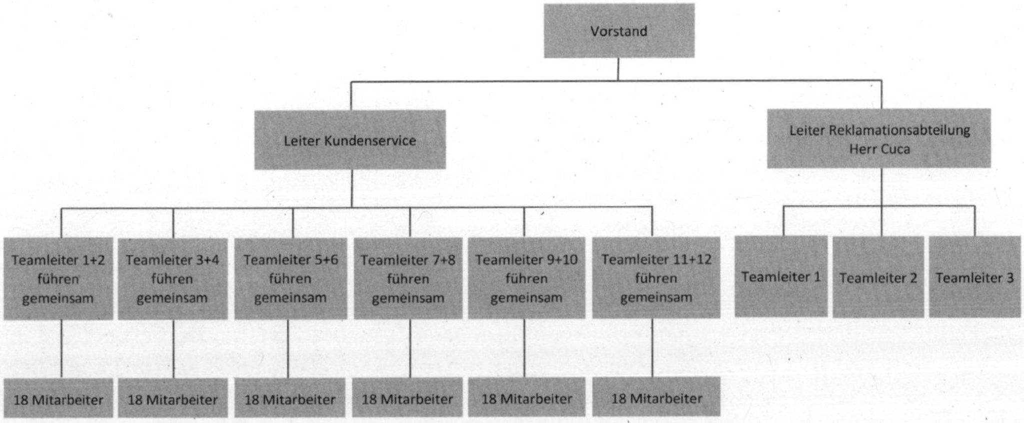

Wie immer gibt es nicht die eine richtige Lösung – es ist immer wieder extrem wichtig, dies den Teilnehmenden zurückzumelden. Deswegen gibt es hier auch keine Musterlösung. Zumal in einem Business Case immer nur begrenzte Informationen zur Verfügung stehen (wie im richtigen Leben). Gleichwohl gibt es keine Maßnahme ohne mögliche Nebenwirkungen, die Frage ist stets, welche Nebenwirkungen sind wir ggf. eher oder weniger zu akzeptieren bereit. Und die unterschiedlichen Überzeugungen, Hypothesen und Erfahrungen können hier höchst nützlich sein.

Den Business Case lassen Sie am besten in zwei Gruppen bearbeiten (bei 12 Teilnehmenden). Dabei sollten Sie darauf achten, dass pro Gruppe mindestens zwei Pinnwände (besser vier) zur Verfügung stehen, damit die Gruppen genügend Platz für ihre Ausarbeitungen haben.

Vorzubereitendes Flipchart zur konkreten Instruktion:

Business Case „Kundenservice": Ein Kommunikationskonzept entwerfen

- Bitte lest euch die Fallbeschreibung durch (10 Minuten).
- Besprecht dann in eurer Gruppe das gemeinsam Verstandene (15 Minuten): Für Fragen wendet euch bitte an die Trainerin.
- Dann arbeitet bitte anhand des Leitfadens zum Start eines Kommunikationsprozesses im Radical Change (Reorganisation) ein Kommunikationskonzept (Ablaufplan) für die ersten drei Punkte aus. Nutzt hierbei diejenigen Fragen, die ihr als relevant betrachtet. Erstellt aber bitte unbedingt ...
  - eine Stakeholder Map und
  - eine Ablaufmatrix (Wann? Wer? Worüber? ... Bitte nutzt die vorbereiteten Wände; arbeitet mit Post-its)
- Notiert parallel dazu: Welche FAQs vonseiten der Betroffenen könnten auftauchen?

Arbeitszeit: insg. 90 Minuten

Bitte präsentiert anschließend eure Ausarbeitungen im Plenum!
Präsentationszeit: max. 10 Minuten

Der Business Case (ein Echt-Fall) ist erfahrungsgemäß weitgehend selbsterklärend. Gegebenenfalls kann die Trainerin nochmals betonen, dass zum Zeitpunkt der Erstellung des Kommunikationskonzepts (also jetzt!) angenommen wird, dass nur der Vorstand und die Change-Berater ein Bild von der neuen Organisation (Aufbau-Organisation) haben; auch die PEPs (die politisch exponierten Personen) sind weder über die neue Organisation informiert noch wurden sie bisher gefragt, wieweit sie die neuen Rollen übernehmen wollen. Also ist im Grunde alles, was an Information gegeben ist, zu einem bestimmten Zeitpunkt an bestimmte Zielgruppen zu kommunizieren.

3. Die Präsentation der Kommunikationskonzepte

Bei der Präsentation der Ergebnisse der Gruppenarbeiten ist ein schrittweises Vorgehen sinnvoll: Zunächst bitten Sie die Teilnehmenden, die Stakeholder Maps vorzustellen; danach ziehen Sie einen kurzen Vergleich. Dabei betrachten Sie vor allem unterschiedliche Sichtweisen der Gruppen. Ziel ist, immer wieder nachzufragen, was denn aus Sicht der Teilnehmenden die vermuteten Auswirkungen einer solchen oder anderen Betrachtungsweise wären, um zu verdeutlichen, dass die Frage der Auswirkungen zur Prüfung der Vorgehensweise zentral ist. Zum Abschluss kann ein kurzes Fazit zum Thema „Eine Stakeholder Map erstellen, was ist zu beachten?“ gezogen und auf dem Flipchart visualisiert werden.

Interessant ist zu beobachten, wieweit und wann Nachbarbereiche und Nahtstellenpartner informiert werden, wie, wann und vom wem die PEPs informiert werden (einzeln, mit eingeplanter Zeit zur Entscheidung), ob von jemandem eine Sprungbrett-Rede gehalten werden soll (Vorstand) und ab wann dann interaktive Workshops zur dezidierten, partizipativen Ausgestaltung von Prozessen und Arbeitsinhalten geplant werden.

Auswertung

Präsentation der Kommunikationskonzepte

- Stellt euch vor, ihr präsentiert eure Stakeholder Map und euer Kommunikationskonzept dem Vorstand des Unternehmens (den Mitgliedern der anderen Gruppe ;-)).

  Dafür habt ihr 10 Minuten Zeit.
- Anschließend stellt euch der Vorstand (also eure Kollegen aus dem anderen Team) wohlwollend kritische Fragen, um zu überprüfen ...
  - inwieweit ihr das Konzept kritisch durchdacht habt.
  - welche Konsequenzen ihr diskutiert habt.
  - was noch bedacht oder ergänzt werden sollte.

Die ausgearbeiteten Kommunikationskonzepte kann man auch gut „spielerischer“ präsentieren lassen (Abb. oben). Etwa indem die nicht präsentierende Gruppe die Mitglieder des Vorstands verkörpern, die nach der Präsentation wohlwollend kritische Fragen zur Ausarbeitung stellen. Auch bei den Kommunikationskonzepten sollten Sie als Trainerin bei den (mit Sicherheit vorhandenen) Unterschieden immer nachfragen, was von den Teilnehmenden im Vergleich jeweils als Vorteil einer bestimmten Vorgehensweise gesehen wird und welche Auswirkungen angenommen werden. Bitte betonen Sie immer wieder, dass es keine Maßnahme ohne Nebenwirkungen gibt.

Pro Präsentation werden 10 Minuten und für die anschließende Diskussion weitere 10 Minuten eingeplant. Also insgesamt 20 Minuten bzw. 40 für beide Gruppen.

Abschließend kann man noch gemeinsam im Plenum ein SMARTIE zur Methode „Leitfaden zum Start eines Kommunikationsprozesses" (Abb. auf Seite 170) ausfüllen oder ein weiteres Beispiel eines Kommunikationskonzeptes aus einem Change-Prozess präsentieren. Daran können Sie transparent machen, dass es viele verschiedene Formen geben kann, die Inhalte eines solchen Konzeptes darzustellen, wenngleich die zu beachtenden Aspekte immer die gleichen sind.

4. Die Erstellung der Kommunikations-Skyline

Zur Abrundung des Themas können Sie als Trainerin noch ein beispielhaftes Chart (Abb.) zum Thema Kommunikations-Skyline vorstellen.

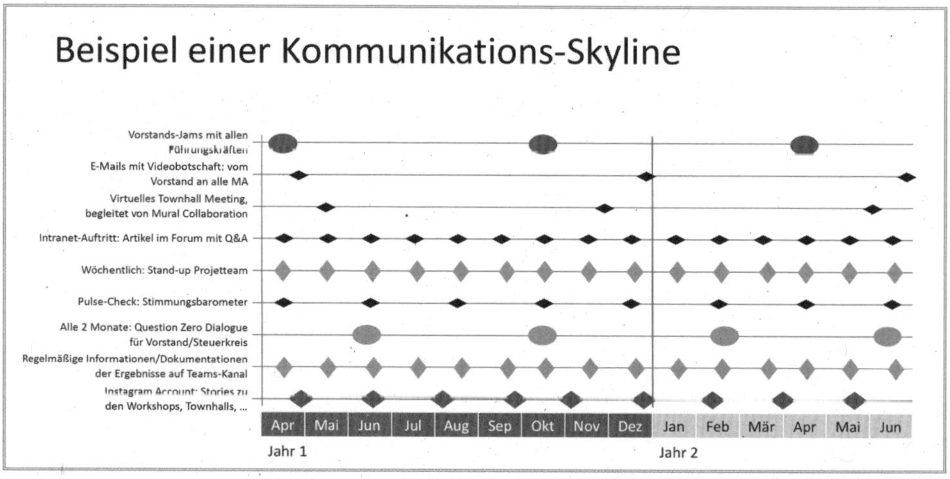

Die Kommunikations-Skyline bezieht sich auf einen durchgängig zu planenden Kommunikationsprozess. Diese Art eines Kommunikationsplans wird bei einem längerfristig andauernden Transformationsprozess vor allem in der Phase der Umsetzung genutzt. Der Fokus liegt auf einer dauerhaften, systematischen, rhythmisierten zielgruppenspezifischen Kommunikation.

Ziel ist es, in wiederkehrenden Kommunikationsprozessen einerseits bestimmte Zielgruppen zur Kommunikation über aktuelle Aktivitäten und Ergebnisse zu motivieren sowie andererseits, definierte Zielgruppen über diese Aktivitäten und Ergebnisse zu informieren. Beispielsweise in der

Umsetzungsphase eines Transformationsprozesses oder in einem Kulturentwicklungsprozess.

Aus unserer Erfahrung sollte in einer Change-Projektgruppe ein Teil der Aufgabe eines unternehmensinternen Mitglieds immer sein, darauf zu achten, dass

- die gestaltenden Mitglieder über alle Aktivitäten informieren,
- alle, auch die indirekt Betroffenen, regelmäßig informiert werden,
- Feedback eingeholt wird.

Eine solche Skyline würden Sie als prozessbegleitende Person am besten dann ausarbeiten, wenn Sie in einem Change-Projekt in der entsprechenden Phase sind. Im Training stellen Sie als Trainerin lediglich vor, wie die Skyline aussehen kann.

Auch hier wird zu Beginn der Erstellung der Kommunikations-Skyline eine Stakeholder Map mit den relevanten Zielgruppen erstellt. Dann unterteilen Sie in *„Wer sollte regelmäßig über Aktivitäten, Ergebnisse und Feedbacks mittels welches Mediums informieren?“* und *„Wer soll regelmäßig wie informiert werden?“*. Das alles wird in einer „Skyline“ über eine Zeitachse hinweg abgebildet. Welche Medien, Sendergruppen und Zeitintervalle dafür gewählt werden, hängt von vielen Kriterien ab. Die Skyline ist unternehmensspezifisch und sollte an die Art der Transformation angepasst sein. Die Kommunikation darf gerne auffallen und aus dem Rahmen fallen, damit Bewegung ins Spiel kommt: Kreativität ist erwünscht.

Zum Abschluss kann noch die folgende Folie eingebracht werden (Abb.). Je nach Geschmack und eigener Erfahrung könnte zur einen oder anderen Gleichung noch eine Geschichte erzählen werden.

Kommunikation im Veränderungsprozess:

Die Erfolgsgleichung (mod. nach Neuwaldegger Curriculum für systemische Unternehmensentwicklung, 2006/2007)

Vision		Kommunikation		Notwendigkeit der Veränderung		Fähigkeit und Können		Konsequenzenmanagement		Aktionspläne		
✓	+	✓	+	✓	+	✓	+	✓	+	✓	=	Wirkliche Veränderung
		✓	+	✓	+	✓	+	✓	+	✓	=	Konfusion Erstarrung
✓	+			✓	+	✓	+	✓	+	✓	=	Irritation + zu langsame Veränderung
✓	+	✓	+			✓	+	✓	+	✓	=	Widerstand
✓	+	✓	+	✓	+			✓	+	✓	=	Angst
✓	+	✓	+	✓	+	✓	+			✓	=	Zu langsame Veränderung
✓	+	✓	+	✓	+	✓	+	✓			=	Chaos

IX.5 Tagesausklang: Was mein Transfer-Journal über den Tag mit dem Schwerpunkt Kommunikation erzählt

Orientierung

Ziele

- Zufriedenheitsabfrage zum Seminartag durchführen
- Wahrnehmen, wo die Teilnehmenden emotional stehen
- Hören, was die Teilnehmenden (eventuell noch) brauchen

Zeit

20 Minuten

Material

Pinnwand mit 2-Felder-Chart, Post-its, Stifte

Hinweis

Wenn Sie diesen Baustein online durchführen wollen, planen Sie etwas mehr Zeit ein, damit die Teilnehmenden auf dem digitalen Whiteboard kreative Klimakurven erstellen können.

Zum Tagesausklang kann man sehr gut diese Übung durchführen. Sie dauert 20 Minuten (Abb.).

Zum Tagesausklang

Was mein Transfer-Journal über den Tag 4 mit dem Schwerpunkt Kommunikation erzählt ...

- Stell dir vor, dein Transfer-Journal hätte heute ganz von alleine die wichtigsten Erfahrungen und Erkenntnisse dokumentiert ...
  - Was wären die wichtigsten Inhalte? Was wäre ihm aufgefallen?
- ... und zugleich auch eine Klimakurve über den Tag erstellt.
  - Wie wäre der Verlauf von Hochs und Tiefs über den Tag hinweg?
- Bitte schreibe die wichtigsten Punkte auf Post-its und male einen Kurvenverlauf des Tages (9.00 Uhr über 12.30 Uhr bis 17.30 Uhr).

Durchführung

Zur Vorbereitung wird eine Pinnwand bereitgestellt. Die Überschrift lautet „Stellt euch vor, euer Transfer-Journal hätte heute ganz von alleine die wichtigsten Erfahrungen und Erkenntnisse dokumentiert ...“ Die Fläche darunter wird in zwei Felder aufgeteilt.

Auf der einen Seite steht:

- Was wären die wichtigsten Inhalte? Was wäre ihm aufgefallen? Was ist präsent geblieben?
- Das Transfer-Journal könnte auch gemalt/skizziert haben ...

Auf der anderen Seite steht:

- Die ausgedruckte Klimakurve über den Tag: Vorbereitet ist eine Zeitachse mit den Zeiten 9.00 Uhr (links), 12.20 Uhr (Mitte) und 17.30 Uhr (rechts).
- Wie wäre der Verlauf von Hochs und Tiefs über den Tag hinweg?

Dann bitten Sie die Teilnehmenden, ein oder zwei Post-its mit den wichtigsten Themenpunkten des Tages zu beschriften oder diese auch zu zeichnen. Auf ein Post-it sollen die Teilnehmenden eine persönliche Klimakurve malen, die sie auch gerne mit weiteren Symbolen versehen können.

Anschließend kommt jeder an die Pinnwand, stellt seine Post-its vor und klebt sie an. Ohne Kommentar, Rückfragen sind erlaubt.

Als Trainerin fassen Sie zusammen und runden den Tag ab.

Tag 5 Übung: Bild ohne Worte

Orientierung

Ziele

- Die Teilnehmenden nutzen kreative, intuitive Prozesse zum Start in den Tag und werden auf das Thema „Veränderungsarchitektur" eingestimmt
- Die Teilnehmenden erstellen eine Analyse der aktuellen Situation anhand einer Metaphernarbeit

Zeit

- Übung: 45 Minuten
- Debriefing: 20 Minuten

Material

- Flipchart mit Instruktion
- Pinnwände analog der Gruppenzahl
- Pinnwand mit einem 2-Felder-Chart
- Post-its, Stifte in verschiedenen Farben, ggf. Wachsmalkreide

Hinweis

Dieser Baustein lässt sich so nur in Präsenz durchführen.

Als Einstieg für diesen Tag eignet sich sehr gut ein projektives Verfahren, die Methode „Bild ohne Worte". Wir sind der Meinung, dass „klassisch-analytische Vorgehensweisen" in Veränderungsprozessen zu wenig Spuren hinterlassen. Diese integrieren wir allzu leicht in unsere „Alltagstrance" (Gunther Schmidt, 2021), ohne dass sie einen Unterschied für unseren Erkenntnisraum erzeugen. Die Übung „Bild ohne Worte" ist eine Vorgehensweise, die nachhaltige Erinnerungen auslöst. Vermutlich werden viele Trainerkolleginnen dieses Vorgehen in der einen oder anderen ähnlichen Form nutzen. Wir haben es u.a. bei Gerhard Comelli gesehen und es in der vorliegenden Form weiterentwickelt. Als Trainerin sollten Sie vorab reflektieren, wieweit die Teilnehmergruppe bereit ist, sich auf ein solches kreatives Vorgehen einzulassen. Wir haben bisher keine negativen Erfahrungen gemacht: Vom Top-Management bis zu Teammitgliedern hatten alle Spaß an der Methode. Wir würden sie allerdings nicht nutzen, wenn Konflikte und Spannungen in der Gruppe vorherrschen.

Zielsetzung dieses Einstiegs ist es, den Teilnehmenden eine etwas andere Form der Unternehmens-, Bereichs- bzw. Teamanalyse ausprobieren zu lassen, die es ermöglicht, nicht ganz einfache Themen in einer verpackten, metaphorischen Form anzusprechen. Gleichzeitig wollen wir zeigen, dass diese auflockernde und humorvolle Methode sehr nützlich ist und einen Prozess gut voranbringen kann. Entsprechend ist diese Methode nicht nur in der Seminarsituation geeignet, vielmehr kann sie gerade zu Beginn eines konkreten, aktuellen Transformationsprozesses oder währenddessen für das Projektteam selbst als Standortbestimmung angewendet werden. Das sollten Sie als Trainerin unbedingt auch transparent machen. Manchmal muss man zu Beginn des ersten Teils ein wenig „schubsen" und ermutigen, weil Teilnehmende einwerfen, sie könnten nicht malen oder zeichnen (*„Es geht ja nicht um gut oder schlecht gezeichnet, stellt euch einfach abstrakte Kunst vor!"*). Wenn erst einmal einige Teilnehmende losgelegt haben, verlieren auch die übrigen mögliche Hemmungen und man kann mit viel Humor aktuelle Situationen darstellen.

Durchführung

Vorbereitung

- Bereiten Sie die Pinnwände analog der Gruppenzahl (4 Teilnehmende pro Gruppe) vor.
- Versehen Sie die Pinnwände mit Überschriften, zum Beispiel: „Unser aktuelles Zusammenwirken" (hier kann sich die Gruppe auf das eigene Team im Unternehmen, auf einen Bereich oder ein Unternehmen beziehen).
- Stellen Sie möglichst viele verschiedenfarbige Stifte, gegebenenfalls zusätzlich Wachsmalkreide pro Pinnwand zur Verfügung.
- Die Pinnwände können in einem Raum stehen, sollten aber gegenseitig nicht einsehbar sein.

Teil 1: Die Vorgehensweise für die Teilnehmenden darstellen

Die Teilnehmenden werden in Gruppen von vier Personen aufgeteilt (lieber eine Gruppe mehr bilden, als die Gruppenstärke zu erhöhen). Dann instruieren Sie die Teilnehmenden: *„Ihr habt nun die Aufgabe, euer aktuelles Zusammenwirken im Team in einem Bild darzustellen. Ihr könnt euch dazu zum Beispiel als Maschine oder als Inselgruppe oder als Schiffsgemeinschaft … darstellen. Begebt euch nun gruppenweise an eine der Pinnwände: Bitte beachtet, dass ihr an den Wänden nicht mehr miteinander sprechen dürft. Los geht's."*

Jede Gruppe begibt sich vor eine leere Pinnwand und beginnt mit der Umsetzung (Zeitrahmen: 15 bis 20 Minuten). Weisen Sie darauf hin, dass die

Teamarbeit

Bild ohne Worte

Teil 1

- Ihr habt nun die Aufgabe, euer aktuelles Zusammenwirken im Team in einem Bild darzustellen.
  Ihr könnt euch dazu zum Beispiel als Maschine oder als Inselgruppen oder als Schiffsgemeinschaft oder ... als was auch immer euch einfällt, darstellen.
- Begebt euch nun in eurem Team zusammen an eine der Pinnwände: Bitte beachtet – **dort dürft ihr nicht mehr miteinander sprechen!**
- ... und legt los mit dem Zeichnen, wie immer ihr möchtet ...
- Ihr habt 20 Minuten Zeit.

Bilder der Kollegen auf der Pinnwand ergänzt, ausgemalt, verändert werden dürfen – nur nicht durchgestrichen bzw. zerstört oder beschädigt!

Teil 2: Die weitere Vorgehensweise

Nach der Fertigstellung der Bilder wandern alle Gruppen im Uhrzeigersinn jeweils eine Wand weiter. Dort werden die Teilnehmenden gebeten, sich in die Rolle von Kunsthistorikern zu versetzen. Das vor ihnen stehende Bild wird betrachtet und interpretiert nach dem Motto: „Was will uns der Künstler mit diesem Kunstwerk sagen? Welche Botschaften sollten gesendet werden? Was könnte der Titel des Bildes sein?“ Jeder Teilnehmende

Teamarbeit

Bild ohne Worte

Teil 2

Nach Fertigstellung der Bilder:

- Wandert als Team im Uhrzeigersinn jeweils eine Wand weiter.
- Jeweils die nachfolgende Gruppe versetzt sich in die Rolle von Kunsthistorikern: Betrachtet und interpretiert das vor euch stehende Bild entsprechend der Fragen ...
  - Was will uns der Künstler mit diesem Kunstwerk sagen?
  - Welche Botschaften sollten gesendet werden?
  - Wie könnte der Titel des Bildes lauten?
- Haltet den Titel auf einer Moderationskarte fest und pinnt diese an die Wand.

der Gruppe sollte nacheinander dazu etwas sagen dürfen. Der Titel wird visualisiert und an das Bild geheftet. Die gesamte Interpretation dauert pro Wand/Bild 5 bis max. 10 Minuten.

Gegebenenfalls müssen Sie die Teilnehmenden auch für den zweiten Teil ein wenig ermutigen: „... *Wie so häufig hat sich der Künstler zu seinem Werk nicht geäußert! ... Durftet ihr ja auch nicht ;-) ... Und bekanntermaßen interpretieren Kunstkritiker Künstler nach ihrem Gusto. Ob die Künstler das so gemeint haben ...?! Weiß man nicht! Hier gibt es jedenfalls kein ‚Falsch' und kein ‚Richtig'! Interpretiert einfach munter darauf los! Und wenn euch ein Titel zu dem Kunstwerk einfällt, dann bitte direkt aufschreiben. Es darf auch mehrere Titel geben!*"

Teil 3: Debriefing

Das Abschließen der Übung kann je nach Ziel sehr unterschiedlich ausfallen. Wenn es darum geht, auf die Change-Architektur hinzusteuern, kann man für das Debriefing folgende Fragen nutzen und die Antworten mitvisualisieren:

Teamarbeit

Bild ohne Worte

Teil 3

Debriefing

- Für welche Momente in einem Veränderungsprozess könntet Ihr euch jetzt vorstellen, diese Methode einzusetzen? Und für welche nicht?
- Wie könntet ihr euch eine behutsame Auswertung und Übersetzung der Metaphern vorstellen? Könnte man die Metaphern und Interpretationen aus eurer Sicht auch einfach ohne weitere Bearbeitung stehen lassen?
- Was haltet ihr von der Idee, nach der Übung einfach fortzufahren mit der Frage bzw. Aufgabe „Wenn ihr an das Gehörte denkt, was sollten oder könnten wir jetzt tun, um in unserem Prozess weiter voranzukommen?"

- Für welche Momente in einem Veränderungsprozess könntet ihr euch jetzt vorstellen, diese Methode einzusetzen? Und für welche nicht?
- Wie könntet ihr euch eine behutsame Auswertung und Übersetzung der Metaphern vorstellen? Könnte man die Metaphern und Interpretationen aus eurer Sicht auch einfach ohne weitere Bearbeitung stehen lassen?

- Was haltet ihr von der Idee, nach der Übung einfach fortzufahren mit der Frage bzw. Aufgabe: „Wenn ihr an das Gehörte denkt, was sollten oder könnten wir jetzt tun, um in unserem Prozess weiter voranzukommen?“

Die letzte Frage ist erfahrungsgemäß besonders hilfreich. Auch wäre zur Auswertung möglich, zukunfts- und handlungsorientierte Perspektiven anhand eines Zwei-Felder-Charts aufzumachen. Zum Beispiel so:

Wenn wir an die Bilder zu unserem „aktuellen Zusammenwirken“ (oder „zur aktuellen Situation“) denken ...

- Was schätzen wir an der aktuellen Situation, was möchten wir entsprechend bewahren?
- Was wollen wir an der aktuellen Situation verändern und zwar in welche Richtung?

Da die dargestellten Situationen manchmal Gegebenheiten spiegeln, die man hinter sich lassen will, sollten solche Analysen nicht unbedingt in Fotoprotokolle aufgenommen werden. Die lockere und humoristische Form darf zudem nicht darüber hinwegtäuschen, dass bisweilen ziemlich knackige Themen angesprochen werden. Daher ist es als Trainerin wichtig, darauf zu achten, dass bei den anschließenden Verbalisierungen sowohl die positiven als auch die optimierungswürdigen Dimensionen benannt werden, und dass es in Richtung eines konkreten, positiven, zukunftsorientierten Denkens und Handelns geht.

Wenn die aktuelle Seminargruppe reflektiert wurde, lässt sich hierzu ebenfalls ein Zwei-Felder-Chart anhand der Fragen erstellen: „Was haben wir in Bezug auf unsere Zusammenarbeit wahrgenommen, was wir bewahren sollten?“ Und: „Was haben wir in Bezug auf unsere Zusammenarbeit wahrgenommen, was wir optimieren sollten?“

Modul X – Eine Veränderungsarchitektur entwerfen

Gerade an diesem Tag empfehlen wir besonders die „Guten Morgen"-Kärtchen (Seite 113 f.), um mit spezifischen Sprüchen zum Thema „Vision" den Tag zu bahnen.

Der Tag 5 des vorliegenden Aufbaus ist einer der Höhepunkte des Change-Trainings. Der ganze Tag basiert auf kreativen, intuitiven Prozessen, bei denen die gesamte Kompetenz, Erfahrung und der Mut der Teilnehmenden gebraucht wird. Sowohl für den Aufbau einer Change-Architektur als auch für die Entwicklung einer Change-Vision. Es wird also ein besonders spannender, eindrucksreicher Tag werden. Daher könnten Sie es so halten, dass Sie an diesem Tag besonders viele Fotos von den Teilnehmenden machen: entweder um sie zum Abschluss-Tag am Morgen als Slideshow einzuspielen oder auch um eine Trainingszeitung („Morning news") zu erstellen. Dort können natürlich auch weitere Bilder aus den Vortagen eingebracht werden.

Dann stellen Sie als Trainerin kurz die Agenda vor. Falls dies bereits der letzte Tag Ihres Trainings sein sollte, denken Sie bitte daran, dass Sie gemeinsam auch noch auf die Themenwünsche der Teilnehmenden schauen, um zu dokumentieren, welche Anliegen ggf. noch offen geblieben sind und daher bearbeitet werden sollten. Für das reguläre Seminar ist hierfür der sechste Tag vorgesehen. Anschließend legen Sie los.

Aus unserer Sicht ist der Entwurf einer Veränderungsarchitektur gewissermaßen die Königsdisziplin im Veränderungsprozess. Sie braucht einerseits die Kreativität, einfach mal vorauszudenken und sich einen möglichen Prozess anhand von all dem vorzustellen, was wir über Veränderungsprozesse zu wissen glauben. Sowie andererseits den Mut und die Kraft, das alles auch wieder umzuwerfen (zu zerstören), wenn sich Dinge anders entwickeln, als erwartet (siehe Green Screen Loop, Seite 72 ff.).

X.1 Definition des Begriffs Veränderungsarchitektur

Orientierung

Ziele

- Die Teilnehmenden erkennen den Nutzen von Veränderungsarchitekturen
- Die Teilnehmenden gewinnen erste Impulse, wie Möglichkeitsräume für Begegnungen anhand einer Veränderungsarchitektur geschaffen werden können

Zeit

- Intro: 10 Minuten
- Diskussion: 5 bis 10 Minuten

Bereits zu Beginn des Trainings haben wir die Komponente Beteiligung bzw. Mitwirkung, die Komponente des Mitnehmens und des Sich-mitnehmen-Lassens (Locher, 2022) als einen der wichtigen Erfolgsfaktoren in Veränderungsprozessen definiert – und zwar in allen Phasen des Veränderungsprozesses. Es geht nun darum, die Experten der Organisation und deren Wissen mit in den Veränderungsprozess zu integrieren. Wie wir bereits festgehalten haben, erzeugt die Beteiligung von Betroffenen sowohl fachlich bessere Ergebnisse als auch eine höhere Identifikation und Motivation über alle Themen hinweg. Dabei geht es nicht darum, dass jeder persönlich und überall mitreden sollte. Vielmehr geht es um die Frage, in welchem Umfang und in welcher Form wann welche Gruppe von Betroffenen einbezogen werden soll. Wenn nur eine Gruppe von 20 Mitarbeitenden betroffen ist, dann ist es einfach, alle Mitarbeitende in den Prozess einzubeziehen. Wenn es um mehr als 1.000 Menschen geht, bedarf es vielfältiger Ideen, um Beteiligung zu ermöglichen. Die größte Herausforderung besteht darin, die richtigen Personen zum richtigen Zeitpunkt an den richtigen Fragestellungen mithilfe des passenden Formats arbeiten zu lassen. Wie dies geschehen kann, wird in der sogenannten Veränderungsarchitektur beschrieben.

Veränderungsarchitektur

Eine Definition

Die Veränderungsarchitektur ...

- beschreibt über einen definierten Zeitraum hinweg eine Reihe von Interventionen, **die Raum für Austausch, Entwicklung und Gestaltung der zukünftigen Organisation bieten.**
- definiert zeitliche, räumliche, soziale sowie inhaltliche Gestaltungselemente bzw. Bausteine eines Prozesses, um zu bestimmten gewünschten Entwicklungen in Organisationen zu kommen.

Intro

„Die Veränderungsarchitektur im Change-Management beschreibt aus unserer Sicht zeitliche, räumliche, soziale sowie inhaltliche Gestaltungselemente beziehungsweise Bausteine eines Prozesses, die zu bestimmten gewünschten Entwicklungen in Organisationen führen sollen. In anderen Worten beschreibt die Change-Architektur, wer über einen bestimmten Zeitraum hinweg wann mit wem in welcher Form zu welchem Zweck einbezogen wird und mit wem interagiert bzw. kollaboriert, um spezifische Inhalte zu be- oder erarbeiten (Abb.). *Die Veränderungsarchitektur beschreibt also eine Reihe von Interventionen, die Raum für Austausch, Entwicklung und Gestaltung der zukünftigen Organisation bieten. Die Kommunikation berichtet darüber bzw. holt Feedback darüber ein.*

Wieso sprechen wir von der ‚Architektur' von Veränderungsprozessen? Nun, so wie Architekten Räume planen, in denen sich Unterschiedlichstes ereignen kann, so entwerfen wir als Veränderungsbegleiterinnen Begegnungsräume, die die Kreativität und den Zukunfts- bzw. Möglichkeitssinn der Betroffenen inspirieren, um Zukunft in bestmöglicher Weise zu entwickeln. Das betrifft im Vergleich der Disziplinen die äußere Form, also etwa, ob es sich um ein Zimmer (vergleichbar mit einem Coaching), ein Haus (vergleichsweise ein Workshop), einen Saal (eine Großgruppenveranstaltung) oder ein Treppenhaus (eine hierarchieübergreifende Veranstaltung) handelt. Das Design, also die Innenarchitektur, um in der Metapher zu bleiben, bezieht sich auf die Ausgestaltung dieser Räume: auf die konkreten Vorgehensweisen und Workshop-Designs sowie die Fragen, die in Veranstaltungen bearbeitet werden. Dafür gelten aus unserer Sicht die gleichen Anforderungen wie bei baulichen Vorhaben, so, wie Architektur als ‚die Verknüpfung von Raum, Fläche und Funktionalität unter ästhetischen Gesichtspunkten gesehen werden kann' (Jutta Blocher, Architektin, 2022). *Analog kann man sagen, verbinden wir in der Veränderungsarchitektur zeitliche, räumliche, soziale und inhaltliche Gestaltungselemente.*

Jutta Blocher konkretisiert dies wie folgt: ‚Dabei gibt es wie in der Architektur eine horizontale und eine vertikale Verknüpfung: Horizontal würden zum Beispiel Korridore als Erlebnisraum definiert und nicht nur als funktionaler Raum, um von einem zum nächsten Raum zu kommen. Treppen als vertikale Verbindungen könnten z.B. ausschließlich funktional sein oder eben auch Mehrwert aufweisen. Diese Potenziale auf vielen Dimensionen zu erschließen, das macht die Kreativität eines architektonischen Prozesses aus. Dabei muss gute Architektur in erster Linie dem Nutzer und der Aufgabenstellung des Nutzers gerecht werden. Sie muss maßstäblich sein, angepasst an eben dessen Bedürfnisse. Sie muss sichtbar sein und sich zugleich in die Umgebung einpassen. Letztlich gelingt dies nur durch co-kreative, zukunftsorientierte Vorgehensweisen, die die Bedürfnisse von Menschen in den Mittelpunkt stellt.' Schöner kann man Change-Architektur nicht beschreiben. Danke, Jutta!

Zielsetzung beim Entwurf einer Veränderungsarchitektur ist es, den Betroffenen entsprechende Begegnungen zu ermöglichen und eine transparente Vorgehensweise zu definieren, die unter der Beteiligung der Interessengruppen zum Erreichen der gewünschten Ziele bzw. der Vision führt. Das Kernformat in einer Veränderungsarchitektur ist der Workshop: ob als Teamcoaching oder als Großgruppenveranstaltung.

Gute Change-Architekturen ermöglichen den Betroffenen, sich in vielfältiger Weise einzubringen, eröffnen unterschiedlichste Perspektiven und führen Veränderungen ein, die einen Unterschied machen (Schmidt, 2021). *Sie schaffen Brücken, Treppen und Sprungbretter, die Musterunterbrechungen erleichtern, die ermutigen und den Zugang zu eigenen Ressourcen fördern. Hierbei reichen die ‚klassischen Interaktionsformen' nicht wirklich aus. Es geht vielmehr auch darum, symbolisch-analytische und metaphorische Formen des Austausches zu finden."*

Diskussion Dazwischen können immer wieder Fragen gestellt und Diskussionen initiiert werden.

„Da alle diese Gestaltungselemente, die wir planen, Interventionen in komplexen Systemen sind, kann nicht vorhergesagt werden, was diese Interventionen bewirken. Wir können uns immer nur anhand von Green Screen Loops vorantasten. Das impliziert auch, dass wir unsere Hypothesen vorab dem Klientensystem transparent machen, die Hypothesen gegebenenfalls gemein-

sam modifizieren und fortlaufend hinsichtlich ihrer erwarteten Ergebnisse überprüfen. Das bedeutet zudem, dass es sehr wahrscheinlich ist, dass im Laufe des Veränderungsprozesses die Veränderungsarchitektur entsprechend der erreichten Zwischenergebnisse immer wieder modifiziert wird."

Quellen

- Locher, M. (2022): Lassen wir uns mitnehmen?! Über eine notwendige Transformation der deutschen Managementphilosophie. In: Organisationsentwicklung Heft 1/22, S. 62-65.
- Schmidt, G. (2021/22): Curriculum

X.2 Beispiele für Veränderungsarchitekturen

Orientierung

Ziele

Die Teilnehmenden gewinnen erste Impulse, wie Möglichkeitsräume für Begegnungen anhand einer Veränderungsarchitektur geschaffen werden können

Zeit

- Vorstellen: 15 Minuten
- Diskussion: 20 Minuten

Welche Bausteine für den Entwurf einer Veränderungsarchitektur gewählt werden, hängt von unterschiedlichen Kriterien ab:

- von der Kultur des Systems bzw. Unternehmens: Wie reagiert das System auf welche Art von Interventionen? Wieweit war die jeweilige Intervention zieldienlich?
- von der Art des Transformationsprozesses.
- von der theoretischen Ausrichtung bzw. den theoretischen Modellen, die uns jeweils als Veränderungsbegleiter leiten (Mintzberg, 2012).

Frei nach dem Goethe-Zitat „Man sieht nur, was man weiß“ eröffnen (unterschiedliche) Theorien die Möglichkeit, Realität vielschichtiger wahrzunehmen und damit erweiterte Handlungsmöglichkeiten zu gewinnen (Höflinger, 2018). Theorien beschreiben und erklären Aspekte der Wirklichkeit, dienen der Hypothesenbildung und stellen entsprechende Handlungsempfehlungen zur Verfügung. Dabei ist für uns als Praktiker besonders wichtig, das Phänomen der sich selbst erfüllenden Prophezeiung im Auge zu behalten. Wie heißt es so schön: „Man findet nur die Ostereier, die man selbst versteckt hat.“ Wie dies zum Beispiel sehr anschaulich in der X-Y-Theorie von McGregor anschaulich wird: Glaubt eine Führungskraft an die Theorie X, Mitarbeiter seien prinzipiell faul und gingen der Arbeit aus dem Weg, führt der entsprechende Führungsstil dazu, dass man in dieser Situation tatsächlich solches Verhalten bei den Mitarbeitenden beobachtet (ebenda). Dabei wird es keine Theorie je schaffen, die Praxis so abzubilden, dass man 1:1 Rezepte aus ihr ableiten kann. Die

Kernfrage lautet: Ist die Art, wie wir Realität konstruieren, also welche Theorie bzw. welches Modell wir von der Wirklichkeit haben, sinnvoll, nützlich und zieldienlich?

Entsprechend dieser Überlegungen (die wir in unseren Trainings absolut transparent machen) schlagen wir Ihnen, liebe Trainerkolleginnen und -kollegen, vor, eines Ihrer oder unserer Beispiele zum Thema Veränderungsarchitektur im Plenum zu präsentieren und zu diskutieren. Wir stellen Ihnen zwei Change-Prozesse in diesem Buch zur Verfügung, die sich aus unserer Sicht gut eignen: einmal die Entwicklung einer Unternehmensstrategie und außerdem einen Kulturentwicklungsprozess „#Wir für uns: Nachhaltige Werte-Entwicklung". Sie können jeweils eine Architektur vorstellen und diskutieren. Ziel der Darstellungen ist es, mit den Teilnehmenden zu reflektieren, wie so eine Architektur aussehen kann, und die Teilnehmenden zu inspirieren, nachfolgend anhand eines Business Case oder des eigenen Veränderungsvorhabens eine entsprechende Veränderungsarchitektur zu entwerfen. Hier zwei Beispiele für Veränderungsarchitekturen, ihre Bausteine und Elemente:

Beispiel 1: Ein Strategieprozess

„Anhand des Charts (Abb.) *kann man den einen theoretischen Rahmen, der zum Start dieses Strategieprozesses genutzt wird, sehr klar nachvollziehen. Es ist die Mintzbergsche Brücke. Mintzberg beginnt in seinem Modell mit einer Rückschau. Entsprechend kann hier die Methode der Analyse der Unternehmensentwicklung bzw. der Unternehmenshistorie* (siehe Seite 79 f.) *eingesetzt werden.*

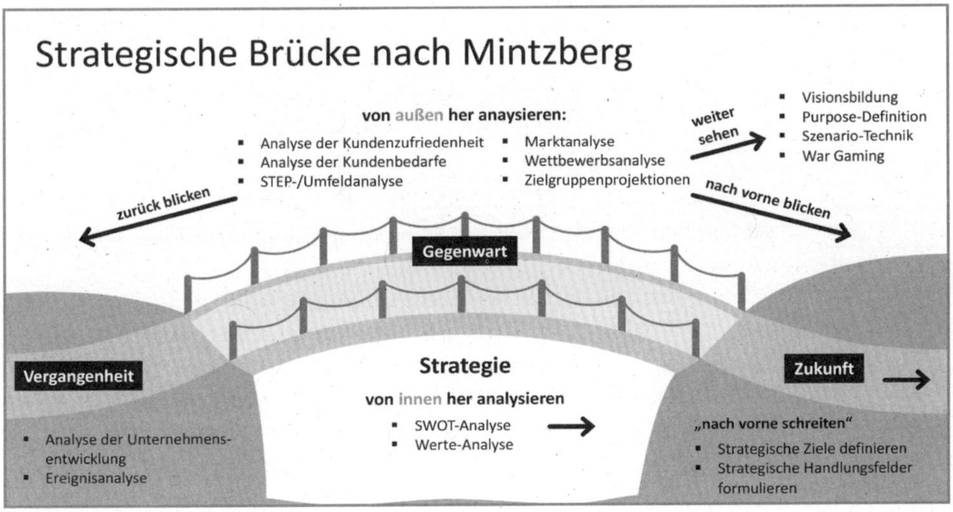

Dann wäre es möglich, auf die Gegenwart zu schauen und sowohl aus einer Innenperspektive, etwa mittels der SWOT-Analyse, als auch von einer Außenperspektive her nächste Module zu definieren. Bei letzterem könnten eine Analyse der Kundenzufriedenheit sowie der Kundenbedarfe folgen. Auch eine Analyse der Marktbegleiter könnte ein Baustein in der Architektur sein. Um schließlich zu ersten Perspektiven der Zukunft zu gelangen und eine Visionsbildung anzuschließen."

„Diese Module finden sich entsprechend in unserem Beispiel in der Aneinanderreihung verschiedener Bausteine zur Architekturentwicklung wieder (Abb. oben). *Der Prozess beginnt mit einer Befragung zur Strategie-Entwicklung: Die Befragung hatte zum Ziel, zu erfassen, wieweit gemeinsame Vorstellungen davon existieren, was das Ergebnis der Strategie-Entwicklung sein soll, was aus Sicht der Stakeholder überhaupt eine Strategie umfasst, welche Notwendigkeiten gesehen werden, eine Strategie zu formulieren usw. Die Ergebnisse wurden den Stakeholdern zur Verfügung gestellt und gemeinsam diskutiert. Wie man sieht, ist das im zweiten Baustein ,Synchronize' geplant. Parallel dazu werden weitere Analysen durchgeführt (Mitbewerberanalyse, Kundenbefragung, SWOT-Analyse), um diese im nächsten Modul auszuwerten und so zur Definition von ersten strategischen Feldern zu kommen.*

Bei der Benennung der weiteren Bausteine der Architektur tauchen Begriffe auf, die ganz klar der Theorie U von Otto Scharmer entnommen sind. ,Crystallizing' steht für eine erste Herausbildung von konkreten Ideen und Vorgehensweisen, hier die weitere Herausarbeitung der strategischen Felder sowie der strategischen Ziele durch verschiedene Stakeholdergruppen. Im Workshop ,Prototyping' werden die ersten Entwürfe von verschiedenen Stakeholdergruppen diskutiert und finalisiert. Um diese dann in einer

Großgruppenveranstaltung, dem ,Strategie-Camp', allen Mitarbeitenden zu präsentieren und weiter bearbeiten zu lassen.

Ganz sicher ist das nicht ,The one and only Way', einen solchen strategischen Transformationsprozess zu starten und auch sicher nicht dessen Abschluss. Wie es weitergehen kann und was mögliche nächste Schritte eines solchen Prozesses sein können, findet sich auf dem Chart ,Die Strategieschleife' von Reinhart Nagel (2014) wieder."

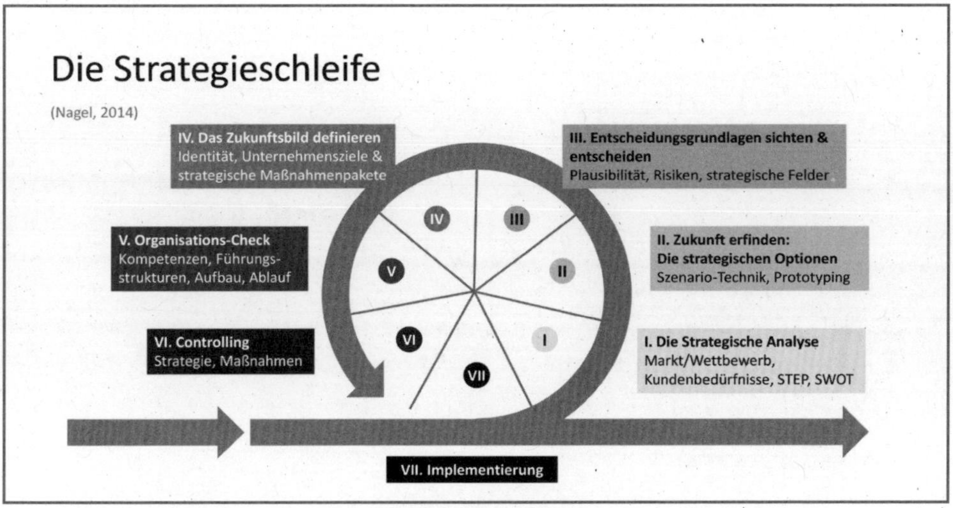

„Hier kann ab Punkt V. Orga-Check, Punkt VI. Controlling und Punkt VII. Implementierung der ,eigentliche' Transformationsprozess weitergehen. Wobei uns extrem wichtig ist zu betonen, dass bereits der Start, nämlich wie dieser Prozess bis dahin angegangen wurde, wieweit und auf welche Weise darüber informiert wurde, wer wie einbezogen wurde, machtvolle Interventionen beinhaltet, die symbolische Botschaften senden. Botschaften, die wiederum grundlegend für den Erfolg des weiteren Prozesses sind. So war es uns in diesem Prozess wichtig, bereits frühzeitig alle Mitarbeitenden einzubeziehen, u.a. zum Beispiel bei den STEP-Analysen. Es ging ein Auftrag an alle Teams, sich Zeit zu nehmen, um im Team die wahrgenommenen Entwicklungen der sozialen, technologischen, politischen und wirtschaftlichen Aspekte in dem für sie relevanten Umfeld zu diskutieren, die für sie wichtigsten Punkte zu aggregieren und in ein Schema einzupflegen. Das Ergebnis wurde dann an alle Mitarbeitenden zurückgespielt. Die Inspiration, die von dieser Arbeit ausging, war für alle Beteiligten höchst beeindruckend."

Zwischendurch und hier können Sie als Trainerin gut innehalten, Fragen beantworten und die Architektur und deren Bausteine diskutieren. Dabei geht es darum, zu zeigen, wie „so etwas aussehen kann", keineswegs jedoch muss. Wie gesagt: Die gewählte Vorgehensweise muss an das spezifische System anschlussfähig sein, für die „Nutzer" stimmig und angemessen erscheinen und so Mehrwert erzeugen.

Alternatives Beispiel: #Wir für uns: Nachhaltige Werte-Entwicklung

Hier ein weiteres Beispiel einer Change-Architektur, mehr zum „Reinstöbern", um zu erkennen, wie vielfältig die Architekturen ausfallen können. Während wir beim Thema Strategieentwicklung die Mintzbergsche Brücke als theoretische Hintergrundfolie eingespielt haben, leiten uns bei dem zweiten Beispiel „#Wir für uns: Nachhaltige Werte-Entwicklung" verschiedene Theorien und Modelle für den Architekturaufbau. Grundsätzlich orientieren wir uns an der von uns entwickelten Checkliste, die wir an den Erfolgsfaktoren im Veränderungsprozess nach Kotter ausgerichtet haben.

Beispiel 2: Ein Kulturentwicklungsprozess

„Um zu einem konkreten ersten Entwurf einer Veränderungsarchitektur zu kommen, kann man sich aus unserer Sicht auch sehr gut an den Erfolgsfaktoren im Veränderungsprozess (Seite 47 ff., „Erfolgsfaktoren modifiziert nach Kotter") *ausrichten. Unsere Kollegin Anja Wiggenhauser, die in einer Band Musik macht und singt, drückt das so aus: ‚Erst mal lernt man am meisten, wenn man die Lieblingssongs seiner Vorbilder nachspielt. Und dann entwickelt man eigene Kompositionen' – So halten wir das in gewisser Weise beim Entwurf unserer Veränderungsarchitekturen auch.*

Daher arbeiten wir uns gerne einfach anhand dieser nach Kotter entworfenen Checkliste voran und prüfen, wieweit der jeweilige Faktor im vorliegenden Kontext Sinn macht und wie er ausgebaut werden sollte."

Stellen Sie als Trainerin also, bevor die Teilnehmenden eine eigene Veränderungsarchitektur entwerfen, zusammenfassend vor, was diese beinhalten sollte. Die einzelnen Punkte können gut mit eigenen Beispielen, Aussagen und Kommentaren an für Sie wichtigen Stellen hinterlegt werden. Zum Beispiel so ...

Bausteine & Elemente zum Aufbau der Veränderungsarchitektur

Kernelemente

1. Plattformen für Mitwirkung schaffen
2. Ausgangssituation analysieren: Bewusstsein der Notwendigkeit und Dringlichkeit der Veränderung schaffen
3. Eine klare und emotionale Vision entwickeln
4. Survey Feedback
5. Rahmenbedingungen, Systeme und Strukturen anpassen
6. Fortlaufend Green Screen Loops durchführen
7. Konkrete, messbare Erfolgskriterien definieren & kontrollieren
8. Sequenzen für Kompetenzentwicklung (Training/Coaching) einbauen

1. Plattformen für Mitwirkung schaffen

„Das haben wir schon sehr oft betont: Dies ist extrem wichtig und zwar von Anfang an. Nicht nur, um Veränderungsmotivation zu erzeugen, sondern auch, um zu bestmöglichen Lösungen zu kommen und Umsetzungsgeschwindigkeit zu erlangen. Plattformen für Mitwirkung können durchaus auch Befragungen sein, Bewertungen und Abstimmungen, aber auch digitale Foren für synchrone und asynchrone Diskussion und Fragen. Wie wir schon beim Thema Kommunikation im Veränderungsprozess herausgearbeitet haben, sind Einweg-Kommunikationsformen keine Hebel der Mitwirkung, sie sind eher Signale der Wertschätzung und als solche zwingend notwendig, aber eben nicht ausreichend, um Motivation für die Veränderung zu erzeugen."

2. Ausgangssituation analysieren

„Solche Module braucht es durchaus, aber eben nur begrenzt. Denn wir werden nicht herausfinden, was aktuell der wirklich wahre Ausgangszustand in Bezug auf ‚XYZ' ist. – Gut, am ehesten noch, was die derzeitige finanzielle Situation des Unternehmens betrifft, aber bereits bei den gelebten

Werten stoßen wir hier an klare Grenzen und zudem besteht hier stets die Gefahr, in einer Paralyse durch Analyse steckenzubleiben. Weiterhin sollten wir stets vor Augen haben, dass wir die Ergebnisse der Befragung ja an die betroffenen Gruppen zurückspielen müssen und uns fragen, welche Effekte wir somit erzielen: Werden wir womöglich negative Perspektiven betonen und ‚betonieren'? Und schließlich können wir sowieso nicht mit Sicherheit vorhersagen, wie sich eine Intervention auswirken wird. Da kann man sozusagen auch direkt in die gewünschte Richtung ‚loslaufen' und schauen, wie sich eine bestimmte Intervention im System auswirkt, und von diesem Punkt aus weitergehen."

3. Ein Bewusstsein der Notwendigkeit und Dringlichkeit der Veränderung schaffen

„Das haben wir bereits ausführlich besprochen in unserer Veränderungsformel; auch wie wir hierbei vorgehen und einbeziehen können."

4. Eine klare und emotionale Vision entwickeln

„Das haben wir ebenfalls bereits im Rahmen der Veränderungsformel besprochen; hier in unserem Training werden wir gleichwohl nochmals darauf zurückkommen, wie wir auch hier vorgehen und einbeziehen können."

5. Survey Feedback einholen

„Trotz aller Unsicherheit und Ungewissheit, die in jedem Transformationsprozess gegeben ist, müssen wir losgehen und handeln. Gerade diese Situation nötigt uns als Transformationsinitiatoren dazu, die Perspektiven der verschiedenen Interessengruppen abzuholen und sie durch Feedback einzubinden. Brigitte Winkler, Redakteurin der Zeitschrift Organisationsentwicklung, schreibt dazu: ‚Richtig dosiert und übermittelt, ist Feedback eine mächtige Intervention, um zu Veränderung zu motivieren ...' Da wir nach der Theorie der kognitiven Dissonanz ein natürliches Bestreben haben, einmal erkannte Defizite oder Missstände zu beseitigen, stimuliert Feedback die Motivation, sich zu verbessern und Veränderungsmaßnahmen umzusetzen. Allerdings macht der Ton die Musik. Rückmeldungen über Fähigkeiten, Verhalten und Wirkung sollten wertschätzend und beschreibend statt wertend vorgebracht werden. Und: Feedback muss eng an die Themenrelevanz gekoppelt sein. Wie Bill Gates das formulierte: ‚We all need people who will give us feedback. That's how we improve.' Der kognitive Prozess geht über Differenzierung, Selbstreflexion und Integration."

6. Rahmenbedingungen, Systeme und Strukturen anpassen

„Im gesamten Veränderungsprozess ist es immer wieder erforderlich, die bestehenden Rahmenbedingungen, Systeme und Strukturen zu erfassen und

zu prüfen, wieweit sie ‚das Neue' fördern. Also etwa die monetären Belohnungssysteme zu hinterfragen, wenn man Kollaboration und das Teilen von Wissen stärken will, beispielsweise mit der Fragestellung: ‚Welches Verhalten wird im Unternehmen monetär belohnt?' Oder die Existenz von entsprechenden digitalen Tools zu erforschen, wenn hybride Zusammenarbeit ermöglicht werden soll, etwa mit der Frage: ‚Wieweit gibt es digitale Tools, die hybride Zusammenarbeit fördern?' Oder gezielt Strukturen zu beobachten und zu hinterfragen, wenn man beispielsweise die agile Zusammenarbeit voranbringen will. Hier würde wie folgt gefragt werden: ‚Wie sieht der Heartbeat des Systems aus? Wie werden die einzelnen Besprechungen geführt, von wem moderiert, welche Vorgehensweisen dokumentiert?' Aus systemischer Perspektive ist wichtig zu beachten, dass ‚entscheidbare Entscheidungsprämissen' verändert werden, also etwa Programme, Regelkommunikationsstrukturen (‚Heartbeats'), Meeting-Strukturen (‚Arbeit mit dem Lean Board'), Rollenbesetzungen, wodurch sich Rahmenbedingungen ändern, in und mit denen das System. Die Menschen werden eingeladen, sich selbst zu verändern. (Grubendorfer, 2016) *Wenn beispielsweise der HR-Bereich des Unternehmens eine agile Transformation anstrebt, dann müssen sich nicht nur die Kompetenzen der Menschen weiterentwickeln, es sollten auch Rollen neu definiert werden und es sollte sich die Art und Weise des Reportings, der Planung und der täglichen Besprechungen ändern, ebenso wie das Zusammenwirken an Nahtstellen."*

7. Fortlaufend Green Screen Loops durchführen

„Auch darüber haben wir bereits ausführlich gesprochen, Stichwort: kein ‚Durchziehen von Geplantem ...'."

8. Konkrete, messbare Erfolgskriterien definieren & kontrollieren

„Motivation in Veränderungsprozessen wächst, wenn wir Entwicklung und Fortschritt sehen können bzw. sichtbar machen. Fortschritte können wir nur erkennen, indem wir uns gemeinsam auf Erfolgskriterien verständigen. Das ist oft, eigentlich sogar immer, extrem herausfordernd, weil ja Ergebnisse nicht in linearkausalen Zusammenhängen zu interpretieren sind. Trotzdem sollten wir versuchen, bestimmte Kennzahlen zu dokumentieren und im Zeitverlauf zu vergleichen – wobei wir ggf. wieder bei den Survey-Feedback-Prozessen aus Punkt 5 sind."

9. Sequenzen für Kompetenzentwicklung, für Training und Coaching einbauen

„Es ist aus unserer Sicht extrem wichtig, nicht nur auf Gruppenebene, zum Beispiel in ‚Family Groups' zu intervenieren, sondern auch auf der individuellen Ebene. Insbesondere die ‚Big Hubs', die zentralen mächtigen Player

in Organisationen, setzen kraftvolle Impulse und Einladungen in Form von vorbildhaften Mustern, die magische Attraktoren sein können."

Welche konkreten Methoden man dafür jeweils einsetzt, wie kreativ-metaphorisch das Ganze sein darf und welche theoretischen Modelle Sie dabei leiten, das darf gerne vielfältig sein. Die zentrale Anforderung, die Sie dabei an sich stellen sollten, ist, dass Sie zu jedem Zeitpunkt des Prozesses sagen können, warum Sie welches Vorgehen wählen, wie Sie dieses fundiert begründen und was konkret Sie damit erreichen wollen. Deshalb könnte Ihr Motto sein, das Sie Ihren Teilnehmenden mitgeben, wenn diese sich jetzt in ihren Transformationsprozess oder in den Business Case einarbeiten und eine Veränderungsarchitektur entwerfen: Let's play!"

Durchführung

Dann geht es in die Erstellung der Change-Architekturen. Je nach Zusammensetzung der Teilnehmenden können entweder Gruppen, die jeweils unterschiedliche Transformationsvorhaben bearbeiten, gebildet werden. Oder auch Gruppen, die gleiche Transformationsvorhaben bearbeiten. Beim letzteren Vorgehen besteht der Charme darin, dass deutlich wird, dass es eben nicht nur einen Weg gibt, das Ganze anzupacken, sondern viele. Und im Idealfall können die besten Ideen aus unterschiedlichen Gruppen in einem ersten gemeinsamen Entwurf verschmolzen werden. Zum Entwurf sollte man den Gruppen mindestens 60 Minuten Zeit geben. Wenn mit den Architekturen aus realen Fällen gearbeitet wird, kann der erste Entwurf durchaus auch mal drei Stunden Zeit beanspruchen.

Anschließend werden die Architekturen präsentiert.

Quellen

- Mintzberg, Ahlstrand & Lampel (2012): Strategy Safari. Der Wegweiser durch den Dschungel des strategischen Managements, Finanzbuch Verlag.
- Höflinger, R. (2018): Changetheorien für die Praxis – Zum praktischen Wert von Theorien. In: Zeitschrift Organisationsentwicklung; Heft 2, 2018.
- Scharmer, C. O. (2020): Theorie U – Von der Zukunft her führen. Presencing als soziale Technik. Carl Auer Verlag.
- Scharmer, C. O. (2022): Essentials der Theorie U. Grundprinzipien und Anwendung. Carl Auer Verlag.
- Nagel & Wimmer (2014): Systemische Strategieentwicklung. Modelle und Instrumente für Berater und Entscheider. Schäffer-Poeschel.
- Winkler, B. (2021): ABC der Veränderungsmotivation. In: Organisationsentwicklung Heft 4/21, S. 50-65.
- Grubendorfer, C. (2016): Einführung in systemische Konzepte der Unternehmenskultur. Carl-Auer Verlag.

Eine Veränderungsarchitektur entwerfen anhand des Business Case „Transformation in der Medienwelt" X.3

Orientierung

Ziele

- Die Teilnehmenden entwerfen eine Veränderungsarchitektur und erleben, welche Herausforderungen damit verbunden sein können
- Die Teilnehmenden bekommen Feedback zu ihren Entwürfen

Zeit

- Intro und Einarbeiten in den Business Case: 15 Minuten
- Gruppenarbeit: Entwerfen der Veränderungsarchitektur: 60 Minuten
- Präsentation und Diskussion der Veränderungsarchitekturen: 20 Minuten pro Gruppe

Material

- Arbeitspapier zum Business Case „Transformation in der Medienwelt" analog der TN-Zahl
- Gruppenräume analog zur Gruppenzahl
- Ausreichend Pinnwände/Flipcharts für alle Gruppen
- Post-its, Stifte
- Flipchart mit möglichen Diskussionsfragen

Hinweise

- Selbstverständlich kann außer dem hier vorgestellten Business Case jedes erdenkliche Transformationsvorhaben als Beispiel dienen
- Wenn Sie diesen Baustein online durchführen, beachten Sie, dass auf dem digitalen Whiteboard genügend Platz zum Arbeiten vorhanden ist.

Durchführung

1. Entwerfen der Veränderungsarchitektur

- Teilen Sie die Arbeitsunterlagen zum Business Case „Transformation in der Medienwelt" in Kopie analog zur Teilnehmendenzahl aus und weisen Sie die Teilnehmenden darauf hin, dass, wenn sie Informationen vermissen, sie bitte jeweils einfach Annahmen setzen sollen.
- Stellen Sie die Gruppen (durch Auslosen, Durchzählen etc.) in Größen von 4-6 Teilnehmenden zusammen.
- Stellen Sie Pinnwände oder Flipcharts pro Gruppe für die Visualisierungen (inkl. Stifte/Post-its) bereit.
- Die Anzahl der Gruppenräume ist analog zur Gruppenzahl.
- Weisen Sie die Teilnehmenden darauf hin, dass sie sich anschließend gegenseitig ihre Change-Architekturen im Plenum vorstellen und dass dafür maximal 10 Minuten zur Verfügung stehen. Moderieren Sie auch jetzt schon an, dass es Feedback aus der Gruppe zu den Architekturen geben wird.

Business Case: Transformation in der Medienwelt – Vom klassischen Fernsehunternehmen zum multimedialen Anbieter

In vielen Bereichen der Medienwelt, insbesondere beim Fernsehen, sind dramatische Veränderungen angesagt. Das lineare Fernsehen gehört zunehmend der Vergangenheit an. Der langfristige Erfolg der TV-Wirtschaft hängt in hohem Maß von der Innovationsfähigkeit, angemessenen Multi-Channel-Strategien sowie der Agilität der Organisation ab.

Dabei bleibt den Medienunternehmen nicht viel Zeit, eine neue Kultur zu entwickeln. Kapitalstarke Streaming-Anbieter wie Netflix, Amazon oder Disney+ kämpfen mit riesigen Budgets um Marktanteile. Für die verschiedenen TV- und Rundfunksender wird es daher immer wichtiger, neue technologische Möglichkeiten sowie intelligente, effiziente und kostenbewusste Produktionen zu erkennen und diese zu nutzen. Redakteure von Politik, Sport, Wirtschaft und Kultur etc. müssen crossmedial zusammenarbeiten. Das heißt, sie liefern Contents für das lineare Fernsehen und Radiosender ebenso wie für Soziale Medien und weitere Plattformen – und ergänzend für die Website der Organisation. Die Inhalte müssen dann jeweils mediumkompatibel aufbereitet werden. Das geschieht in Zusammenarbeit der Redakteure mit Grafikern und Mediengestaltern.

Das Unternehmen FlowChannel, um das es hier geht, wird aus einer Sendergruppe mit linearem TV/Radio ausgegliedert. Der neue Channel soll multimedial arbeiten und auch die linearen Programme bedienen, aber vor allem digital auf sämtlichen Plattformen stark werden ...

Stellt euch vor, ihr seid Change-Beauftragte des Senders FlowChannel, sogenannte „New Work Flow Agents", NWFAs.

Die neue Organisation ist so aufgebaut, dass einzelne Redaktionsgruppen (Politik, Sport, Wirtschaft, Kultur usw.) crossmedial zusammenarbeiten. Es sollen pro Redaktionsgruppe jeweils etwa 16 Personen zusammenwirken: Redakteure, Grafiker und Mediengestalter, Webmaster, Mediathek-Verantwortliche usw. Diese bedienen das Fernsehen, Radio, Drittplattformen und auch eine eigene Streaming-Plattform. Die neu definierten Führungskräfte (diese waren teilweise auch schon in Führungsrollen in der „alten Organisation") sollen die Rolle eines „Lead Link" übernehmen, die primär die Rolle des Team-Coachs, der Moderatorin und Mitarbeiterentwicklerin umfasst und mittels eines Empowering Leadership Style führt (nicht command, control, execute). Ziel ist es, eine rollenbasierte Organisation zu entwickeln, die zwar Hierarchien hat, um bei Entscheidungen eine gemeinsame Ausrichtung sicherzustellen, aber stark auf Selbstverantwortung und Selbstorganisation sowohl des Einzelnen als auch der Gruppe setzt. Ein „Empowering Leadership Style" soll für sehr flache Hierarchien stehen, in denen operative Entscheidungen überwiegend da getroffen werden, wo die operative Kompetenz sitzt. Aufgabe des Lead Link ist es, die Teams und Mitarbeitenden bei der Selbstorganisation und Eigeninitiative zu fördern und zu unterstützen. Alle Mitarbeitenden, die heute bei FlowChannel sind, haben sich für diese Aufgaben bei FowChannel beworben und sich dieser neuen Kultur verpflichtet.

Die Nutzer bzw. Kunden des Unternehmens FlowChannel sollen permanent und konsequent im Mittelpunkt stehen und deren Feedback und Einbindung zur Weiterentwicklung des Unternehmens soll fortlaufend eingeholt werden. Ziel dabei ist, innovative Ideen zu generieren und dabei die gesamte Kompetenz der Kunden und des Teams einzubeziehen nach dem Motto: „Innovate – Incubate – Scale". Ziel ist es auch, einfach anzufangen und sich dann Schritt für Schritt weiterzuentwickeln.

Auch die Kollaboration wird stark gefördert werden: Sich „gegenseitig in die Karten schauen“, sich mit Ideen inspirieren, Themen neu und anders denken ist erwünscht. Agile Programmentwicklung mit Reviews und Retros sollen angelegt werden, sodass zum Beispiel Formate auch eingestellt werden, wenn Ziele nicht erreicht werden.

Strategische Ziele sind: die Zielgruppe der heute zwischen 30- bis 49-Jährigen anzusprechen und in spätestens einem Jahr auf den verschiedenen Online-Plattformen 100 Millionen Abrufe monatlich zu erzielen.

Derzeit beginnen alle Redaktionsteams mit ihrer Arbeit. Ihr als NWFAs sollt nun eine entsprechende Prozessorganisation entwerfen, mittels derer die Teams sich abstimmen, synchronisieren und voneinander lernen. Zugleich soll der Prozess dazu dienen, die gewünschte kulturelle Entwicklung des Unternehmens voranzubringen (New Work, Selbstverantwortung fördern, Führungskräfte in ihrer Rolle als Teamcoach stärken ...).

Die vorrangigen Aufgaben der NWFAs sind nun, einen Organisationsentwicklungs- bzw. Change-Prozess zu entwerfen, der die nachfolgenden Ziele realisiert:

- Das Unternehmen und die Mitarbeitenden leben eine ausgeprägte Lern- und Feedbackkultur, die geprägt ist von Selbstverantwortung, Selbstorganisation und Eigeninitiative. Alles Handeln und alle Prozesse werden vom Kunden her gedacht. Zudem sollen die Lead Links in ihren Rollen als Teamcoachs gestärkt und begleitet werden.
- Die verschiedenen multimedialen Redaktionen organisieren sich in bestmöglicher Weise selbst, lernen aber zugleich auch voneinander und tauschen ihr Wissen und ihre Erfahrungen regelmäßig aus, sodass nicht in jedem Team „alles nochmal neu erfunden werden muss“ und Doppelarbeit vermieden wird. Eine entsprechende Prozessorganisation soll definiert werden; die selbstverständlich jetzt noch nicht perfekt und final ist und die permanent weiterentwickelt wird.

Bitte designt nun miteinander den ersten Entwurf einer entsprechenden Change-Architektur bzw. eines entsprechenden Vorgehens. Bezieht euch dabei auf die vorhandenen Informationen und interpretiert diese, wie es euch als sinnvoll erscheint. Entlang einer Timeline könnt ihr dabei alle Formen und Räume zur Co-Creation, zum Austausch und zur Resonanz bzw. zum Feedback definieren, die euch als nützlich und zieldienlich erscheinen.

Bitte denkt daran, dass in der gegebenen Zeit dies nur ein erster Entwurf sein kann. Die Bausteine dieses Entwurfs sind eben so wenig final wie im echten Leben: Auch hier werden, wie bei jedem Veränderungs- und Entwicklungsprozess, Module immer wieder iterativ angepasst. Ziel der Übung hier ist es, co-kreativ auszuprobieren, zu entwickeln und zu gestalten.

Folgt man dieser Agenda, wird man anschließend wird in die Mittagspause gehen. Das ist geschickt, denn falls manche Teilnehmende lieber noch ein bisschen mehr Zeit in ihre Architektur investieren möchten, können sie sich flexibel die Zeit einteilen.

2. Die Präsentation der Veränderungsarchitekturen

Die Präsentation der Change-Architekturen kann noch ein wenig aktivierender gestaltet werden, wenn man sie spielerisch einbettet in eine „Präsentation vor dem Steering Commitee“. Das heißt, dass man die nichtpräsentierenden Gruppenmitglieder zum Steering Commitee erklärt und sie bittet, wohlwollend-kritische Fragen zur Change-Architektur zu stellen. Also bitte darauf achten, dass die vorgestellten Entwürfe nicht „zerpflückt“ werden, das macht überhaupt keinen Sinn, weil es immer viele Möglichkeiten und nicht „die richtige oder falsche“ Vorgehensweise gibt. Zur Reflexion kann man den nachfolgend dargestellten Diskussionskatalog zur Verfügung stellen. Während der Präsentation selbst sollten nur Verständnisfragen gestellt werden dürfen.

Zur Reflexion der Change-Architektur

- Welche Elemente und Vorgehensweisen sehen wir als sehr sinnvoll und nützlich an?
- Was wir noch genauer verstehen wollen …, was waren eure Überlegungen bei …?
- Wo könnten aus unserer Sicht evtl. Fallstricke oder Missverständnisse auftauchen?
- Was vermissen wir und was sollte aus unserer Sicht noch ergänzt werden?

Bei der Präsentation der Ergebnisse ist wichtig, dass jede Unterschiedlichkeit der Sichtweisen natürlich hochberechtigt ist und weitere Ideen sehr willkommen sind. Die Teilnehmenden sollen erkennen, dass hier stets individuelle Erfahrungswerte und subjektive Annahmen eine Rolle spielen. Letztlich zählt die Reaktion der (internen) Kunden und vor allem die Zielerreichung. Wie gesagt: Wir sind hier bei auf Hypothesen basierenden Maßnahmen.

3. SMARTIE

Abschließend kann noch ein SMARTIE verfasst werden. Ziel ist es, dass die Teilnehmenden ihr Wissen rund um das Thema Veränderungsarchitekturen nochmals vertiefen und abrunden.

Mögliche Fragen könnten sein:

SMARTIE: Entwicklung einer Change-Architektur

- Was ist aus unserer Sicht bei der Entwicklung einer Change-Architektur besonders wichtig zu beachten?
- Was sind unsere drei wichtigsten Dos and Dont's?

Danach gibt's eine Pause.

Modul XI – Rund um das Thema Visionsentwicklung

Dies ist ein Modul, das auch als Einzelmodul zum Beispiel im Rahmen eines Team-Workshops durchgeführt werden kann. Dann wird gemeinsam mit möglichst allen Teammitgliedern eine Team-Vision entwickelt. Erfahrungsgemäß löst das bei den Beteiligten nicht nur viele kreative Impulse aus, sondern auch einen richtigen Motivationsschub. Der nicht primär daraus entsteht, dass das Team abschließend eine Vision vorliegen hat, sondern durch den Prozess des gemeinsamen Denkens in die Zukunft. Dabei spüren die Menschen, über welche vielfältigen Potenziale und Möglichkeiten sie in ihrem Team verfügen: ein Momentum, das im Alltag lange trägt …

Zur Bearbeitung dieses Moduls bzw. Themas sollten Sie Ihre Teilnehmenden zur Vorbereitung auf das Thema bitten, ein wenig im Internet zu stöbern. Dieser „Auftrag" kann gut zum Abschluss des Trainingsvortages erteilt werden. Wenn Sie etwa in Transformationen zum Thema Kultur unterwegs sind, dann kann es sehr hilfreich sein, bei den Kunden der eigenen Organisation zu recherchieren oder auch generell nach Werten, Leitlinien oder Visionen von Unternehmen zu suchen. Wenn Sie beim Thema Digitalisierung sind, kann zum Beispiel nach dem Thema selbst gesucht werden oder unter dem Stichwort „Innovative Unternehmensstrukturen".

Eine solche Einstimmung führt oft dazu, dass sich der individuelle Blickwinkel etwas weitet und die Lust auf Weiterentwicklung wächst. Zudem kann man die Teilnehmenden bitten, für diesen Tag bzw. dieses Modul ihren Lieblingsstift (oder einen ihrer Lieblingsstifte) mitzubringen, was immer auch neugierig macht.

XI.1 Intro & Definitionen: Vision, Leitbild, Strategie

Orientierung

Ziele

- Die Teilnehmenden erkennen die Wichtigkeit von Visionen
- Sich bewusst machen, dass Menschen und Organisationen Visionen brauchen, um Veränderungen anzupacken

Zeit

Intro und Vorstellen des Ablaufs: 20 Minuten

Material

Rede von Martin Luther King

Zum Start in diesen Baustein kündigen Sie als Tainerin Ihren Teilnehmenden an, dass Sie ihnen gleich einen Text vorlesen werden und bitten die Gruppe: „Die erste Person, der einfällt, von wem dieser Text stammt, möge uns den Namen des Autors zurufen."

Dann unterbrechen Sie und verweisen darauf, dass Sie jetzt ja gemeinsam auf das Thema „Entwickeln einer Vision" kommen und dass dieses Dokument, das Sie jetzt gleich zu Ende vorlesen, eine der bewegendsten Visionen der Neuzeit enthält. Dieser Text wird erfahrungsgemäß von den Teilnehmenden stets als sehr kraftvoll empfunden und ist daher ein sehr guter Einstieg in das Thema Visionen.

Intro

Ich habe einen Traum.

... Ich sage euch heute, meine Freunde, dass ich trotz aller Schwierigkeiten und Enttäuschungen, die wir zurzeit durchleben, dennoch einen Traum habe. Es ist ein Traum, der tief im Denken Amerikas verwurzelt ist. Ich habe einen Traum, dass diese Nation eines Tages aufstehen und der wahren Bedeutung ihrer Verfassung gemäß leben wird: Wir halten diese Wahrheit für selbstverständlich: ‚Alle Menschen sind gleich geschaffen.'

Ich habe einen Traum, dass eines Tages auf den roten Hügeln Georgias die Söhne früherer Sklaven und Söhne ehemaliger Sklavenhalter zusammen an dem Tisch der Brüderlichkeit sitzen können. Ich habe einen Traum, dass eines Tages sogar der Staat Mississippi, ein Wüstenland, das in der Höllenhitze der Ungerechtigkeit und Unterdrückung schier verschmachtet, sich in eine Oase der Freiheit und Gerechtigkeit verwandeln wird.

Ich habe einen Traum, dass meine vier Kinder eines Tages in einem Land leben werden, in dem sie nicht aufgrund ihrer Hautfarbe, sondern aufgrund ihres Charakters beurteilt werden.

Heute habe ich einen Traum.

Ich habe einen Traum, dass eines Tages der Staat Alabama mit seinem Gouverneur, von dessen Lippen ständig Worte wie ‚Vermittlung' und ‚Annullierung' triefen, sich in ein Land verwandeln wird, in dem kleine schwarze Jungen und Mädchen Hand in Hand mit kleinen weißen Jungen und Mädchen als Brüder und Schwestern zusammen gehen können.

Heute habe ich einen Traum.

Ich habe einen Traum, dass eines Tages jedes Tal erhöht, jeder Hügel und Berg erniedrigt werden wird. Das raue Land wird eben und das zerfurchte Land wird begradigt werden. Und die Herrlichkeit des Herrn wird offenbar werden, und alles Fleisch wird es sehen.

Das ist unsere Hoffnung. Das ist der Glaube, mit dem ich in den Süden zurückkehre. Mit diesem Glauben werden wir fähig sein, die Disharmonie in unserer Nation in eine klangvolle Symphonie der Brüderlichkeit zu verwandeln. Mit diesem Glauben werden wir fähig sein, zusammen zu arbeiten, zusammen zu beten, zusammen zu kämpfen, zusammen ins Gefängnis zu gehen und zusammen für die Freiheit aufzustehen, in der Gewissheit, dass wir eines Tages frei sein werden.

Aus der Rede von Martin Luther King, am 28. August 1963 in Washington, D.C.

Nachdem Sie den Text zu Ende vorgelesen haben, sollten Sie nach den Gedanken fragen, die die Teilnehmenden zu dieser Vision haben. Erstaunen erweckt immer wieder, wenn die Teilnehmenden das Datum der Rede hören. Und damit verbunden der Gedanke, wie wichtig und wegweisend diese Vision bis heute ist.

Definitionen: Vision, Leitbild, Strategie

„Auch dieser Text zeigt, dass Mensch und Unternehmen Visionen brauchen, um mutig und motiviert Veränderungen anzupacken. Wie wichtig das Thema generell ist, haben wir ja bereits bei der Arbeit mit der Veränderungsformel und dem damit verbundenen Thema Storytelling besprochen. Ihr erinnert euch vielleicht noch an das Zitat: ‚Wer ein Wofür hat, für den ist fast jedes Wie erträglich.' Dementsprechend wichtig ist es für alle, die mit Veränderungsmanagement zu tun haben, sich klarzumachen, wie eine attraktive Vision gestaltet sein sollte und mittels welcher Vorgehensweisen man eine solche Vision erarbeiten kann."

Vision, Mission, Leitbild & Strategie des Unternehmens

Definitionen

Vision

- zeichnet ein attraktives, emotionales Bild des Unternehmens in der Zukunft (in 2 bis 5 Jahren)
- verdichtet verschiedene relevante Stakeholderperspektiven: „Wer sind wir aus Sicht unserer Kunden?", „Was bieten wir unseren Kunden?" und „Wie arbeiten wir zusammen?"

Mission/Purpose

- formuliert mit einem kurzen, prägnanten Satz „Wofür gibt es das Unternehmen?" bzw. „Was ist der Mehrwert, den das Unternehmen seinen Kunden bietet?"

Leitbild/Werte

- umfasst die Werte und Prinzipien, nach denen das Unternehmen arbeitet und zusammenwirkt
- ggf. werden auch Vision und Mission dazugerechnet

Strategie

- explizit definierte und geplante Vorgehensweisen (strategische Maßnahmen) eines Unternehmens (und seiner Teilbereiche) zur Erreichung seiner mittel- bis langfristigen Ziele bzw. Visionen (Nagel, 2018)
- ggf. werden auch die strategischen Handlungsfelder und Ziele dazugerechnet

„Hier eine Definition des Begriffs (Abb. oben)*: Eine Vision zeichnet ein attraktives, emotionales Bild des Unternehmens in der etwa zwei bis fünf Jahre entfernten Zukunft, das verschiedene relevante Stakeholder-Perspektiven verdichtet, nach den Fragestellungen: ‚Wer sind wir aus Sicht unserer Kunden, Mitarbeitenden und Lieferanten?', ‚Was bieten wir Besonderes?' und ‚Wie arbeiten wir zusammen?' Dabei kann es hilfreich sein, folgende Begrifflichkeiten zu unterscheiden:*

- Die „Unternehmensmission“ bzw. der „Unternehmenspurpose“ formuliert in einem kurzen prägnanten Satz, wofür es das Unternehmen gibt bzw. was der Mehrwert ist, den das Unternehmen seinen Kunden bietet.

- Das „Unternehmensleitbild“ umfasst die Werte und die entsprechenden Prinzipien, nach denen das Unternehmen arbeitet und zusammenwirkt. In manchen Definitionen werden auch die Vision und die Mission zum Leitbild hinzugerechnet.

- Und in Abgrenzung davon lässt sich noch der Begriff der „Unternehmensstrategie“ definieren: Hierunter versteht man explizit definierte und geplante Vorgehensweisen, also strategische Maßnahmen eines Unternehmens und seiner Teilbereiche zur Erreichung seiner mittel- bis langfristigen Ziele bzw. Visionen (Nagel, 2014). Zur Unternehmensstrategie können auch die strategischen Handlungsfelder und die strategischen Ziele gerechnet werden.“

Nach der Darstellung dieser Definition sollten Sie kurz innehalten und fragen, welche Definitionen die Teilnehmenden kennen und nutzen (wenn wir in der entsprechenden Literatur recherchieren, gibt es hier eine Menge durchaus unterschiedlicher Definitionen) und wieweit sie sich auf die vorliegende einlassen können, um am Thema Vision zu arbeiten.

„Wenn Menschen eine plastische und kraftvolle Vorstellung von ihren Zielen haben, dann ergeben sich daraus wichtige Folgewirkungen.“ (Senge, 2017)

Entwickeln einer attraktiven Vision

Eine Vision ...

- zeichnet ein attraktives, emotionales Bild des Unternehmens in der Zukunft (in 2 bis 5 Jahren)
- verdichtet verschiedene relevante Stakeholder-Perspektiven:
  - „Wer sind wir aus Sicht unserer Kunden, Mitarbeitenden und Lieferanten?“
  - „Was bieten wir besonderes?“
  - „Wie arbeiten wir zusammen?“

- Eine bildhafte und emotionale Zielvorstellung entwickelt Anziehungskraft: Menschen werden von emotionalen Vorstellungen förmlich angezogen – von negativen wie von positiven. Die Skifahrer unter den Teilnehmenden können vermutlich folgendes Beispiel gut nachvollziehen: Beim Skifahren können wir beobachten, wie zum Beispiel Anfänger den einzigen Strommast auf der ganzen Piste mit hoher Sicherheit treffen. Woher kommt das? Nun, weil sie sich intensiv mit einem – hier allerdings emotional stark negativ besetzten – Ziel befassen: dem Strommast, auf den sie auf keinen Fall zufahren wollen! Daher sind solche Strommasten auch immer gut mit Stroh gepolstert.

- Wenn Menschen wissen, „wofür", für welchen Sinn und welchen Nutzen sie arbeiten, suchen sie Möglichkeiten, Hindernisse zu überwinden! Mit einer kraftvollen Vorstellung von einer wünschenswerten Zukunft wandelt sich das Verständnis und Verhältnis von Machbarem und Nichtmachbarem. Die Vision rückt die Möglichkeiten in den Vordergrund – „If you can dream it, you can do it" – und verstärkt den Wunsch nach Realisierung.

- Klare, eigenverantwortliche Prioritätensetzung wird einfacher: Wer sein Handeln am Maßstab der eigenen Vision misst, tendiert weniger dazu, sich mit Nebensächlichkeiten aufzuhalten, die für ihre Verwirklichung nutzlos sind.

- Intuitive Kreativität wird geweckt: Menschen mit klaren Visionen haben mehr Ideen, die zur Realisierung ihres Ziels führen. Denn eine Vision bewirkt, dass vom Gehirn wahrgenommene Eindrücke auch ohne bewusstes Zutun per Selbstorganisation so zusammengefügt werden, dass sich hilfreiche und zieldienliche Ideen formieren.

- Persönliche „Ansteckungskraft" wird größer: „Nur wer selbst brennt, kann andere entzünden", sagt der Volksmund! Wer von der eigenen Vorstellung der Zukunft begeistert ist, kann andere von dem Gelingen einer positiven Zukunftsvorstellung glaubhaft überzeugen.

- Die Vision wirkt im Sinne einer sich selbsterfüllenden Prophezeiung. System- und Erkenntnistheoretiker haben dies immer wieder belegen können: Eine erwartete Zukunftsvorstellung beeinflusst unser Handeln in beachtlicher Weise. Hierzu wurde eine Untersuchung in der Zeitschrift Brand eins, Heft 12/2008, zum Thema Glück vorgestellt: Richard Wiseman, ein Glücksforscher der Universität Hertfordshire in England, führte folgendes Experiment durch. Er schaltete in einer Tageszeitung eine Anzeige, in der er Leser dazu aufforderte, sich bei ihm zu melden, wenn sie sich a) entweder für außergewöhnlich glücklich oder b) für außergewöhnlich unglücklich hielten. Zugleich hatte er in derselben Zeitung noch eine weitere Anzeige platziert, die darauf hinwies, dass derjenige, der an dem Experiment von Richard Wiseman teilnahm, 200 Pfund bekommen könne. Richard Wiseman fand Folgendes heraus: Über 80 Prozent der Leserschaft, die sich als außergewöhnlich glücklich bezeichneten, hatten auch die zweite Anzeige gesehen und forderten die Geldsumme bei ihm ein. Jedoch hatten lediglich knapp 20 Prozent der Leserinnen und Leser, die sich für außerordentlich unglücklich hielten, die zweite Anzeige ebenfalls bemerkt! Ein bemerkenswertes Ergebnis! Wir werden also Chancen der Zukunft nur wahrnehmen, wenn wir an sie glauben, wenn wir sie plastisch vor Augen haben.

Quellen

- Nagel & Wimmer (2014): Systemische Strategieentwicklung. Modelle und Instrumente für Berater und Entscheider. Schäffer-Poeschel-Verlag.
- Senge, P. (2017): Die fünfte Disziplin. Kunst und Praxis der lernenden Organisation. Schäffer-Poeschel Verlag.

XI.2 Eine attraktive und emotionale Vision entwickeln

Orientierung

Ziele

- Die Teilnehmenden entwickeln Schritt für Schritt eine klare und emotionale Vision für einen Bereich bzw. ein Unternehmen
- Durch die gemeinsame Erarbeitung wirkt die Vision nachhaltiger und motivierender

Zeit

8 Schritte der Visionserarbeitung (bei 3 Gruppen): gesamt 4,5 bis 5 Stunden (Details pro Schritt: siehe Info-Kästen weiter unten)

Material

- Die 8 Schritte der Visionserarbeitung, auf Pinnwand oder im Handout visualisiert
- Handout mit Platz für Notizen
- Eine Bühne (mindestens optisch markieren, z.B. durch Abkleben)
- Video-Kamera, um die Inszenierungen aufzunehmen
- Wenn möglich, Musik (z.B. einen wiederkehrenden Jingle, der vor jeder Inszenierung eingespielt wird)

Hinweise

- Anzahl der Teilnehmenden: 12-70
- Die Übung zur Visionsentwicklung würden wir nur für das Präsenztraining empfehlen. Online lassen sich die Inszenierungen nicht besonders gut darstellen und somit geht vor allem der kreative und emotionale Teil dieser Übung verloren.

Nach der Klärung der Definitionen stellen Sie als Trainerin ein Vorgehen vor, wie eine Vision im Rahmen einer Transformation entwickelt werden kann. Die einzelnen Schritte werden anhand des Ablauf-Charts (Abb.) kurz präsentiert.

Übung

Eine attraktive emotionale Vision für die Transformation entwickeln: Wir tun es ...

Die 8 Schritte der Visionserarbeitung

Schritt	Schwerpunkte	Rahmen	Zeitrahmen
1	Impulse austauschen	Murmelgruppen	20 Min.
2	Wunschvorstellung erarbeiten	Einzelarbeit	20 Min.
3	Austauschen und visualisieren	Gruppenarbeit	30 Min.
4	Inszenierung planen „Reiseziel Change-Vision"	Gruppenarbeit	90 Min.
5	Inszenierung „Change-Vision" präsentieren	Im Plenum, 3 Gruppen	45 Min.
6	Gemeinsamkeiten herausarbeiten, attraktive Begriffe & Bilder festhalten	Im Plenum	10 Min.
7	Visionstexte „Change" formulieren	Gruppenarbeit	45 Min.
8	Visionstexte „Change" präsentieren	Im Plenum, 3 Gruppen	15 Min.

Download-Ressource

Zielsetzung dieses schrittweisen Vorgehens ist es, an dessen Ende verschiedene Textentwürfe für eine gemeinsame Vision zur Transformation zu haben. Selbstverständlich kann das spielerisch mit jedem Business Case ausprobiert werden. Aber besonders in Erinnerung bleibt das Vorgehen dann, wenn persönliche Transformationsvorhaben eingebracht werden. Wenn die Teilnehmenden aus unterschiedlichen Unternehmen kommen, dann bitten Sie diese, sich zwischendurch auf ein Szenario zu einigen, das für alle Gruppenmitglieder einigermaßen passt.

Wenn es ein reales Transformationsvorhaben gibt, an dem gearbeitet wird, sollte man als Trainerin schon im Vorfeld darauf hinweisen, dass alle Vorschläge final nochmals von einer Expertin verdichtet werden, die sich so nah wie möglich an die Vorgaben hält:

„Erfahrungsgemäß ist ein gemeinsames ‚Abschluss-Texten' sehr schwierig beziehungsweise auch nicht sinnvoll. Zum einen, weil der Aufwand, sich auf einen Text zu einigen, in Gruppen sehr hoch und damit ineffizient ist, zum anderen – und das gilt vor allem, wenn der Text auch öffentlich zugänglich gemacht werden soll – sollte auch auf eine handwerkliche ‚State-of-the-art'-Ausarbeitung durch eine professionelle Texterin geachtet werden. Diese hält sich so dicht wie möglich an die Vorlagen. Zudem werden alle Teilnehmenden in einer Nacharbeit und vor der Veröffentlichung nochmals gebeten, ihre abschließenden Anregungen und Ergänzungen einzubringen. Auch ergänzende Visualisierungen werden auf dem aufbauen, was wir heute gemeinsam entwerfen und entwickeln. Wir werden die Ideen per Video festhalten und ebenfalls zur Entwicklung einer grafischen Ausgestaltung nutzen, wie immer diese dann aussehen wird."

Diese Informationen sollten die Teilnehmenden bereits vor der Ausarbeitung erhalten, sodass hier Transparenz gegeben ist.

Insgesamt kann man diese Form der Visionsarbeit mit großen Gruppen bis 70 Teilnehmenden durchführen (Die Anzahl der Teilnehmenden ergibt sich aus den anschließenden Präsentationen. Wenn die Zahl der Teilnehmenden zu hoch wird, dann werden die Präsentationen, und seien sie noch so spannend, als ermüdend wahrgenommen). In diesem Falle empfehlen wir Gruppengrößen von bis zu acht Teilnehmenden. Entsprechend hat man neun Präsentationen. Bei einer Präsentationszeit von max. 10 Minuten pro Gruppe dauert die gesamte Präsentation rund eineinhalb Stunden. Das funktioniert gut, wenn man einen Teil der Präsentationen auf die Zeit nach dem Abendessen verlegt und zum Beispiel das Verdichten der Stichworte auf den nächsten Vormittag.

Bei zwölf Teilnehmenden empfehlen wir drei Gruppen zu vier Personen. Die Aufführungszeit sollte auch hier auf max. 10 Minuten begrenzt sein. Alle Präsentationen sollten per Video aufgenommen werden, damit daraus eine grafische Aufbereitung der Change-Vision abgeleitet werden kann. Man kann den Entstehungsprozess natürlich auch durch professionelle „Dynamic Facilitation" begleiten lassen.

Bitte achten Sie als Trainerin unbedingt darauf, dass für diese Gruppenarbeiten getrennte Gruppenräume vorhanden sind, damit sich die Gruppen ungestört ihren kreativen Ausarbeitungen widmen können.

Dieses Modul funktioniert immer sehr schön als Abschluss zu einem Training. Die Inszenierungen können sich auch in den Abend hineinziehen (beispielsweise vor und nach dem Abendessen) und am Morgen des nächsten Tages gibt es dann nach dem Frühstück nur noch das finale Ausarbeiten der Change-Vision, die Transferarbeit, das Abschluss-Feedback, Mittagessen und Abreise.

Der Ablauf

Nachdem die Trainerin den Ablauf (siehe Chart auf Seite 215) vorgestellt hat, steigen die Gruppen in den ersten Schritt ein.

Vision entwickeln – Schritt 1: Impulse austauschen

Ziele

- Die Teilnehmenden tauschen sich über ihre Impulse zu ihren Recherchen aus
- Sie inspirieren sich gegenseitig für die weiterführende Visionsarbeit

Zeit

20 Minuten

Material

- Flipchart für die Mind-Map analog Gruppenanzahl
- Stifte

Hinweis

Sie bilden Gruppen von 4 Teilnehmenden.

Die Teilnehmenden bilden spontan Murmelgruppen von 4 Teilnehmenden (geht auch online) und erzählen einander, was sie bei ihren Recherchen im Vorfeld entdeckt haben, was sie interessant und spannend fanden. Dabei sollen weder Bewertungen noch Feedback gegeben werden. Ziel dieses ersten Schritts ist es, zuzuhören und zu verstehen, um zu erfassen, was die Kollegen bei ihren Recherchen aufgenommen haben, und sich so gegenseitig zu inspirieren.

Übung

Eine attraktive emotionale Vision entwickeln

Schritt 1: Impulse austauschen (zum Beispiel anhand von STEP)

Was sind Trends und Impulse, die wir wahrnehmen, z.B. in ...

- **S** = social: unserem sozialen Umfeld (Kunden, Mitarbeitende, Lieferanten, Subunternehmer...)
- **T** = technological: in Bezug auf die für uns relevante Technik
- **E** = economical: in Bezug auf die ökonomischen Entwicklungen
- **P** = political: in Bezug auf politische und gesellschaftliche Entwicklungen
- ... in Bezug auf weitere relevante Impulse und Entwicklungen

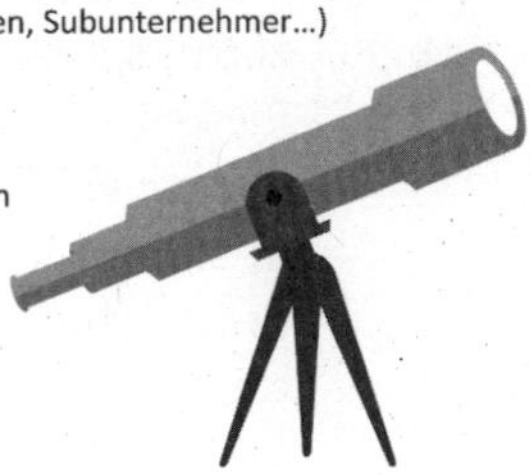

Die STEP-Analyse ist ein Modell zur Analyse der unternehmens-relevanten Umwelt. STEP als Akronym steht für Sociological, Technological, Economic and Political.

Diese geteilte Information wird zum Beispiel per Mind-Map auf einem Flipchart mitvisualisiert. Die Visualisierung übernimmt am besten der Teilnehmende, der gerade nicht berichtet. Je nachdem, wie umfangreich die Vorbereitungsaufgabe war (man könnte hier z.B. auch eine individuelle STEP-Analyse erbitten), kann man den Teilnehmenden 5 bis 10 Minuten Zeit zur Verfügung stellen. Anschließend werden die Flipcharts im Raum aufgehängt, am besten so, dass sie für alle sichtbar sind. Sie können auch die „Key findings" pro Gruppe zusammenfassen und vorstellen lassen; das dauert dann jedoch deutlich länger und bringt aus unserer Sicht nicht unbedingt einen größeren Mehrwert.

Vision entwickeln – Schritt 2: Die Wunschvorstellung erarbeiten

Ziele

Die Teilnehmenden erarbeiten ihre Wunschvorstellung von der Zukunft anhand einer Zukunftsreise

Zeit

20 Minuten

Material

Entweder Schreibblöcke oder Handout mit Platz für Notizen analog zur TN-Zahl

Hinweis

Ordnen Sie die Stühle möglichst mit Blick in Richtung Fenster und Abstand zueinander an.

Nun bitten Sie als Trainerin die Teilnehmenden, sich so zu platzieren, dass sie am besten ein Fenster vor sich haben, aus dem sie nach draußen blicken können. Stellen Sie dabei die Stühle durchaus mit Abstand zueinander. Auf diese Weise drehen manche Teilnehmende anderen den Rücken zu. Das ist gewollt. Aus unserer Erfahrung können sich die Teilnehmenden leichter auf eine Zukunftsreise einlassen, wenn sie, falls sie diese mit geöffneten Augen durchführen möchten, nicht ins Gesicht eines Gegenübers, sondern in einen „neutralen" Bereich, am besten in die Natur, schauen können.

Übung

Eine attraktive emotionale Vision entwickeln

Schritt 2: Wunschvorstellung erarbeiten; mögliche Fragen ...

- Was hat sich verändert im Unternehmen?
- Was habt ihr getan, dass es so gut läuft, und was habt ihr alles geändert?
- Was kopieren die Marktbegleiter von euch?
- Was sagen Kunden über euch, was so besonders an euch ist, warum sie so gerne mit euch zusammenarbeiten, ...?
- Was steht in der Fachpresse über uns?
- Welche positiven Wahrnehmungen haben Subunternehmer/ Lieferanten?
- Was motiviert die Kolleginnen und Kollegen in der Zusammenarbeit? Woran merkt man das in den Meetings?

Dann bitten Sie die Teilnehmenden, ihren mitgebrachten Lieblingsstift und einen Schreibblock bereitzuhalten (es kann auch das entsprechende vorbereitete Handout sein). Und schließlich starten Sie die Zukunftsreise. Hier ein Vorschlag:

Anmoderation/Instruktion zur Zukunftsreise „Reiseziel Change-Vision"

„Für den nächsten Teil, Schritt 2: ‚Die Wunschvorstellung erarbeiten', laden wir euch jetzt zu einem kleinen Experiment ein, einer Zeit- bzw. Zukunftsreise. Bei diesem Experiment starten wir mit einem Bodyscan, wie ihr ihn vielleicht aus dem Yoga oder anderen Entspannungsübungen kennt, und werden euch dann auf eine Zukunftsreise führen: Reiseziel Change-Vision. Dafür werden wir euch einen Text vorlesen und Fragen stellen: Bitte schreibt eure ganz persönlichen Antworten entweder direkt mit – dazu könnt ihr euren Lieblingsstift nutzen – oder lasst euch inspirieren und behaltet in Erinnerung, was bei euch an Ideen und Vorstellungen aufgetaucht ist. Wir geben euch im Anschluss an die Zukunftsreise noch Zeit, um eure Gedanken festzuhalten. Eure Notizen können gerne Stichworte sein ...

Wenn ihr mit solchen Zukunftsreisen nichts anfangen könnt, dann nutzt die Zeit doch einfach zur Entspannung, hängt euren Gedanken nach, welche immer das sind, und steigt einfach nachher wieder ein. Bitte setzt euch jetzt ganz entspannt hin. Fühlt, wie eure Füße fest auf dem Boden stehen, fest und entspannt zugleich nebeneinander stehen, wie eure Beine locker und entspannt nebeneinander stehen. Auch euer Po und eure Lenden sind entspannt und ihr sitzt zugleich fest im Stuhl. Euer Rücken ist gerade, entspannt, warm und leicht. Euer Kopf und Nacken sind entspannt und leicht. Eure Arme hängen locker nach unten. Die Arme und die Hände sind warm, liegen locker auf. Ihr nehmt einige tiefe, ruhige Atemzüge. Tief in den Bauch hinein, der sich ebenfalls warm und angenehm leicht anfühlt ... Und während ihr tief in den Bauch hinein atmet, stellt ihr euch vor, wie ihr einen Wanderweg entlang geht ... Ihr könnt dabei die Augen schließen oder auch offen lassen ... Ein schöner Wanderweg mit Bäumen rechts und links, Büschen und Gräsern. Ihr könnt den Wald, das Grün riechen ... Ihr spürt die angenehme Wärme der Sonne, die durch die Blätter fällt, auf eurer Haut ... Ihr hört Vogelgezwitscher, ihr wandet einfach weiter ..., Schritt für Schritt spürt ihr den festen Boden unter euren Füßen ...

Stellt euch vor, der Wald lichtet sich ein wenig und ihr kommt auf einer Lichtung an ... Mitten auf der Wiese steht ein silbrig glänzendes Gebäude; es ist rund wie ein Ufo und in das Ufo führt eine Treppe hinein. Eine breite Treppe, nur wenige Stufen; ihr habt Lust, hineinzuschauen ... Ihr geht die Treppe hinauf und schaut in den Raum. Der Innenraum ist voller Bildschirme. Ringsherum lauter Bildschirme. Größere, kleinere, manche mit großen Tastaturen. Von oben fällt das Sonnenlicht in den Raum. Niemand ist in dem Raum, der Raum ist leer, ... warm und vertraut. Ihr habt Lust, euch genauer anzusehen, welche Bilder da auf den Bildschirmen zu sehen sind. Ihr geht näher an einen Bildschirm heran ...

Es läuft ein Film. Ein Film, in dem ihr selbst mit dabei seid ... Ach ja, und ihr seht auch eure Kollegen, eure Teamkollegen. Euer Blick fällt auf die Datumsanzeige. Es ist Montag, der XX. Juli im Jahr 20XX. Fünf Jahre nach heute. Es ist ein Blick in euer Unternehmen ... Einiges hat sich verändert. Und es sieht alles sehr hell, angenehm und freundlich aus. Ihr seht ... und hört, wie sich die Kollegen unterhalten. Sie sprechen über die Transformation, die ihr vor fünf Jahren angepackt habt, ... und wie alles begann. Und wie es geworden ist ... Heute sehr, sehr gut. (Pause – ab jetzt sehr langsam lesen, viele Pausen machen, damit die Teilnehmenden Zeit haben, sich ihre Bilder zu entwickeln oder auch mitschreiben können).

Und dein Vorgesetzter spricht mit dir ..., was ihr getan habt ..., wie ihr das gut hingekriegt habt mit der Transformation, wie es heute zufriedenstellend läuft ... Und wie du so durchs Unternehmen gehst, hörst du Kollegen aus dem Nachbarbereich, wie sie sich unterhalten über die zurückliegende Transformation und was ihr alles geändert habt und wie innovativ ihr heute seid, ... was die Marktbegleiter so über euch sagen ... und was sie versuchen, zu kopieren ... Und was Kunden über euch sagen, was so besonders an euch ist, warum sie so gerne mit euch zusammenarbeiten ..., was sie sich über eure Entwicklung erzählen ..., was wir so klasse hinbekommen haben ..., und was in der Fachpresse stand über uns ..., die jüngsten Artikel ..., auch Subunternehmer/Lieferanten haben positive Wahrnehmungen, von denen sie erzählen, einfach großartig ..., was wir da alles hinbekommen und umgesetzt haben ...

Und du hörst auch, wie sich Kollegen von dir über die Zusammenarbeit austauschen, sehr motiviert ..., du siehst, wie sie gerade im Meeting sind und sich besprechen, wie sie prima zusammenarbeiten ... Betrachte den Film einfach noch eine Weile ..., du kannst auch auf anderen Bildschirmen Bilder aus der Zukunft sehen, du kannst auf der Tastatur spielen, bestimmte Szenarien suchen ... von denen du wissen möchtest, wie sie sich bestenfalls entwickelt haben ... lass dir Zeit, schau dir alles an ..., was ist dir wichtig ... was ist gut für dich, aus deiner Sicht ..., genau so ...

Und wenn du dir dann alles angeschaut hast, kannst du wieder aus dem Raum heraustreten, die Treppen hinunter steigen ..., auf deinem Waldweg zurückkehren. Einige Schritte gehen, tiefe Atemzüge nehmen und dann wieder hier ankommen ... am XX.XX.20XX ... Falls du die Augen geschlossen hattest, kann du sie jetzt einfach wieder öffnen, noch ein paar tiefe Atemzüge nehmen, dich strecken ... und wieder hier im Raum ankommen ..."

Sobald die Teilnehmenden wieder im Hier und Jetzt sind, laden Sie sie ein, sich Notizen zu machen:

„Bitte nehmt jetzt euren Lieblingsstift und lasst ihn einfach losschreiben: Was euch alles ein- und aufgefallen ist bei der Zukunftsreise ... Welche Vorstellungen euch wichtig sind ..., was euch begeistert hat, inspiriert ..., was so war, wie es sein sollte, aus eurer Sicht ..., im besten Fall in eurer ‚Best-of'-Vorstellung von der Zukunft ..., die die Transformation hervorbringen kann."

Geben Sie ihnen 5 bis 10 Minuten Zeit, bis alle Teilnehmenden mit dem Schreiben aufhören.

Vision entwickeln – Schritte 3 + 4: Wunschvorstellungen austauschen & visualisieren sowie: Unsere Wunschvorstellungen kreativ-spielerisch inszenieren

Ziele

Die Teilnehmenden kennen die jeweiligen Wunschvorstellungen voneinander und entwerfen eine kreative, spielerische Inszenierung ihrer Wunschvorstellungen

Zeit

- Austausch der Wunschvorstellungen (Gruppenarbeit): 30 Minuten
- Planen der Inszenierung „Reiseziel Change-Vision" (Gruppenarbeit): 90 Minuten

Material

- Schokoriegel oder Spielkarten für das Auslosen der Gruppen
- Flipchart mit Instruktion „Austausch und Planen der Inszenierungen"

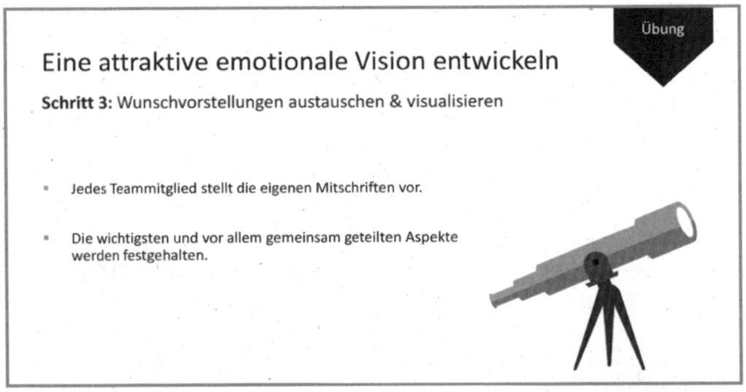

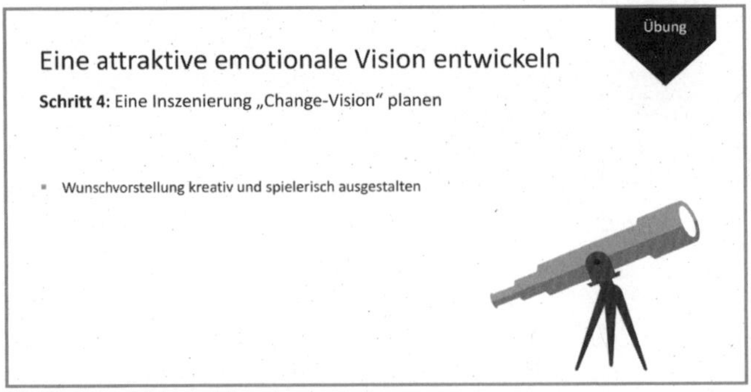

Jetzt sollten Sie als Trainerin über die „Schokoriegel-Gruppierung" oder über Auslosen Gruppen zusammenstellen. Entsprechend können Sie auch die Arbeitsräume kennzeichnen: Gruppe Twix, Gruppe Mars ... usw. Dann geht es weiter, bereiten Sie die Instruktionen in Stichworten auf einem Flipchart vor.

„Tauscht euch jetzt bitte über eure Mitschriften zum Thema ‚Wunschvorstellungen' aus und haltet die für euch wichtigsten Punkte auf einem Flipchart fest, insbesondere eure Gemeinsamkeiten. Dazu habt ihr 30 Minuten Zeit.

Dann bitte ich euch, eine kreative Inszenierung eurer positivsten Zielvorstellungen zur Transformation zu entwerfen. Eine kreative, spielerische Inszenierung dessen, was ihr euch vorher ausgemalt habt. Diese kann in jeder beliebigen Gestaltungsform ausgearbeitet werden: als Theatersketch, Video, Pressekonferenz, Interview, Zeitungsartikel, Bild, Collage, Märchen, Western, Skulptur, Talkshow, Nachrichten in den Tagesthemen ... – was immer euch hier einfallt. Alles ist erlaubt. Dafür habt ihr 90 Minuten Zeit. Ihr dürft an Materialien einsetzen, was immer ihr möchtet und hier findet. Als Präsentations- oder Aufführungszeit habt ihr pro Gruppe anschließend zehn Minuten zur Verfügung. Und noch ein Hinweis: Lasst bei eurem Zukunftsentwurf zum Reiseziel ‚Change-Vision' erstmal mögliche Schwierigkeiten und Hindernisse, die sich bei der Realisierung ergeben könnten, außen vor. Auch das Thema Budgets und Kosten. Wagt zu träumen. Nehmt alles auf, das euch wert ist, zu erreichen."

Vision entwickeln – Schritt 5: Präsentation der Inszenierungen „Reiseziel Change-Vision"

Ziele

- Die Teilnehmenden präsentieren ihre kreativen, spielerischen Inszenierungen der Wunschvorstellungen
- Die Teilnehmenden kennen und sammeln die wichtigsten Visionsthemen für die weitere Verankerung

Zeit

- Präsentation der Inszenierungen „Reiseziel Change-Vision": 45 Minuten
- Gemeinsamkeiten herausarbeiten, attraktive Begriffe & Bilder festhalten: 10 Minuten

Material

- Flipchart mit Instruktion „Präsentieren der Inszenierungen"
- 1 bis 2 Pinnwände
- Moderationskarten, Stifte, Kugelschreiber

Nach der Arbeit der Gruppen ist es sinnvoll, eine Pause zu machen und abzusprechen, welche der Gruppen mit den Präsentationen beginnen möchte. Es ist angenehm, wenn sich bei den Präsentationen verschiedene Formate abwechseln, also wenn etwa eine Collage einem Sketch folgt und danach ein Video präsentiert wird. Also sollten Sie vorab erforschen, wer

Übung

Eine attraktive emotionale Vision entwickeln

Schritt 5: Die Inszenierungen der Change-Visionen präsentieren

- Jede Gruppe erhält 10 Minuten Präsentations- oder Aufführungszeit
- Bitte haltet während der Präsentationen oder kurz danach in Stichworten fest, welches die für euch wichtigen Themen, Begriffe und Bilder in den jeweiligen Inszenierungen waren.
- Diese werden wir anschließend verdichten und in Texte gießen

was wie präsentiert und hier ein wenig sortieren. Machen Sie die Reihenfolge, warum wer wann präsentiert, allen transparent.

Es hat sich als sehr nützlich und motivierend erwiesen, wenn die Inszenierungen generell gefilmt werden. Diese Aufzeichnungen können als Erinnerung für die Teilnehmenden dienen, um emotionale Begeisterung wieder aufzuladen, sie können auf weiteren Workshops zur Einstimmung genutzt oder auch ins Intranet gestellt werden, als Dokumentation und um nicht anwesende Kollegen für die Themen zu gewinnen. Und last but not least als Inspiration für eine grafische Ausgestaltung eines professionellen Change-Logos bzw. -Videos, wenn Sie über reale Transformationsvorhaben nachdenken.

Vorbereitung

- Markieren Sie die Bühne mindestens optisch (Boden abkleben ...).
- Sichern Sie einen guten Kameraplatz (vorne, dicht an der Bühne, aber so, dass die Teilnehmenden trotzdem etwas sehen können).
- Stellen Sie die Stühle auf.
- Wenn's Musik gibt, bereiten Sie diese vor: Schön ist, wenn es einen bestimmten wiederkehrenden Jingle oder Change-Song gibt, der vor jeder Inszenierung eingespielt wird.
- Legen Sie Kärtchen aus oder reservieren Sie entsprechenden Platz im Handout, damit sich die Teilnehmenden Notizen machen können
- Schreiben Sie die Instruktion „Präsentieren der Inszenierungen" auf Flipchart.

Anmoderation

„Nun lasst uns das Eintauchen in die Zukunft genießen. Lasst uns sehen, hören und fühlen, wie sich die Zukunft darstellt ... Lasst euch von der Zukunft an Bord holen ...

Bitte haltet während der Präsentationen oder kurz danach in Stichworten fest, welche die für euch wichtigsten Themen, Begriffe und Bilder in den jeweiligen Inszenierungen waren. Diese werden wir anschließend verdichten und in Texte gießen ... Also jetzt ... Bühne frei für die erste Inszenierung. Es eröffnet die Gruppe ‚XY' (Twix, was auch immer) *mit den Teilnehmenden ..., wir bitten um euren Eröffnungsapplaus ...“*

Zwischen den Aufführungen sollten Sie immer noch mal an die zusammenfassenden Stichworte und ans Aufschreiben erinnern.

Vision entwickeln – Schritt 6: Die wahrgenommenen Gemeinsamkeiten visualisieren

Ziele

Die Teilnehmenden kennen und sammeln die wichtigsten Visionsthemen für die weitere Verankerung

Zeit

Gemeinsamkeiten herausarbeiten, attraktive Begriffe & Bilder festhalten: 10 Minuten

Material

1 bis 2 Pinnwände

Zum Abschluss würdigen Sie nochmals alle Präsentationen. Dann steigen Sie in die Moderation ein und visualisieren die Gemeinsamkeiten. Entsprechend sollten Sie vorher ein bis zwei Pinnwände bereitstellen, ebenso wie Post-its und Moderationsstifte. Sie können als Moderatorin selbst die Post-its schreiben, sie von den Teilnehmenden schreiben lassen oder selbst direkt auf den Wänden mitvisualisieren. Das ist Geschmackssache. Wenn die Visionsarbeit mit einer großen Gruppe (ab 20 Teilnehmende) erarbeitet wurde, funktioniert aus unserer Erfahrung die Zurufvisualisierung nicht mehr. Dann muss eine weitere Gruppenarbeit zur Verdichtung eingeschoben werden:

Übung

Eine attraktive emotionale Vision entwickeln

Schritt 6: Gemeinsamkeiten herausarbeiten

- Haltet attraktive Begriffe und Bilder fest.

„Nun bitte ich euch, auf eure Mitschriften zu schauen und zu markieren, was für euch die fünf wichtigsten Themen, Bilder und Aussagen waren, die in den Inszenierungen vorkamen ... Als nächstes werden wir diese Punkte vorstellen. Themen, die noch nicht genannt wurden, werde ich direkt mitschreiben. Bitte prüft immer jeweils mit mir, ob ein Bild oder ein Begriff bereits visualisiert wurde oder noch nicht. Wenn alle wichtigen Themen eingesammelt sind, clustern wir die Post-its und gehen anschließend in die Textarbeit. Ziel dieser Runde ist es, dass wir die uns besonders wichtigen Visionsthemen klar und präsent vor Augen halten, um sie in unseren Visionen zu verankern."

Wenn die Teilnehmenden die Themen benennen und selbst aufschreiben, wird es meist ein wenig turbulent, dafür ist die Vorgehensweise sehr effizient. Hilfreich ist es, wenn man maximal sieben bis zwölf Themenschwerpunkte (Cluster) entwickeln kann, sonst wird es mit der Fokussierung beim Texten zu schwer. Sobald die Nennungen in eine Übersicht gebracht sind, kann man in den Gruppen zum Texten übergehen. An dieser Stelle kann der Tag auch gut abgeschlossen werden. Hierzu braucht es dann nicht mehr viele Bilder und die Folie mit dem Zitat von Salvador Dali kann einfach stehen bleiben: „Am liebsten erinnere ich mich an die Zukunft."

Download-Ressource

- Die 8 Schritte der Visionserarbeitung
- Instruktion zur Zukunftsreise „Reiseziel Change-Vision"

Rückblick am Morgen

Tag 6

Orientierung

Ziele

- Die Teilnehmenden erhalten die Möglichkeit, in Resonanz miteinander zu kommen und sich auf den sechsten Tag einzustimmen
- Offene Themenwünsche und Anliegen der Teilnehmenden werden erfasst

Zeit

20 Minuten

Material

- Slideshow mit Impressionen des Vortags oder Trainingszeitung „Change-Trainings erfolgreich leiten"
- Guten-Morgen-Kärtchen mit Guten-Morgen-Sprüchen
- Flipchart mit Instruktion „Rundblick am Morgen"
- Post-its

Hinweis

Wenn Sie diesen Baustein online durchführen, könnten Sie anstelle der Trainingszeitung einen kleinen Film mit Bildern und Aussagen der Teilnehmenden gestalten und diese am Morgen über das Teilen Ihres Bildschirms zeigen.

Zum Start in den sechsten Tag kann man zum Beispiel einfach eine Slideshow mit Impressionen des Vortags laufen lassen oder eine entsprechende Trainingszeitung („Morning news") verfassen. Beides stimmt hervorragend auf den Tag und den Abschluss ein. Die Slideshow ist der weniger aufwendige Weg. Die Trainingszeitung „Change-Trainings erfolgreich leiten" erzeugt einen tollen Wow-Effekt und ist vom Format her sehr gut geeignet, sie auf reale Change-Veranstaltungen zu übertragen. Sie birgt aber einen ziemlichen Arbeitsaufwand. Am besten ist es, wenn man die Konzeption dieser Zeitung an (externe) Partner übertragen kann. Wir haben sowohl eine kleine Agentur als auch einen Drucker, beide Dienstleister stellen die Zeitung über Nacht und am Morgen her, sodass sie dann bereits sehr effektvoll in der Morgenrunde auf den Stühlen der Teilnehmenden liegen kann.

Hier ein Vorschlag, wie eine Trainingszeitung/„Morning news“ aussehen könnte:

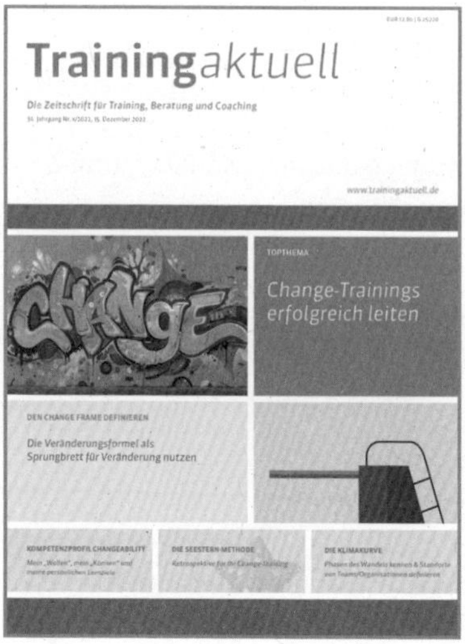

Danach gehen Sie gemeinsam auf die Agenda zum Tag ein und beginnen dann zu arbeiten. Der offene Aufgaben-Zyklus lädt ja richtiggehend dazu ein, diesen nun abzurunden (Zeigarnik-Effekt: Er besagt, dass man sich an unterbrochene, unerledigte Aufgaben besser erinnert als an abgeschlossene, erledigte Aufgaben).

Besprechen Sie als Trainerin zunächst die Themenwünsche und Anliegen der Teilnehmenden vom ersten Tag des Trainings. Dies ist wichtig, damit offene Themenwünsche und Anliegen am Abschlusstag noch bearbeitet werden können. Diese werden in der Morgenrunde angesprochen. Offene Themen werden direkt aufgegriffen, nochmals auf Post-its geschrieben und in die Agenda eingeflochten. Diese wird somit parallel ergänzt und abschließend vorgestellt.

Rundblick am Morgen

- **Rückblick:** Mit Blick auf meine Themenwünsche und die genannten Anliegen von unserem ersten Trainingstag: Welche Themen sind noch offen, welche weiteren Antworten oder Werkzeuge braucht ihr noch?
- **Schulterblick:** In Bezug auf unsere Visionsarbeit gestern geht es mir … (bitte den Satz ergänzen).
- **Ausblick:** Für den Tag heute nehme ich mir vor …

Nach der Morgenrunde (integrieren Sie sich hier einfach) setzen Sie die Visionsarbeit fort und runden diese ab.

Vision entwickeln (Fortsetzung vom Vortag) – Schritt 7: Visionstexte „Change" formulieren

Fortsetzung Visionsarbeit

Ziele

- Die Teilnehmenden lernen, Visionstext-Entwürfe emotional und attraktiv zu formulieren
- Grundlage für die Profi-Texter schaffen

Zeit

- Intro: 10 Minuten
- Visionstexte formulieren (Gruppenarbeiten): 45 Minuten
- Visionstexte präsentieren (Plenum): 15 Minuten

Material

- Flipchart pro Gruppe „Attraktive und emotionale Change-Visionen formulieren"
- Pinnwände, Post-its, Stifte

In Ihrer Rolle als Trainerin erläutern Sie kurz die Aufgabe und die Regeln zur Formulierung von Visionstexten und erklären, weswegen so texten so wichtig ist. Zur besseren Unterstützung können auch noch ein bis zwei Visionstexte vorgelesen werden.

Attraktive und emotionale Change-Visionen formulieren

1. Baut bitte kurze Sätze (max. zwölf Wörter).
2. Verwendet Adjektive so sparsam wie möglich, sie machen Texte langweilig, nicht farbig.
3. Verwendet so viele Verben, wie möglich: wenn es geht, aktive Verben, diese machen Texte attraktiv und emotionalisieren.
4. Stellt Subjekt und Prädikat nebeneinander: Das aktiviert.
5. Setzt Verben ein statt Substantive! Substantivierungen („-ung") versteifen Texte.

„Nun geht es also an das Formulieren von Visionstext-Entwürfen, den ‚Change-Visionen'. Ziel dieser Arbeit ist es, eine emotionale Aussage, ein attraktives Bild zu erarbeiten, das dabei hilft und inspiriert, eine attraktive Vorstellung von der Zukunft zu entwickeln. Ein Bild, dem wir zustimmen

können, das uns begeistert, das unsere Motivation für unsere Change-Vision weckt. Diese Entwürfe schaffen eine Grundlage für unsere Profi-Texter. Bitte habt im Kopf und im Herzen, dass es jetzt noch keine druckreife Vorlage sein wird. Auch Profis reformulieren ihre Texte wieder und wieder. Das heute ist eine erste Skulptur: Je mehr ihr mit den Texten, Wörtern, Bildern und Metaphern spielt, desto besser. Habt Spaß dabei und Mut – und übertreibt ruhig ein bisschen. Das ist die beste Ausgangslage.

Bitte nutzt die definierten Themenschwerpunkte und packt diese in Aussagen. Zum Texten bitte ich euch, folgende Regeln im Blick zu haben: …"

Stellen Sie nun die Regeln vor.

*„Zu **Punkt 1:** Baut kurze Sätze! Bitte nutzt für eure Sätze maximal zwölf Wörter. Leserbeobachtungen zeigen, dass ab 14 Wörtern die Leser dazu neigen, zum nächsten Satz zu springen.*

*Zu **Punkt 2:** Bitte verwendet Adjektive so sparsam wie möglich. Adjektive machen Texte langweilig, sie lassen sie häufig werblich und unglaubhaft wirken.*

*Stattdessen verwendet bitte – das ist **Punkt 3** – so viele Verben wie möglich. Aktive Verben wie ‚entwickeln' oder ‚ausbauen' wirken dynamischer als passive wie ‚sein' oder ‚haben'.*

***Der vierte Punkt** lautet: Stellt Subjekt und Prädikat nebeneinander. Komplizierte, geschachtelte Sätze lehnt man innerlich ab. Haltet euch an die KISS-Formel: Keep it small and simple!*

*Die abschließende **fünfte Regel:** Nutzt Verben statt Substantive! Substantivierte Sätze mit Endungen auf ‚ung' wirken steif und bürokratisch. Ein Beispiel: Statt ‚Die Beendigung der Besprechung ist für 16:00 Uhr angesetzt' lieber sagen ‚Wir werden die Besprechung um 16:00 Uhr beenden'.*

Wie gesagt, ich bitte euch, die Regeln im Blick zu haben, ohne sich durch die Regeln versklaven zu lassen! Bitte haltet eure Entwürfe auf einer Pinnwand fest. Nun bin ich gespannt und freue mich auf eure Ergebnisse … Es stehen euch ab jetzt 45 Minuten zur Verfügung."

Anschließend geht es wieder in Gruppenarbeiten. An dieser Stelle macht es durchaus Sinn, nochmals neue Gruppen zu definieren (durch Losen, Auszählen, was auch immer). So bleiben die Gruppen schön locker. Wenn Sie mögen, können Sie zum Einstieg in diesen Schritt ein bisschen mit

Wortspielen arbeiten, sozusagen als Prelude. Das sollten Sie den Teilnehmenden dann aber unbedingt transparent machen.

Vision entwickeln – Schritt 8: Präsentieren der Change-Visionen

Ziele

- Die Teilnehmenden lernen Visionstext-Entwürfe emotional und attraktiv zu formulieren
- Grundlage für die Profi-Texter schaffen

Zeit

Visionstexte präsentieren (Plenum): 15 Minuten

Zum Abschluss des Moduls werden die entworfenen Texte vorgelesen. Versehen Sie diese Texte jeweils mit viel Würdigung! Weisen Sie abschließend darauf hin, dass diese wunderbaren Grundlagen jetzt von Profis zu einem Text zusammengeführt und den Teilnehmenden dann nochmals zum Abrunden vorgelegt werden.

Entwurf einer Change-Vision – SMARTIE

Wenn Sie mögen, können Sie abschließend noch ein SMARTIE verfassen. Ziel ist es, dass die Teilnehmenden ihr Wissen rund um das Thema Change-Vision nochmals vertiefen und abrunden.

Mögliche Fragen könnten lauten:

SMARTIE: Entwurf einer Change-Vision

- Was ist aus unserer Sicht bei der Entwicklung einer Change-Vision besonders wichtig zu beachten?
- Was sind unsere drei wichtigsten Dos and Dont's?

Danach gibt's eine Pause.

Modul XII – Das Neue festigen – Bausteine & Methoden

Wir alle wissen, dass es nicht einfach ist, Neues, wie etwa neue Verhaltensweisen, in das eigene Verhaltensrepertoire zu integrieren. Daher kann es sehr sinnvoll sein, im Training daran zu arbeiten, wie das Neue in die Welt kommt und wie dafür gesorgt werden kann, dass es dauerhaft verankert wird.

Dazu können unterschiedliche Methoden herangezogen werden: von geplanten Reminder-Treffen bis hin zur Gründung von Social-Media-Gruppen oder Working-Out-Loud-Zirkel. Wir haben uns hier für das Thema Verankerung des Neuen mit Ritualen entschieden, weil das im Training gut und nachhaltig angelegt werden kann.

XII.1 Die Bedeutung von Ritualen

Orientierung

Ziele

Sich der Bedeutung von Ritualen bewusst werden und welchen positiven Einfluss diese bei der Verankerung neuer Verhaltensweisen haben können

Zeit

Intro: 10 Minuten

Zum Start in das Thema Rituale können Sie als Trainerin mit folgendem Intro einsteigen:

Intro

„Eine der wichtigsten Methoden, um Aufmerksamkeit zu fokussieren, etwas Neues zu markieren oder sich Veränderungen bewusst zu machen, sind Rituale. Rituale sind strukturelle Mittel, um die Bedeutung von Handlungen über profane Alltagsbedeutungen hinaus sichtbar zu machen, also unsere Aufmerksamkeit bewusst auf etwas zu lenken. Gerade in Zeiten multimedialer, permanenter Erreichbarkeit ist dies sehr notwendig. Denkt an euren Morgen: Wer von euch hat heute noch keine E-Mails beantwortet, keine WhatsApps gesichtet, nicht schon das eine oder andere Telefonat geführt?" (Wahrscheinlich meldet sich keiner der Teilnehmenden.)

„Rituale sollen komplexe Situationen vereinfachen und damit der Kommunikation, dem Verhalten und dem Treffen von Entscheidungen Orientierung geben. Sie sind eine Art symbolische Auseinandersetzung mit relevanten Fragen. Das alles kennen wir aus religiösen Ritualen wie etwa der Taufe oder aus zyklischen Ritualen wie dem Erntedankfest ... Es gibt nationale Grußrituale und ganz persönliche Freundschaftsrituale ... Hier im Seminar haben wir ebenfalls Rituale, etwa das Morgen-Ritual, das unsere Aufmerksamkeit füreinander stärkt sowie den Fokus auf das Gelernte, Erfahrene oder Kommende. Das kann zwar als solches variieren, hat aber stets zum Ziel, uns einzustimmen – aufeinander und auf unsere Themen. Auch die Guten-Morgen-Kärtchen mit den Guten-Morgen-Sprüchen sind Rituale."

Hier können Sie als Trainerin eine Runde innehalten, eventuell nachfragen, welche Sprüche die Teilnehmenden an diesem Morgen bekommen haben, oder auch nachfragen, welche Rituale die Teilnehmenden pflegen beziehungsweise welche Rituale sie kennen. Für manche Menschen ist Sonntagabend „Tatort anschauen" das Abschlussritual zum Wochenende. Für andere nach dem Bürotag das Wechseln der Kleider: „Rein in die Jeans, raus aus dem Kostüm." Alle diese Handlungen zeigen, dass jetzt etwas abgeschlossen ist und etwas Neues beginnt. Anschließend können Sie gut auf das Chart „Rund um das Thema Rituale" eingehen (Abb.). Und auch selbst von Ritualen berichten:

Methode: Rituale

Rund um das Thema Rituale

Rituale sind ...

- nach bestimmten Regeln ablaufende Handlungen
  Erst tue ich das, dann das und dann das ...
- meist von bestimmten Sätzen, Gesten oder Verhalten begleitet
  Dabei sage ich laut ...
- mit bestimmten Gedanken belegt
  Dabei denke ich an ...
- mit einem definierten Symbolgehalt (Geste, Objekt-Anker...) versehen
  Und das alles bedeutet für mich ...

Rituale helfen dabei ...

- Aufmerksamkeit zu fokussieren
- zeitliche und soziale Abläufe zu rhythmisieren
- Halt, Orientierung und Sinn zu vermitteln
- mit Komplexität umzugehen
- herausfordernde Situationen zu bewältigen

„In den Hochphasen von Covid, als viele Mitarbeitende von zu Hause aus arbeiteten, hatte sich in vielen Teams das Ritual etabliert, bevor man in die sachlichen Themen der Besprechungen einstieg, eine runde ‚Persönliches' von jedem Teamkollegen zu hören. Etwa Eindrücke auf Fragen wie ‚Worauf ich mich diese Woche freue' und ‚Was aus meiner Sicht diese Woche auch einfach wegfallen könnte' mit jedem Teammitglied zu teilen. Das war eine ritualisierte Antwort auf den Wegfall des sozialen Austauschs am Kaffeeautomaten ...

Bitte schaut jetzt nochmals abschließend auf die Themenwünsche, die ihr am ersten Tag eingebracht habt, und auf die Themenpunkte aus eurer Changeability."

XII.2 Wrap-up: Meine Changeability stärken

Orientierung

Ziele

Die Themenwünsche und Themenpunkte aus der Changeability abschließend reflektieren und für sich festhalten

Zeit

10 Minuten

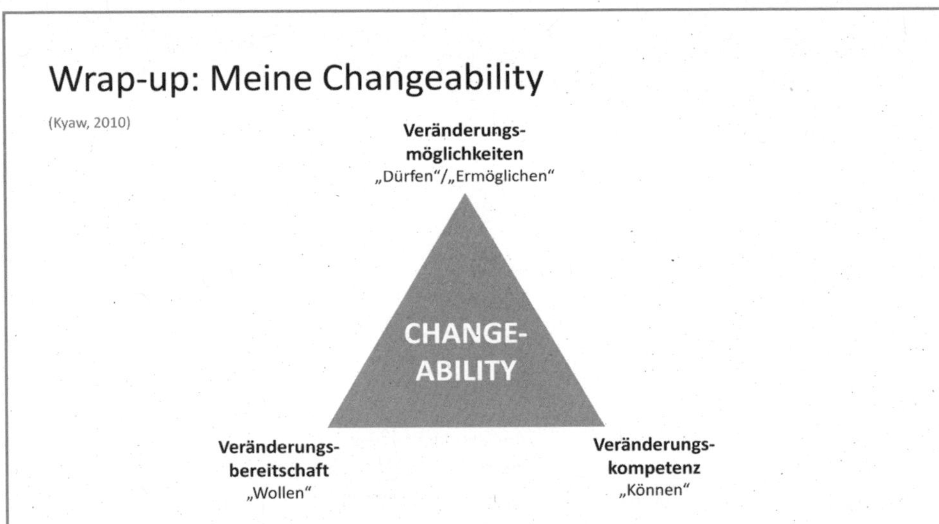

Durchführung

Fragen Sie nach: *„Welche Themenpunkte sind euch mit Blick auf alle die Veränderungen, die gegebenenfalls auf euch zukommen werden, persönlich ganz besonders wichtig zu erinnern, damit ihr diese Themen gut bewältigt?"*

Lassen Sie hier etwa 5 bis 10 Minuten Zeit, bis alle offensichtlich ihre Themenpunkte festgehalten haben; dann beginnen Sie mit der weiteren Ausarbeitung.

Entwurf eines Ankerrituals: Fast Design Thinking – Perform magic

XII.3

Orientierung

Ziele

Die Teilnehmenden erarbeiten ein Ankerritual für ihren persönlichen Entwicklungsprozess in Bezug auf das Thema Changeability

Zeit

- Intro: 10 Minuten
- Partnerarbeit: 40 Minuten
- Vorstellen der Partnerarbeiten: 20 Minuten

Material

- Pinnwand mit Instruktion „Mit Blick auf unser Training ..."
- Pinnwände, Stifte

Hinweise:

Wenn Sie diesen Baustein online durchführen, können sich die Seminar-Buddies entweder über ihr Mobiltelefon austauschen oder Sie erstellen für die Partnerarbeit Breakout Sessions analog der Anzahl der Partner.

Im Rahmen von Veränderungsprozessen kann es äußerst hilfreich und nützlich sein, das Neue zu verankern. Was immer das sein mag, worauf man die Aufmerksamkeit legen möchte, ob auf operativer, taktischer oder strategischer Management-Ebene. Denn wenn die Aufmerksamkeit für bestimmte Themen nachlässt, können nicht nur Individuen, sondern auch Organisationen schnell in alte Muster zurückfallen. Der Aspekt ‚Kein echtes und nachhaltiges Monitoring/Erfolgskontrolle der Aktivitäten' ist der am dritthäufigsten genannte Grund für das Scheitern von Veränderungen (Binder, 2008). Machen Sie darauf Ihre Teilnehmenden aufmerksam:

Intro

„Ich lade euch jetzt ein, euer ‚Neues', das ihr erinnern und umsetzen wollt, zu verankern und dies mit einem Ritual zu tun nach dem Motto: ‚Und immer wenn ich auf das Bild/Objekt schaue, dann erinnere ich mich, dass ich das und das tun will und werde.'

Entsprechend möchte ich jetzt eure Erfahrungen, euer Wissen und eure Kreativität ein wenig fordern. Ich bitte euch, ein Ritual für euren persönlichen Entwicklungsprozess zum Thema Changeability zu entwerfen. So, wie ihr es für einen Veränderungsprozess tun könntet, den ihr mit diesem Ritual stärken möchtet: Das kann ein betrieblicher Veränderungsprozess sein, ein Teamprozess oder eben jetzt ein Ritual für euch selbst. Und zwar mit Blick auf die Frage, die ihr soeben für euch beantwortet habt: Welche Themenpunkte sind euch hinsichtlich der Veränderungen, die gegebenenfalls auf euch zukommen werden, persönlich ganz besonders wichtig, damit ihr diese Themen gut bewältigt? Die Zielsetzung dieser Übung ist es, möglichst viele Ideen zu gewinnen, wie solche Rituale aussehen können."

Partnerarbeit

Fast Design Thinking: Perform magic

Step 1 – Seminar-Buddy-Talk: Wir befragen uns gegenseitig und visualisieren

Mit Blick auf unser Training ...

1) Topic	▪ Was waren die **1 bis 2 Hauptthemen**, die ich erinnern möchte, wenn Veränderungen auf mich persönlich zukommen? ▪ Diese visualisieren
2) Question Zero	▪ Was sind die jeweiligen Question Zero (Kern-/Quellfragen), die für diese Themen auftauchen? ▪ Formuliert eine Frage, die beginnt mit „Wie kann ich erreichen, dass ich, wenn Thema 1 eintritt, mich erinnere und dann das und das tue ...?" ▪ Eine Frage pro Thema priorisieren/visualisieren
3) Perform magic	▪ „Angenommen, ich komme in die Veränderungssituation, ein Wunder würde passieren und ich würde mich sofort an den Satz erinnern, dass ich das und das tun will und tue es dann auch sofort – wieso hätte ich das sofort hinbekommen ...?" Bitte formuliert die Antwort mit einem **WEIL** in der Mitte des Satzes „Ich habe das und das sofort hinbekommen, **WEIL**..." ▪ Sammelt ein paar Ideen zum **WEIL** und visualisiert diese

Partnerarbeit

Fast Design Thinking: Perform magic

Step 2 – Let´s make ideas tangible: Wir visualisieren einen Prototyp

Mit Blick auf „Ich habe das und das sofort hinbekommen, weil ..."

4) Prototyp	Nehmt eure Ideen zum **WEIL** und visualisiert diese: ▪ Welche Visualisierungen fallen euch ein? Welche Bilder? Welche Metaphern? ▪ Ggf. googeln, nach Dynamic Facilitation ▪ **Wählt das für euch attraktivste Bild aus, druckt es aus, malt es nach, baut es nach ...** und postiert es in eurem Umfeld an einem prominenten Platz

„Die Methode, mit der ihr euch gleich austauscht, kommt aus dem Umfeld des Fast Desgin Thinking (Abb.), *weil man mit einer sogenannten ‚Question Zero' arbeitet, mit einer Quellfrage, die einen inspirieren soll, in Lösungen zu denken. Die Frage lautet ‚Wie erreiche ich, dass ...?' Und mit einer Variante der Wunderfrage, die dafür steht, dass ‚Es' schnell und einfach gehen kann.*

Als erstes bitte ich euch, euch mit eurem Seminar-Buddy zusammenzusetzen. Sucht euch einfach einen ruhigen Platz und nehmt einen Laptop hinzu, denn es wäre wahrscheinlich hilfreich, wenn ihr nach einem bestimmten Bild googlen würdet ... Dann tauscht ihr euch pro Person anhand folgender Leitfragen aus: erst der eine, dann der andere Partner. Pro Partner etwa 20 Minuten: ..."

Seminar-Buddy-Talk: Wir befragen uns gegenseitig und visualisieren

Durchführung

Mit Blick auf unser Training ...

1. Topic
„Was waren die 1 bis 2 Hauptthemen, die ich erinnern möchte, wenn Veränderungen auf mich persönlich zukommen?" – Diese werden visualisiert.

2. Question Zero
„Was sind die jeweiligen Question Zero (Kernfragen/Quellfragen), die für diese Themen auftauchen?" – Die Teilnehmenden formulieren eine Frage, die wie folgt beginnt: *„Wie kann ich erreichen, dass ich, wenn Thema 1 eintritt, mich erinnere und dann das und das tue ...?"* – Eine Frage wird pro Thema priorisiert und visualisiert.

3. Perform Magic
„Angenommen, ich komme in die Veränderungssituation und ein Wunder würde passieren – und ich würde mich sofort erinnern, dass ich das und das tun will und tue es dann auch sofort, wieso hätte ich das sofort hinbekommen ...?" Die Teilnehmenden werden aufgefordert, die Antwort mit einem „Weil" in der Mitte des Satzes zu formulieren: *„Ich habe das und das sofort hinbekommen, weil ..."* Sie erhalten den Auftrag, ein paar Ideen zum „Weil" zu sammeln und zu visualisieren.

Nach der Partnerarbeit bitten Sie als Trainerin jeden Teilnehmenden, reihum seine Question Zero vorzustellen und sein Ankerritual, also den Satz *„Wenn das und das eintritt, dann werde ich XY tun ..., weil ich mich sofort erinnere ..."* sowie das entsprechende Bild zu zeigen oder zu beschreiben. Wir weisen sehr gerne darauf hin, dass sowohl das Bild als auch der Satz ein erster Entwurf, ein Prototyp ist und dass sich natürlich jeder jederzeit durch die Sätze und Bilder der anderen inspirieren lassen kann. Bitte achten Sie darauf, dass jedes Ankerritual mit einem Applaus gewürdigt und bestätigt wird.

Selbstverständlich können Sie die diese Übung auch sehr gut für einen konkreten aktuellen Veränderungsprozess nutzen. Weil Sie sich ja ggf. anschließend auf ein Ankerritual einigen müssen, könnten Sie zudem ein Würdigungsritual einführen: Beispielsweise werden immer drei Teilnehmende ausgewählt, die sagen, was ihnen an diesem Ankerritual besonders gut gefällt. Wenn Sie sich auf Rituale einigen müssen, sollten Sie parallel zu den Präsentationen eine Liste der Rituale anfertigen und abschließend die Teilnehmenden gewichten lassen (Nuggets, Nüsse, Notgroschen).

SMARTIE

Zum Abschluss oder nach der Pause können Sie auch sehr gut noch ein SMARTIE zum Thema Ankerrituale durchführen. Dazu sollten Sie dann die Gruppe neu mischen und auch größere Teams für die Ausarbeitung definieren. Mögliche Fragestellungen finden Sie nachfolgend. Wenn Sie die hier aufgeführten Fragen nutzen, sollten Sie etwas mehr Zeit einplanen, weil hier wieder die Kreativität der Gruppe gefragt ist. Zudem ist es sinnvoll, die Ergebnisse in diesem Fall auch zu präsentieren.

SMARTIE: Entwurf eines Ankerrituals

- Was ist aus unserer Sicht beim Entwurf eines Ankerrituals besonders wichtig zu beachten?
- Wie könnte man vorgehen, wenn sich das Ankerritual auf ein Team oder einen Bereich bezieht?

Alternative Übungen: Das Neue festigen

XII.4

Orientierung

Ziele

- Es soll ein nachhaltiges Verständnis für die Bedeutung der Arbeit mit Visionen gefördert werden
- Die Teilnehmenden sollen den Effekt von motivierenden Visionen bei sich selbst wahrnehmen
- Sie sollen erkennen, welche Anforderungen an die Formulierung einer Vision zu stellen sind, damit sie motivierend wirkt
- Der Titel der Übung soll im Sinne von „Zukunft(-svorstellung) mobilisiert bzw. motiviert" und auch des Mobil-Seins (wechseln in der Gruppe) verstanden werden

Zeit

Pro Teilnehmersequenz (pro Paar – jeder erzählt von seiner Vision) 15 Minuten; bei minimal drei Sequenzen also 45 Minuten

Material

Im Raum werden Stühle analog zur Teilnehmerzahl gebraucht. Hilfsfragen werden ans Flipchart geschrieben.

Variante 1: Future Mobiles

Eine sehr schöne Übung, die zeigt, welche Anforderungen an eine ausformulierte Vision gestellt werden, nennt sich „Future Mobiles". Wenn Sie zum Beispiel mit Change-Agents arbeiten, kann die Übung gleichermaßen die positiven Erwartungen, die die Agents der Veränderungsergebnisse für sich persönlich haben sowie die Ergebnisse ihres Einsatzes als Change-Agents thematisieren. Wenn die Teilnehmenden nicht in einem gemeinsamen Veränderungsprojekt arbeiten, können Sie die Übung auch einfach in Bezug auf persönliche Visionen durchführen.

Vorbereitung

Die Stühle werden in zwei ineinander liegenden Kreisen aufgestellt, sodass sich jeweils zwei Stühle gegenüberstehen. Bitte lassen Sie so viel Platz zwischen den Stühlepaaren (etwa 1,5 m), dass sich die sich austauschenden Menschen nicht akustisch gestört fühlen bzw. am besten kaum gegenseitig hören können.

Bitten Sie die eine Hälfte der Teilnehmenden im Innenkreis, die andere Hälfte im Außenkreis Platz zu nehmen, und zwar so, dass man einander ansieht. Nun bitten Sie Ihre Teilnehmenden, sich gegenseitig von ihren Zielvorstellungen zu erzählen, die sie in den nächsten etwa fünf Jahren erreichen möchten.

Durchführung

Instruktion

„Bitte erzählt euch nun gegenseitig von Zielen oder Vorhaben, die ihr in den nächsten rund fünf Jahren erreichen möchtet. Das können Vorhaben beruflicher oder persönlicher Art sein: Es kann sein, dass ihr einen bestimmten Wissensstatus oder eine bestimmte Position erreichen oder eine bestimmte Art von Tätigkeit ausführen möchtet. Es kann sein, dass ihr einen bestimmten Traum realisieren möchtet: eine Wohnungsrenovierung, einen Garten anlegen, eine Familie gründen, einen Umzug in eure Traumgegend anstreben oder auch ein Ferienhaus kaufen ... Was immer euch hier vorschwebt.

Bitte erzählt nach diesem Schema (Hilfsfragen)*:*

- *Was konkret möchte ich hier erreichen?*
- *Was ist das Wunderbare, wenn ich das erreicht habe?*
- *Was konkret wird mich (und vielleicht auch andere? Wen?) dann erfreuen, begeistern?*
- *Was konkret könnte man an mir beobachten, wenn dieses Vorhaben realisiert ist?*
- *Wie werde ich mich fühlen, wenn das Vorhaben realisiert ist?*

Erzählt etwa 7-8 Minuten, danach erhaltet ihr ein Zeichen und nun erzählt euer Gegenüber von seiner Vision."

Danach rücken alle aus dem Innenkreis einen (oder auch zwei) Stühle weiter und erzählen sich nochmals gegenseitig ihre Visionen. Dann darf gegebenenfalls nochmals gewechselt werden (also zwei- bis dreimal insgesamt, je nach Geschmack und Zeitressourcen der Trainerin).

Auswertung

Die Teilnehmenden werden gebeten zu erzählen, wie es ihnen in der Übung ging und was ihnen aufgefallen ist, was besonders motivierende Visionen kennzeichnet ... Sie als Trainerin visualisieren die Stichworte mit und würdigen die Ergebnisse.

Falls Sie dafür ein Flipchart einsetzen, könnte die Überschrift lauten: „Kennzeichen einer motivierenden Vision".

„Was ist euch aufgefallen, was kennzeichnet besonders motivierende Visionen?"

Verwendungszweck

Wenn es um einen der folgenden Punkte geht:

- Das Thema Visionsarbeit (im weiteren Sinne)
- Persönliche Standortbestimmungen
- Team-Workshops: Hier kann man die Fragen auf die Arbeit im Team fokussieren.
- Kennenlern-Runden für längere Curricula: Hier können Sie die Fragen spezifizieren, die Zeit verkürzen und den Gesprächsrhythmus so ergänzen, dass abschließend jeder mit jedem gesprochen hat.

Auswertung

Die Teilnehmenden werden gebeten zu erzählen, wie es ihnen in der Übung ging, was ihnen aufgefallen ist und was besonders motivierende Visionen kennzeichnet. Visualisieren Sie die Stichworte mit und würdigen Sie die Ergebnisse. Anschließend werden diese Visionen abgeglichen mit dem Chart „Anforderungen an eine Vision".

Anforderungen an eine Vision

(vgl. Kotter, 2006)

- Vorstellbar
- Wünschenswert
- Fassbar
- Fokussiert
- Flexibel
- Kommunizierbar

→ Beispiel positiver Art: *„The world of TUI is the most beautiful time of the year."*

Debriefing

Wenn es kein gemeinsames Veränderungsprojekt gibt, können Sie als Trainerin abschließend die Methode „Schritte zur Entwicklung einer Change-Vision" (Abb.) vorstellen. In diesem Fall kann das Modul dann durch die Arbeit am persönlichen Transfer-Journal abgerundet werden.

Schritte zur Entwicklung einer Change-Vision

1. Wunschvorstellung erarbeiten
2. Sich über die Wunschvorstellung austauschen und Punkte visualisieren
3. Wunschvorstellung kreativ und spielerisch inszenieren
4. Kreative Inszenierungen präsentieren
5. Gemeinsam die wichtigsten, attraktivsten, innovativsten Ideen hervorheben
6. Ggf. in Kleingruppen aus wahrgenommenen Gemeinsamkeiten Visionstexte formulieren
7. Visionstexte vorlesen und würdigen
8. Experten behutsam die Texte verdichten und überarbeiten lassen
9. Entwurf (Text & Video/Logo) nochmals von den beteiligten Gruppen oder Stellvertretern „checken" lassen
10. Anregungen und Ergänzungen einarbeiten
11. Den Visionstext & Bild veröffentlichen

Variante 2: Priming

Zum Abschluss des Trainings können Sie auch sehr gut die Methode des Primings einführen bzw. ausprobieren und anwenden. Zum Beispiel mit dem Ziel, dass man sich selbst als Teilnehmende oder Change-Agent an bestimmte Überzeugungen erinnern oder auch den Kolleginnen bestimmte Überzeugungen vermitteln möchte.

Wer die Übung Priming nutzen möchte, kann zur Einführung des Themas gut das Gorilla-Experiment nehmen: *„Es ist leicht, etwas zu übersehen, nach dem man nicht sucht."* Auch von dieser Perspektive aus macht Priming in der hier angedachten Form Sinn. Manchmal kann es eben auch sehr hilfreich sein, bestimmte Perspektiven immer wieder aufzuzeigen.

Zum Gorilla-Experiment: https://www.youtube.com/watch?v=vJG698U2Mvo (Stand: August 2022).

„Mit Priming im allgemeinen Sinn ist ‚Bahnung' gemeint. Etwa die Bahnung von bestimmten Verbindungen im Gehirn.

Priming steht als Fachbegriff in der Psychologie dafür, dass die Verarbeitung einer bestimmten Information durch die vorangegangenen Reize oder Informationen, die eine Person erhält, beeinflusst wird. Eines der zentralen Beispiele aus der Wahrnehmungspsychologie ist der Versuch von Palmer (1975): Er zeigte Versuchspersonen sehr kurz das Bild eines Brotlaibs; 40 Prozent aller Versuchspersonen konnten diesen Brotlaib identifizieren. Wenn die Versuchspersonen vorher das Bild einer Küche sahen, dann konnten 80 Prozent der Versuchspersonen den Brotlaib identifizieren. Sie konnten das allerdings nicht, wenn die Bilder vorab nichts mit Küche oder Essen zu tun hatten. Man könnte also zusammenfassend formulieren, dass die Vorinformation entscheidend dafür war, was die Versuchspersonen wahrnahmen. Ein ‚Prime' ist somit eine Art ‚Vorreiz', der dem eigentlichen Reiz einen Weg bereiten beziehungsweise bahnen soll. Manche Menschen kennen die Begrifflichkeit auch aus der Werbung oder aus Spielfilmen, wo man durch subliminale Darbietungen die Konsumbereitschaft potenzieller Kunden erhöhen will. Etwa, wenn die Kommissarin im Krimi eine bestimmte Uhr trägt oder einen bestimmten Aperitif trinkt. So ähnlich ist der Begriff beziehungsweise die Methode im Change-Management auch zu verstehen. Dadurch, dass bestimmte Personen über den Veränderungsprozess positiv sprechen, gefragt oder ungefragt, und dadurch, dass sie einheitliche Botschaften senden, soll die Bereitschaft anderer Menschen erhöht, man könnte auch sagen, gebahnt werden, sich auf diesen Veränderungsprozess einzulassen."

Dazu können Sie das Beispiel auf der folgenden Folie durchgehen.

Methode: Priming

(modifiziert nach G. Schmidt, 2010)

Ziel:

- Neue Ideen, Erkenntnisse und Vereinbarungen bewusst und gezielt in ein System tragen
- Bereitschaft von anderen erhöhen, sich auf das Neue einzulassen

Generelle Vorgehensweise:

Gruppe von „Missionaren" (Change-Agents, Projektteammitglieder, Promotoren) trägt exakt definierte Botschaften positiver Art zum jeweiligen Veränderungsthema ins Unternehmen

Vorgehensweise im Detail:

- Mögliche abwertende oder abwehrende Aussagen zum Veränderungsprozess sammeln
- Mögliche Antworten, die unbedingt wertschätzend und respektvoll sein müssen, sammeln
- Auf konkrete Antworten und Aussagen einigen und diese ins Unternehmen tragen

Beispiele für Missionars-Tätigkeit:

- Erzählen von Botschaften (Antworten, ohne gefragt zu werden)
- Fragen zum Thema formulieren, um andere wichtig zu nehmen
- Jeder Botschafter nimmt sich drei Personen („Offene", „Skeptiker", „Widerständler") vor, die er für die Veränderung gewinnen resp. in positivem Sinne „anstecken" möchte

Mögliche skeptische Fragen/Aussagen:

- „Und, was bringt uns das jetzt?"
- „Auf Dauer funktioniert das nicht!"
- „Spätestens nächstes Jahr ist wieder alles anders!"

„In der Tat kann diese Methode auch in jeder anderen Phase des Veränderungsprozesses nützlich sein, dann ändern sich jeweils natürlich die Botschaften."

Hinweis

Hier kann durchaus eine Diskussion über die „Angemessenheit" oder „Ehrlichkeit" der Methode in Gang kommen. Unsere Haltung hier ist, dass selbstverständlich die Methode nur dann angewendet werden kann, wenn zum Beispiel die Change-Agents auch wirklich ehrlich hinter den Aussagen stehen können. Und: Wir bieten Methoden aus einem Werkzeugkoffer an, aus dem jeder entnehmen kann, was für ihn passt. Jeder Koch hat sein Lieblingsmesser und jeder Handwerker sein Lieblingswerkzeug. Und jeder Change-Manager seine Lieblingsmethoden. Wir haben die Erfahrung gemacht, dass die Methode sehr nützlich sein kann. Zum Beispiel im Rahmen eines Prozesses, in dem ein Team ein recht schlechtes Image im Unternehmen hatte und diesen Ruf auch im Change-Prozess einfach nicht loswurde. Wir haben damals im Team vereinbart, dass wir ein solches Priming, neben anderen Methoden, ausprobieren. Jedes Teammitglied hat fortan bei den unterschiedlichsten Gelegenheiten, im Aufzug, beim Mittagessen und wo auch immer erzählt, was ein (anderes) Mitglied des Teams gerade Gutes, Interessantes, Positives für das Unternehmen auf die Beine stellt. Selbstverständlich musste das auch der Wahrheit entsprechen.

Quelle

- Palmer, S. (1975): The effects of contextual scenes on the identification of objects. In: Memory and Cognition. Nr. 3, 1975, S. 519–526.

Wrap-up: Lose Enden zusammenführen

XII.5

Orientierung

Ziele

Die Teilnehmenden stärken sich selbst für Veränderungssituationen, sodass diese im eigenen Sinn lösungsorientiert und zieldienlich bewältigt werden können

Zeit

- Intro: 5 Minuten
- Gruppenarbeit (Vierer-Teams): 60 Minuten (20 Min. pro Person)

Material

- Flipchart mit Instruktion „Ressourcen-Triple zum Thema Change"
- Ausreichend Gruppenräume bzw. Rückzugsorte für die Gruppenarbeit

In dem Einstiegsritual an diesem sechsten Tag hatten Sie nach noch offenen Themen(-wünschen) gefragt. In der Tat kann man immer wieder feststellen, dass selbst nach umfangreichen Ausbildungsreihen Themenwünsche offen sind und weitere Fragen im Raum stehen. Wir interpretieren das als positiven Lern-Effekt. Wir selbst und eben auch unsere Teilnehmenden entdecken: Je mehr wir verstehen oder zu verstehen glauben, desto mehr begreifen wir auch, dass wir immer wieder offene Fragen finden werden und dass wir immer wieder vor neuen, bisher nicht erlebten Herausforderungen stehen. Und uns dann gemeinsam mit unseren Auftraggebern wieder auf eine Lernreise begeben.

Mit der Frage *„Welche Themen sind noch offen, braucht ihr hier noch weitere Antworten oder Werkzeuge?"* können Sie lose Enden zusammenführen und die Teilnehmenden ermutigen, bewusst weitere Schritte auf ihrem Weg des Suchens und Findens rund um das Thema „Transformationsprozesse steuern und begleiten" zu gehen. Kommen Sie dazu auf diesen Punkt des Check-ins vom aktuellen Trainingstag zurück.

„Nun kommen wir auf unsere erste Frage der heutigen Morgenrunde zurück: ‚Mit Blick auf unsere Themenwünsche und die genannten Anliegen von un-

serem ersten Trainingstag: Welche Themen sind noch offen, welche weiteren Antworten oder Werkzeuge braucht ihr noch?'

Letztlich und wunderbarerweise werden wir auch nach noch so umfassenden Trainingsreihen nie alle Fragen gestellt haben und beantwortet bekommen. Daher würden wir euch jetzt für eure noch offenen Themen eine Brücke in die Zukunft anbieten. Eine Übung, die euch ermutigen soll, euch auch künftig schwierigen Fragen zu stellen und eurer Lern- und Entdeckungsfreude nachzugeben. Dazu würden wir euch jetzt nochmals in Vierer-Teams losen oder auch in zwei Buddy-Paaren zusammenfügen. Vierer-Teams, damit ihr euch bewusst gegenseitig von euren Ideen und Überlegungen inspirieren könnt.

Bitte coacht dann jedes Teammitglied anhand folgender Fragen (es dürfen gerne auch noch ergänzende Fragen gestellt werden). Verwendet pro Teammitglied etwa 20 Minuten; wenn ihr mögt, könnte einer von euch das Transfer-Journal des Coachee füllen: Das heißt, für sie oder ihn werden ihre oder seine Antworten mitgeschrieben, damit sich die/der Coachee ganz auf die eigenen Gedanken konzentrieren kann. Ihr braucht anschließend nichts zu präsentieren.

Bitte bearbeitet also die folgenden Fragen: ...“

Durchführung

Ressourcen-Triple zum Thema Change

1. *„Worauf kannst du dich bei dir selbst immer verlassen? Worauf noch? Und worauf noch?“* – Falls hier erst mal keine Antworten kommen, fragt weiter: „Was würden denn andere sagen, worauf man sich bei dir immer verlassen kann?“

2. *„Wenn du dir das Gesamtthema Change vor Augen führst, was sind deine dich tragenden Überzeugungen?“* – Hier können auch die Performmagic-Verankerungsrituale (Seite 237) nochmals zum Zuge kommen – das wäre super; wenn nicht, könnt ihr auch daran erinnern.

3. *„Wie könntest du es schaffen, dich mit Antworten für deine offenen Fragen zu versorgen? Wie könntest du dabei vorgehen? Wer könnte dich unterstützen?“*

Erfahrungsgemäß ist diese Übung „Ressourcen-Triple zum Thema Change“ sehr inspirierend und die Teilnehmenden kommen sehr motiviert und energetisiert ins Plenum zurück. Wenn man mag, kann man einfach noch eine Erfahrungsrunde anbieten – aber es auch einfach so ausklingen zu lassen, ist sehr schön.

Abschlussrunde & Zukunftstypen XII.6

Orientierung

Ziele

Eine Geschichte rund um das Thema Veränderungskompetenz zum Abschluss des Trainings, die in Erinnerung bleibt

Zeit

5 Minuten

„Leider gibt es keinen ‚archimedischen Punkt', kein gesichertes Wissensfundament, das Auskunft über das richtige Maß an Kontinuität und Wandel gibt. Es gibt nur die Sicherheit, dass es beides braucht: Kontinuität und Wandel. Jeder muss hier für sich sorgen und darauf achten, dass diese Proportionen passen. Wobei ein guter Schuss Zukunftsoptimismus hilft.

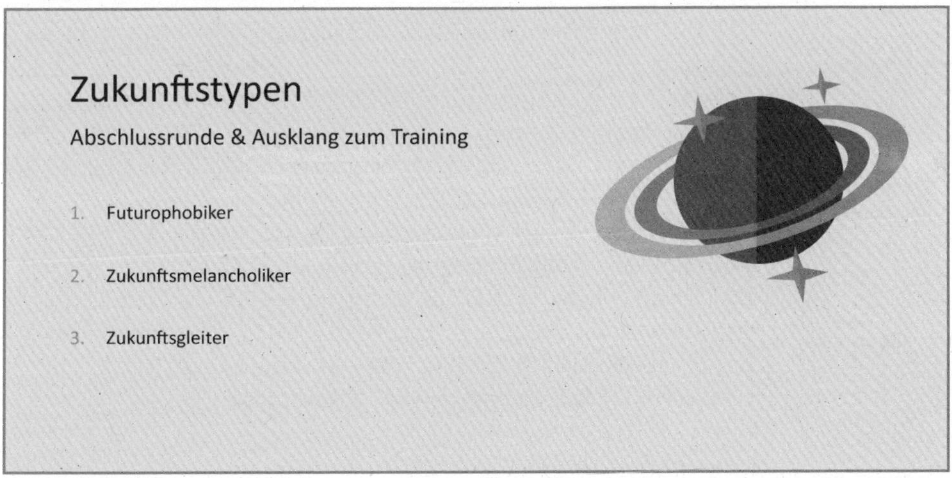

In der Psychologie benennt man drei ‚Zukunftstypen'. Typ eins wird als der ***‚Futurophobiker'*** *bezeichnet: Ein Typ, der in der Zukunft das Schrecklichste und Katastrophalste voraussieht: ‚Ihr werdet schon sehen, wie das endet …', ‚Das ist erst der Anfang, es wird noch viel schlimmer …' sind typische Aussagen des Futurophobikers. Er malt die Zukunft in den schwärzesten Farben, sieht weder Lichtblicke noch Chancen und wird mit großer Wahrscheinlichkeit auch die zweite Anzeige von Richard Wiseman nicht sehen, über die wir sprachen* (Seite 212).

*Typ zwei ist der ‚**Zukunftsmelancholiker**'. Dieser Typ ist gedanklich in der Vergangenheit verankert, in der, wie er findet, alles schöner, besser und leichter war nach dem Motto: ‚Ach, wisst ihr noch, damals ...' und ‚Ach, wie war das doch noch gut und richtig, aber heute ...' Zukunftsmelancholiker beklagen die Gegenwart und sehnen sich nach dem so einfachen und beglückenden Gestern, das in ihrer Erinnerung rosig verklärt wird.*

*Typ drei ist der ‚**Zukunftsgleiter**': Dieser ist stets am Suchen und Lesen der Zeitspuren. Er nimmt die kleinen Signale der Veränderung frühzeitig wahr und findet Nutzungsmöglichkeiten für Kräfte und Bewegungen, um genau das für ihn Bestvorstellbare zu erstreben. Zukunftsgleiter sehen Chancen vor anderen und füllen ihre Handlungsspielräume aus. Den Typ Zukunftsgleiter habe ich hier vielmals gesehen. Beim Suchen von Handlungsmöglichkeiten, beim Entdecken von Chancen, beim Finden von Ideen ..."*

Hier können Sie konkrete Beispiele zu den persönlichen Wahrnehmungen in der Trainer-/Moderatorenrolle einbringen.

„Ja, ihr habt nun von diesen verschiedenen Zukunftstypen gehört. Zum Abschluss bitte ich euch, jetzt noch eine Selbsteinschätzung vorzunehmen ...

- *Wie viel Prozent Futurophobiker habt ihr in euch? Und woran macht ihr das fest?*
- *Wie viel Prozent Zukunftsmelancholiker habt ihr in euch? Und wie begründet ihr das?*
- *Wie viel Prozent Zukunftsgleiter habt ihr in euch? Und ...?*

Vielen Dank, dass ihr euch eingelassen habt, dass ihr Feedback gegeben und eure Erfahrungen geteilt habt. Das hatten wir uns anfangs versprochen und das haben wir erhalten. Nun gilt es, diese Optionen, die uns in diesem Augenblick sehr bewusst sind, vom Kopf in die Hände zu bringen und konkrete Taten folgen zu lassen. Und in diesem Sinn wünsche ich euch jede Menge Spaß und viel Erfolg beim Vermehren der Erkenntnisse ..."

Hinweis

Als Trainerin können Sie auch selbst mit der Einschätzung beginnen. Zum Abschluss kann auch noch ein Evaluierungsbogen zum gesamten Training ausgegeben werden. Aber die Evaluierung können Sie ebenso gut oder vielleicht, noch besser, digital im Nachklang zum Training vornehmen.

Weitere Methoden-Bausteine zum Thema

I – Den Wandel starten

Analysemethoden für individuelle Belange

Analysemethoden auf taktischer (Gruppen-)Ebene

Analysemethode auf strategischer Managementebene

Heldenreise im Angebot

Orientierung

Ziele

- Die aktuelle persönliche Situation analysieren und reflektieren
- Einschränkende Selbst- und Weltbilder erkennen und hin zu chancenorientierterem Denken und Handeln verändern
- Ideen zur eigenen Entwicklungsarbeit gewinnen

Zeit

Bei bis zu max. 12 Teilnehmenden 3 Stunden

Material

- Großer Raum für fünf großzügige „Arbeitsinseln"
- Transfer-Journale (Notizblöcke) für die Teilnehmenden
- Instruktionen zur Heldenreise auf Flipchart sowie auf Arbeitsblättern für die Teilnehmenden
- Mehrere jeweils thematisch passende Bilder zur Inspiration
- Einen sehr großen Tisch oder mehrere Tische, mit Zeitungspapier ausgelegt
- Wasserfarben, Malpinsel, Kleenex-Tücher, Farbstifte, Filzschreiber und Wachsmalkreide
- DIN-A4-Blätter mit vorbereiteten Kreisen für das Mandala

Hinweise

- Diese Übung lässt sich nur in Präsenz durchführen.
- Die Teilnehmenden malen ein Bild, das ihre aktuelle Situation oder Befindlichkeit ausdrückt. Das Bild kann abstrakt oder konkret sein, gemustert oder auch monochrom, was auch immer – es geht nicht darum, schön oder gut malen zu können.

Intro

„Immer wieder sind wir in diesem Seminar darauf gestoßen, dass Beteiligung einen wichtigen Erfolgsfaktor in Veränderungsprozessen darstellt. Im Modul ‚Heldenreise im Angebot' möchte ich nun auf eine sehr spezifische Beteiligung eingehen, nämlich auf den möglichen Einsatz von Change-Agents. Auf deren Rolle und auf die spezifischen Herausforderungen, die auf diese Personen im Laufe des Veränderungsprozesses zukommen.

Bevor wir dies im Detail tun, würde ich gerne einen kurzen Überblick über mögliche Rollen im Veränderungsprojekt geben."

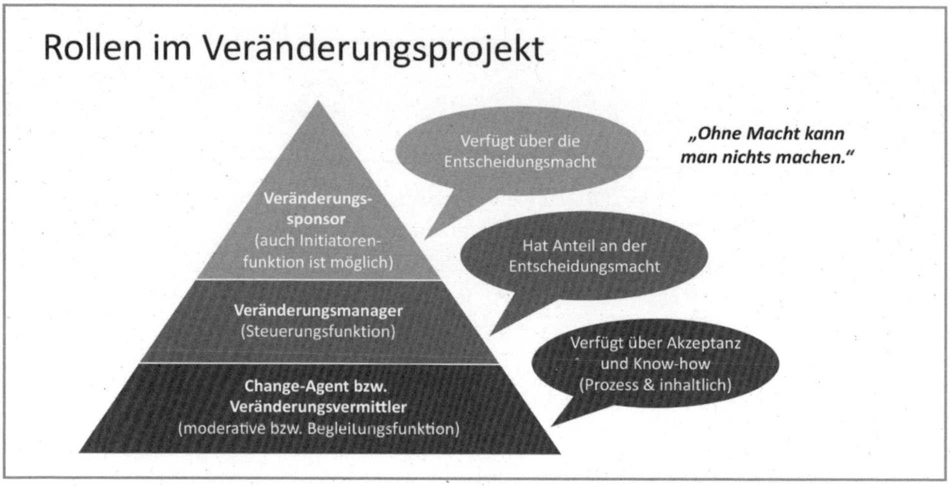

Veränderungssponsor

*„An erster Stelle möchte ich hier den ‚**Veränderungssponsor**' nennen: Er gibt die Budgets frei und sichert somit bestimmte Ressourcen für die Umsetzung des Projekts. Im besten Fall steht er für das und hinter dem Projekt."*

An dieser Stelle eine Anmerkung: Wir Autorinnen haben oft erlebt, wie wichtig es ist, diesen Sponsor an Bord zu haben. Nicht nur aufgrund des Budgets. Denn wie oft gilt es, im Veränderungsprozess Hürden aus dem Weg zu räumen, Kommunikationsfreigaben zu erreichen oder auch Nahtstellenpartner zu motivieren. Dann kann Entscheidungs- oder Promotionsmacht sehr wichtig sein: Ohne Macht kann man nichts machen! Das haben wir oft genug erfahren müssen: Dann hingen die Veränderungsthemen in der Luft, die ersten Erfolge versandeten wieder und nach und nach schliefen alle Initiativen ein.

„Unternehmensveränderungen finden nur statt, wenn Hierarchen, die Unternehmensleiter, Bereichsleiter, Teamleiter sie ‚bestellt' haben und wirklich wollen. Veränderungen, die durch nachträgliches ‚Ins-Boot-Holen' der Hierarchen getrieben werden sollen, funktionieren meistens nicht. Ja, Graswurzelbewegungen haben die ‚Macht der Vielen'. Doch am Ende bedarf es

gleichwohl ab einem bestimmten Punkt eines machtvollen Sponsors, der sich der Themen annimmt. Das gilt in gleicher Weise für Veränderungsmanager, die zum Beispiel als Projektleiter den Wandel steuern, selbst Anteil an Entscheidungsmacht haben, aber trotzdem noch der Sponsorenmacht bedürfen.

Change-Agent

Neben weiteren Mitwirkenden möchte ich jetzt das Augenmerk auf die Rolle der ***Change-Agents*** *legen. Diese Rolle wird in verschiedenen Projekten und auch in der Literatur durchaus unterschiedlich definiert. Ich sehe sie als eine Art Veränderungsvermittler, die Kolleginnen und Kollegen über den Stand des Change-Projektes informieren bzw. Informationen und Resonanz der Betroffenen in das Projektteam einbringen und selbst Impulse und kreativen Input bringen. Change-Agents ebenso wie andere steuernde und moderierende Funktionen im Prozess sollten über sehr viel Know-how rund um Erfolgsfaktoren, Methoden und Fallstricke im Rahmen von Transformationsprozessen verfügen, so wie wir sie hier vertiefen. Sie sind im besten Fall Missionare und Meinungsmacher. Sie sollen aber auch kritisch hinterfragen und zuhören können. Das ist nicht immer einfach, denn die Change-Agentin ist von den Veränderungen betroffen wie alle anderen Mitarbeitenden auch. Sie ist Nahtstellenpartnerin zum Projektteam einerseits sowie zu der Kollegenschaft andererseits …, also in einer Moderatoren- und Botschafterfunktion, ‚Bestinformierte' über die Veränderung und Multiplikatorin, die Wissen und Informationen an die Kolleginnen und Kollegen weitergibt sowie Feedback-Geberin für das Projektteam. Die Change-Agents sind im Prozess hilfreich, indem sie für vielfältige Information und Kommunikation sorgen und die Möglichkeiten einer direkten Kommunikation mit den Kollegen suchen. Diese ergänzt und stärkt im Optimalfall die Kommunikation der Projektteammitglieder auf einer sehr persönlichen Ebene.Die Rolle des Change-Agents ist also eine überaus verantwortungsvolle Rolle. Soweit die Theorie.*

In der Praxis gibt es die vielfältigsten Herausforderungen. Etwa die Frage, wie diese Informationen transportiert werden: mit einer mehr oder weniger starken persönlichen Färbung? Das wird zumindest früher oder später unterstellt … Wie geht der Change-Agent mit seinem Mehrwissen und seiner besonderen herausgehobenen Rolle um? Wie wirkt er hier?

Wie geht der Change-Agent mit Unzufriedenheit und Aggressionen um? GFK, ja! Aber wenn Themen dann sehr persönlich werden? Einerseits können Change-Agents viel lernen und sich persönlich weiterentwickeln im Transformationsprozess. Andererseits kann man in dieser Rolle auch mit viel Frust und Ärger konfrontiert werden …"

Durchführung

„Um euch nun gut auf diesen Weg vorzubereiten, haben wir die Methode der ‚Heldenreise' ausgewählt. Sozusagen haben wir ‚eine Heldenreise im

Angebot'! Ihr seid dabei als Helden ohne Schwert und Rüstung unterwegs und eure Gegner speien kein Feuer, jedenfalls nicht real. Aber letztlich werdet ihr doch an manchen Stellen vor ähnlichen Herausforderungen wie eure ,klassischen' Kollegen stehen: Wie Odysseus, Parsival, Luke Skywalker oder auch Lara Croft. Auch sie müssen ihre Grenzen überwinden, sich starken Gegnern stellen und vielfältige Bedrohungen abwenden. Deshalb können mythologische Heldinnen uns als Change-Agents oder Mitgliedern des Change-Projekts als inspirierende Vorbilder dienen. Das Muster der mythologischen Fahrt des Helden ist zufolge verschiedenster Forschungen in antiken Sagen ebenso wie in germanischen Epen oder buddhistischen Gleichnissen zu finden und gliedert sich in drei große Etappen: Die erste Etappe ist der Aufbruch: Der angehende Held hört einen Ruf, nimmt eine Aufgabe wahr, der er sich stellen soll. Sie/er wird häufig zuerst mit Unsicherheit oder Angst oder einer Weigerung reagieren, aber stellt sich schließlich doch der Herausforderung. Oft bekommt sie/er dabei Hilfe, diesen Weg zu gehen. Die zweite Etappe beschreibt den Weg durch das Land der Abenteuer. Hier muss sich die Heldin in einer Reihe von Prüfungen beweisen. Dann winkt die Belohnung … Die veränderte Persönlichkeit, die so entsteht, macht sich auf zur Rückkehr, der dritten Etappe, die sie/er nur zögerlich antritt. Schließlich findet sie/er die Balance und integriert neue Erfahrungen und Erkenntnisse in ihr/sein vorheriges Leben (Lipkowski, 2011, managerSeminare 159, Juni 2011) …

Bestimmt hat jeder von uns diese Bedenken, eine bestimmte Aufgabe oder eine bestimmte Herausforderung zu übernehmen, schon erlebt – und auch die inneren Kämpfe, die damit einhergehen können. Insofern kann die Methode der Heldenreise einen guten Leitfaden liefern, der uns hilft, sich mit diesen Themen auseinanderzusetzen, um mutig, kraftvoll und zuversichtlich in die Zukunft zu gehen … Entsprechend stelle ich euch nun die einzelnen Fragen der Heldenreise vor, mit der Bitte, dass ihr euch mit diesen auseinandersetzt. Und ich hoffe, ihr habt Lust, euch darauf einzulassen."

Nun können Sie die Charts zur Heldenreise durchgehen.

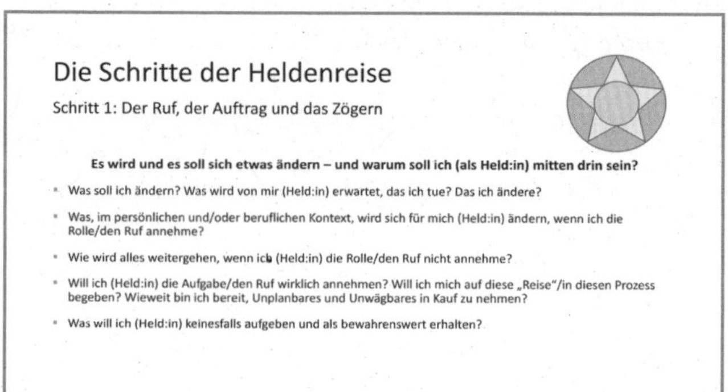

Die Schritte der Heldenreise

Schritt 2: Die helfende Kraft

Es wird Bedingungen und Menschen geben, die mich (Held:in) unterstützen:

- Was würde ich (Held:in) brauchen, um mich auf die Reise/in diesen Prozess zu begeben?
- Wer oder was könnte mich (Held:in) auf meiner Reise/in diesem Prozess unterstützen und stärken?
- Wer oder was könnte mich (Held:in) auf meiner Reise/in diesem Prozess begleiten (der/die/das mir gut täte)?
- Welche meiner Fähigkeiten und Ressourcen haben mir (Held:in) bei ähnlichen Reisen/Prozessen schon geholfen?

Die Schritte der Heldenreise

Schritt 3: Der Kampf, das Abenteuer und die große Prüfung

Welches sind meine (Held:in) größten Ängste?

- Welche Krisen/schlimmsten Ereignisse könnte ich (Held:in) erleben?
- Was sind meine (Held:in) Befürchtungen bezüglich dieser Reise/dieses Prozesses?
- Was könnten Fallstricke für mich (Held:in) sein?
- Wie habe ich (Held:in) bisherige Krisen gemeistert? Was hat mir dabei geholfen?
- Welche meiner Fähigkeiten und Ressourcen haben mir (Held:in) dabei geholfen?

Die Schritte der Heldenreise

Schritt 4: Die Erkenntnis

Es wird Erkenntnisgewinne und Erfahrungserweiterungen für mich (Held:in) geben:

- Was werde ich (Held:in) lernen können?
- Was werde ich (Held:in) nach der Reise/dem Prozess besser können als vorher?
- Welche kostbaren Entdeckungen werde ich (Held:in) machen?
- Welche Potenziale werden sich bei mir (Held:in) entfalten?

Die Schritte der Heldenreise

Schritt 5: Der Erfolg und die Belohnung

Es wird Anerkennung für mich (Held:in) geben:

- Wofür wird sich die Reise/der Prozess, der Kampf und die Anstrengung für mich (Held:in) gelohnt haben?
- Was kann sich für mich (Held:in) danach zum Besten fügen?
- Was wäre eine angemessene Belohnung für mich (Held:in)?
- Wer wird für die Belohnung sorgen?
- Wessen Anerkennung wäre für mich (Held:in) am wichtigsten?
- Wie kann ich (Held:in) selbst für die angemessene Belohnung/Anerkennung sorgen?

Durchführung

Anschließend wird die Übung einschließlich Auswertung durchgeführt.

Vorbereitung

Es wird ein sehr großer Plenumsraum gebraucht, in dem fünf großzügige „Arbeitsinseln" vorbereitet werden. Diese „Arbeitsinseln" sollten wie folgt gestaltet sein:

- Die Teilnehmenden haben Transfer-Journale zur Verfügung.
- Instruktion bereitlegen.
- Die Fragen sind pro Schritt auf einem Flipchart notiert und gut sichtbar an der zugehörigen Arbeitsinsel aufgehängt.
- Mehrere jeweils thematisch passende Bilder zur Inspiration an den jeweiligen Inseln aufhängen. Ggf. kann man die Bilder auch briefmarkengroß auslegen, individuellere Bilder sind aber in der Regel wirkungsvoller.
- An die Arbeitsinseln für die Schritte 1, 3, 4 und 5 werden mindestens so viele Stühle wie Teilnehmende gestellt; für den Arbeitsschritt 2 braucht man nicht unbedingt Tische und Farben. Der Zugang zum Tisch des Arbeitsschritts 2 sollte aber immer möglich sein.
- An die Arbeitsinsel für Schritt 2 sind ein sehr großer Tisch oder mehrere Tische aufgestellt. Der Tisch sollte mit Zeitungspapier belegt sowie mit Wasserfarben, Malpinseln und mit Kleenex-Tüchern ausgestattet sein. Gefüllte Wassergläser aufstellen, an anderen Stellen Farbstifte, Filzschreiber und Wachsmalkreide auslegen. Während dieses Schritts sollten unbedingt kreative Anteile genutzt werden. Diese Arbeitsinsel bzw. der Tisch sollte so groß sein, dass auch alle Teilnehmende gleichzeitig darauf Zugriff haben können. Denn auch in den anderen Schritten dürfen Farben und Bilder genutzt werden. Klebestifte werden ausgelegt.

Trainerinstruktion

- Legen Sie weiße DIN-A4-Blätter bereit, auf denen die Kreise für das Mandala vorbereitet sind (siehe Vorlage anbei).
- Wenn Sie mögen, können Sie Musik vorbereiten.

Ablauf und Durchführung

- Bitten Sie die Teilnehmenden, ihr Transfer-Journal mitzunehmen und ihre Antworten auf die Fragen direkt (ohne diese auszusprechen) mitzuschreiben.
- Alle Teilnehmenden begeben sich in die Arbeitsinsel 1 zu Schritt 1.
- Teilen Sie den Instruktionstext aus und gehen Sie Ablauf und Durchführung durch.

- Lesen Sie die Fragen zu Schritt 1 vor. Machen Sie nach jeder Frage eine lange Pause, etwa solange, bis einige Teilnehmende etwas aufgeschrieben haben. Nicht alle Teilnehmenden müssen zu jeder Frage etwas aufschreiben und nicht zu jeder Frage müssen einem Antworten einfallen; dies sollten Sie auch vorab sagen … Gegebenenfalls können Sie gerne auch ergänzend weitere (präzisierende, inspirierende …) Fragen stellen. Lassen Sie den Teilnehmenden Zeit, ihre Gedanken im Transfer-Journal mitzuschreiben.
- Gegebenenfalls können Sie auch manchmal die Namen der (aller) Teilnehmenden immer wieder einmal durchspielen, zum Beispiel so: *„Was wird von mir, Anna …, erwartet, dass ich ändere? Was wird von mir, Katharina …, Andrea …, erwartet, dass ich ändere?"* Auch können Sie immer wieder die Worte „die Heldin/den Helden" wiederholen, also zum Beispiel: *„Wann wird sich der Kampf für mich, den Helden, gelohnt haben?"*
- In den Schritten 2, 4 und 5 sollten die Teilnehmenden ermutigt werden, die bereitliegenden Farben und gegebenenfalls weitere Materialien zu nutzen.

Schritt 1

Der Ruf, der Auftrag und das Zögern: Es wird und es soll sich etwas ändern! Und ich soll etwas ändern!? Ich soll dabei sein!?

- Was soll ich ändern? Was wird von mir erwartet, dass ich tue? Dass ich ändere?
- Was, im persönlichen und/oder beruflichen Kontext, wird sich für mich (Held:in) ändern, wenn ich die Rolle/den Ruf annehme?
- Wie wird alles weitergehen, wenn ich (Held:in) die Rolle/den Ruf nicht annehme?
- Will ich (Held:in) die Aufgabe/den Ruf wirklich annehmen? Will ich mich auf diese „Reise"/in diesen Prozess begeben? Wieweit bin ich bereit, Unplanbares und Unwägbares in Kauf zu nehmen?
- Was will ich (Held:in) keinesfalls aufgeben und als bewahrenswert erhalten?

Schritt 2

Die helfende Kraft: Es wird Bedingungen und Menschen geben, die mich unterstützen:

- Was würde ich (Held:in) brauchen, um mich auf die Reise/in diesen Prozess zu begeben?

- Wer oder was könnte mich (Held:in) auf meiner Reise/in diesem Prozess unterstützen und stärken?
- Wer oder was könnte mich (Held:in) auf meiner Reise/in diesem Prozess begleiten (der/das mir gut täte)?
- Welche meiner Fähigkeiten und Ressourcen haben mir (Held:in) bei ähnlichen Reisen/Prozessen schon geholfen?

Hier wird analog wie oben verfahren, allerdings folgt auf die schriftliche Fixierung noch das Ausmalen des Mandalas (siehe Skizze) entsprechend der Fragen.

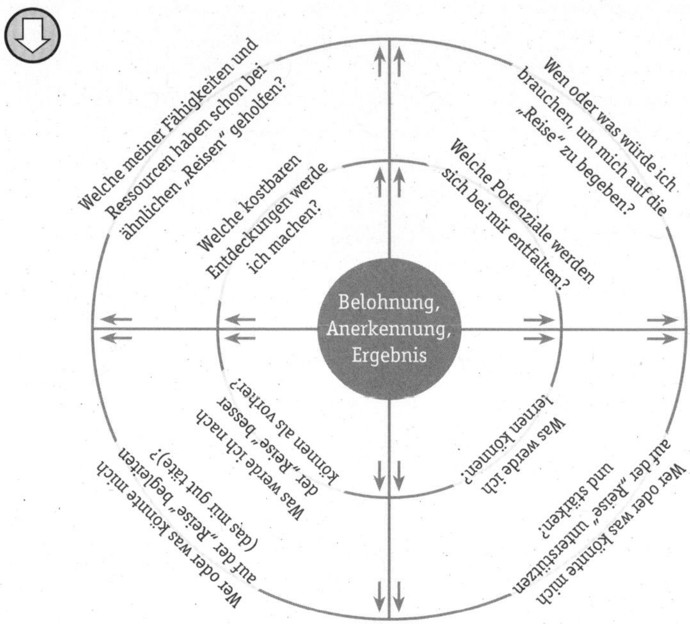

Nun können Sie als Trainerin verdeutlichen, dass dieses Bild des Mandalas als Ankerbild dienen soll. Zum Beispiel mit folgenden Worten:

„In diesem Schritt der Heldenreise bitten wir euch, für sich ein Mandala zu erstellen bzw. damit zu beginnen. Im Buddhismus wie in verschiedenen anderen Kulturen gilt das Mandala als Meditationsobjekt. Es soll an bestimmte Themen des Lebens erinnern und positiv stärkend auf das eigene Unbewusste wirken. Insbesondere seine Farben und Bilder sollen bestimmte Bereiche der eigenen Psyche ansprechen und stimulieren. Euer Mandala soll euch helfen, eure positiven Ressourcen zu aktivieren, wann immer ihr euch in euer Mandala vertieft. Es soll als Anker dienen – wie der Knoten im Taschentuch: Wann immer ihr den Knoten anfasst, erinnert ihr euch an etwas Bestimmtes. In unserem Kontext: Wann immer ihr euch wieder an euer Mandala erinnert

oder es anschaut, werden alle eure positiven Kräfte und Ressourcen, über die ihr immer verfügt, greifbar sein. Und während ihr auf euer Mandala schaut, sollen bestimmte positive Gefühle, Gedanken an helfende Kräfte und Vorstellungen von unterstützenden Kontexten wieder bei euch auftauchen."

Hier sollten Sie, wenn es irgend geht, in jedem Fall den Fragenden unterstützen; hilfreich sind folgende Worte, nachdem die Fragen nochmals vorgelesen wurden:

„Und während ihr jetzt den Fragen in eurem Inneren nochmals nachspürt, bitte ich euch, den Bildern zu folgen, die bei den Fragen auftauchen. Es können konkrete Bilder sein, von Menschen, die euch nahestehen, von Themen, Dingen oder auch Farben und Mustern. Und statt die konkreten Worte zu formulieren, bitte ich euch nun, eure Bilder als Antworten aufzugreifen. Und während ihr noch auf das weiße Blatt schaut und vielleicht daran denkt, wann ihr das letzte Mal gemalt oder gezeichnet habt, könnten eure Hände vielleicht schon nach Stiften und Pinseln greifen, Farben auswählen und loslegen. Ihr braucht nicht ‚schön' malen oder für irgendjemanden verständlich. Vertraut einfach euren Händen. Während eure Hände noch ruhen oder tasten oder vielleicht auch schon loslegen, können eure Gedanken Bilder auswählen. Lasst einfach eure Hände und eure kreative Seite miteinander kommunizieren. Währenddessen ihr euch ruhig und gelassen hinsetzt und seht, was da Wunderbares auftaucht. Vertraut einfach euren kompetenten, sicheren, positiven und verlässlichen inneren Kräften, während ihr zuseht, was sich entwickelt."

Anschließend wird zur dritten Arbeitsinsel zu Schritt 3 gewechselt; wieder beginnen die Fragerunden einschließlich der schriftlichen Fixierung.

Schritt 3

Der Kampf, das Abenteuer und die große Prüfung: Welches sind meine größten Ängste/die größten Ängste der Heldin:

- Welche Krisen/schlimmsten Ereignisse könnte ich (Held:in) erleben?
- Was sind meine (Held:in) Befürchtungen bezüglich dieser Reise/dieses Prozesses?
- Was könnten Fallstricke für mich (Held:in) sein?
- Wie habe ich (Held:in) bisherige Krisen gemeistert? Was hat mir dabei geholfen? Welche meiner Fähigkeiten und Ressourcen haben mir dabei geholfen?

Die Teilnehmenden können die entsprechenden Antworten auch bildnerisch im Mandala fixieren. Anschließend wird zur vierten Arbeitsinsel zu Schritt 4 gewechselt; wieder beginnen die Fragerunden einschließlich der schriftlichen Fixierung.

Schritt 4

Die Erkenntnis – Es wird Erkenntnisgewinne und Erfahrungserweiterungen für mich geben:

- Was werde ich (Held:in) lernen können?
- Was werde ich (Held:in) nach der Reise/dem Prozess besser können als vorher?
- Welche kostbaren Entdeckungen werde ich (Held:in) machen?
- Welche Potenziale werden sich bei mir (Held:in) entfalten?

Anschließend wird zur fünften Arbeitsinsel zu Schritt 5 gewechselt; wieder beginnen die Fragerunden einschließlich der schriftlichen Fixierung und die weitere Ausgestaltung des Mandalas.

Schritt 5

Der Erfolg und die Belohnung: Es wird Anerkennung für mich, die Heldin, geben:

- Wofür wird sich die Reise/der Prozess, der Kampf und die Anstrengung für mich (Held:in) gelohnt haben?
- Was kann sich für mich (Held:in) danach zum Besten fügen?
- Was wäre eine angemessene Belohnung für mich (Held:in)?
- Wer wird für die Belohnung sorgen?
- Wessen Anerkennung wäre für mich (Held:in) am wichtigsten?
- Wie kann ich (Held:in) selbst für die angemessene Belohnung/Anerkennung sorgen?

Nun erfolgt eine abschließende bildnerische Ausgestaltung des Mandalas. In die Mitte können die Teilnehmenden auch gut ein kleines Bild (Schatztruhe o.Ä.) setzen. Im Anschluss finden sich alle in einem Kreis ein. Halten Sie die Erkenntnisse im Transfer-Journal fest.

Download-Ressource

- Mandala

Was ich finde, dass du brauchst ...

Orientierung

Ziele

- Sich die eigene aktuelle Situation bzw. Befindlichkeit mithilfe von Metaphernarbeit bewusst machen
- Irritation im positiven Sinn auslösen
- Ideen zur eigenen Entwicklungsarbeit gewinnen

Zeit

Bei bis zu 12 Teilnehmenden 90 Minuten

Material

- Malpapier für Wasserfarben DIN-A3 oder DIN-A4
- Wasserfarben, Pinsel und Becher mit Wasser
- Küchenrolle und Zeitungspapier
- Einen Tischblock, um den sich alle Teilnehmende setzen

Überblick/Hinweise

Die Teilnehmenden malen ein Bild, das ihre aktuelle Situation oder Befindlichkeit ausdrückt. Das Bild kann abstrakt oder konkret sein, gemustert oder auch monochrom, was auch immer; es geht nicht darum, schön oder gut malen zu können, sondern um ein Sich-Einlassen auf die augenblickliche Situation; das dauert maximal 10 Minuten. Dann wechseln alle, ohne ihr Bild mitzunehmen, drei Plätze weiter und ergänzen das nun vor ihnen liegende Bild nach dem Motto: „Was dieses Bild braucht". Anschließend wird wieder an den eigenen Platz zurückgewechselt, jedes Bild und die entsprechenden Ergänzungen werden interpretiert und besprochen.

Diese Methode arbeitet sehr stark mit Metaphern. Für Niklas Luhmann, einem der wichtigsten Vertreter der soziologischen Systemtheorie, ist „... die Metapher der Schlüssel zur Komplexitätsbewältigung". Denn die Metapher kann kognitive Komplexität reduzieren, indem sie Vieldeutigkeit zulässt, ja sogar sucht und somit hoch anschlussfähig wird. Was für Menschen in Worten manchmal schwer auszudrücken ist, weil es zu vielschichtig, vieldimensional und kaum strukturierbar wirkt, wird plötzlich einfach. Dadurch werden emotionale Einstellungs- und Handlungsebenen erreicht, die neue Möglichkeiten aufzeigen, wie Wirklichkeit wahrgenommen und interpretiert werden kann. Wahrnehmungsroutinen werden durchbrochen und andersartige Lösungsimpulse gefunden. Es entsteht Sinnstiftung mithilfe von Gestaltung, es entsteht Kunst. Der hier handelnde Mensch agiert in Rollen des Künstlers und Gestalters an sich selbst (Harlan et al., 1976).

Vorbereitungen

Auf einem Tischblock werden Zeitungen ausgelegt. Pro Teilnehmenden wird ein Bogen Wasserfarbenpapier, ein Kasten mit Wasserfarben (dieser kann sehr einfach sein), ein mitteldicker Malpinsel (bitte nicht fein: das (ver-)führt die Teilnehmenden dazu, schön malen zu wollen), ein Glas mit Wasser und reichlich Küchenkrepp-Papier (damit Malpinsel abgetrocknet und „Unglücke" aufgefangen werden können) ausgelegt. Im gleichen Raum – oder notfalls in einem anderen Raum, in den die Gruppe anschließend umzieht – sollte auch ein Stuhlkreis sein (ohne Tische), in den man sich nach dem Malen begibt und in dem die Bilder besprochen und interpretiert werden.

Teil 1: Die Teilnehmenden fertigen ein Bild an

Durchführung

Die Teilnehmenden werden gebeten, an dem Tischblock Platz zu nehmen. Dann beginnen Sie mit der Instruktion:

„Möglicherweise erinnert euch dieses Szenario an Schulzeiten. Und vielleicht erfreut es euch, weil ihr schon immer gerne gemalt habt. Vielleicht denkt ihr auch: ‚Oh Gott malen – das hab ich ja noch nie gekonnt!' Dieses eigene Vorurteil könnt ihr jetzt revidieren. Denn hier geht es nicht darum, nach irgendjemandes Geschmack ein Bild anzufertigen, sondern es geht darum, den eigenen Händen freien Lauf zu lassen. Und die eigene Emotionalität auf das Bild zu bringen, sich die eigene aktuelle Befindlichkeit beim Thema (… worum es sich eben aktuell dreht) vor Augen zu führen. Da dies manchmal nicht ganz einfach ist, habe ich als Form der Metapher das Bild gewählt. Denn ein Bild sagt schließlich mehr aus als tausend Worte. Ihr könnt ein abstraktes Bild malen oder ein konkretes. Ihr könnt ein Muster malen oder ein monochromes Bild. Ihr könnt viel auf das Bild malen oder recht reduziert sein. Lasst einfach eure Hände mit dem Malpinsel in Richtung Farbkasten und Papierblatt wandern und denkt dabei an die aktuelle Situation/das aktuelle Thema. Und eure Hände werden wissen, was sie malen möchten … Lasst euch Zeit – etwas, ein Bild, eine Farbe, ein Thema wird auftauchen … Bitte sprecht jetzt nicht mehr miteinander – legt einfach los. Ihr habt 10 Minuten Zeit …"

Das Schweigen ist wichtig, damit Konzentration entsteht. An dieser Stelle können Sie dann auch die Musik anstellen. Auch die Zeitansage ist wichtig, damit von vorneherein klar ist, dass jetzt kein fein ausgefeiltes Bild entstehen kann. Nach etwa 10 Minuten unterbrechen Sie die Malenden, falls diese nicht sowieso schon fertig sind, und bitten die Teilnehmenden, nun an einen anderen Platz zu wechseln.

„So ..., bitte haltet nun inne ... und beendet vorerst euer Werk (lassen Sie den Teilnehmenden Zeit, den Malpinsel abzulegen). *Bitte wendet euren Kopf nun nach links und zählt von euch aus drei Plätze weiter. Bitte begebt euch an diesen Platz und lasst euer Bild einfach liegen* (die Teilnehmenden wechseln die Plätze).

Nun bitte ich euch, sich intensiv mit dem nunmehr vor euch liegenden Bild zu befassen. Schaut euch dieses Bild genau an: Welche Empfindungen, welche Gedanken, welche Ideen löst das Bild bei euch aus? Sprecht diese bitte nicht aus ... Und wenn ihr euch so auf dieses Bild einlasst ..., was habt ihr für Ideen und Gedanken, was dieses Bild braucht? ... Was könnte dieses Bild in positiver Weise ergänzen? Was könnte es vollständiger machen? Wie könnte es abgerundet werden? ... Was könnte das Bild brauchen: Bitte greift nun wieder zum Malpinsel und ergänzt das Bild ...“

Manchem Teilnehmenden fällt es sehr schwer, in ein fremdes Bild einzugreifen, manche sind sofort dabei. Lassen Sie als Trainerin dem Ganzen einfach Zeit und kommentieren Sie nichts weiter. Wenn jemand nichts ergänzt, dann sollte er das auch so stehen lassen. Nach weiteren fünf Minuten bitten Sie die Teilnehmenden, nun zu ihren eigenen Bildern zurückzukehren, diese an sich zu nehmen und sich in den Stuhlkreis zu begeben.

Teil 2: Die Teilnehmenden interpretieren die Bilder

Nun erklären Sie, dass die Bilder jetzt besprochen werden.

„Ziel ist es, die Bilder ein wenig zu entschlüsseln und nach den Botschaften, Angeboten und Ideen, die in diesen stecken, zu suchen. Wir werden jedes einzelne Bild betrachten. Zuerst darf, wer möchte, interpretieren, was ihm dieses Bild sagt. Dies wird nicht gewertet, diskutiert und schon gar nicht zerredet. Jeder, der mag, bietet die eigenen subjektiven und damit richtigen Interpretationen an. Hier gibt es kein Richtig und kein Falsch.

Anschließend werden wir den jeweiligen ‚Ergänzer' bitten, zu berichten, was ihm zu dem Bild durch den Kopf gegangen ist, was er ergänzt hat und was er geglaubt hat, warum das Bild genau diese Ergänzung braucht. Die jeweilige Künstlerin hört hier genau hin und fragt sich: Was können ihr diese Sichtweisen, diese Interpretationen mitgeben? Was kann die Ergänzung bedeuten? Was sagt die Ergänzung, worum sie sich kümmern sollte, was sie weiterbringen würde, wofür sie sorgen sollte? Dann erklärt die Künstlerin selbst abschließend, was sie im Nachhinein zu ihrem eigenen Bild sagen möchte. Wie im echten Künstlerleben muss sie aber nichts zu ihrem Werk sagen, wenn sie nicht möchte. Das Ganze wird fünf Minuten pro Bild brauchen. Wer möchte mit seinem Bild beginnen?"

Hinweise !

Diese Runde ist erfahrungsgemäß für alle Beteiligten sehr spannend. Manchmal muss man als Trainerin hier entsprechend ein wenig auf die Zeit achten. Manche Teilnehmenden finden, dass ihr Bild nun nicht mehr ihr eigenes ist. Dies sollten Sie unbedingt würdigen und darauf hinweisen, dass gleichwohl eine hilfreiche Botschaft in der Ergänzung stecken kann. Insbesondere in diesem Fall können Sie (alle) Teilnehmenden bitten, sich einen Ausschnitt aus ihrem Bild auszuschneiden, der es am meisten repräsentiert, worum es ihnen geht und sich diesen Ausschnitt zum Beispiel in das Transfer-Journal oder ins Handout zu kleben. Das wird immer als passend angenommen. Die Methode bedarf keiner weiteren Nachbesprechung.

Quellen

- Harlan, Rappmann & Schata (1976): Soziale Plastik. Materialien zu Joseph Beuys. Achberg: Achberger Verlagsanstalt.
- Harlan, V. (1986): Was ist Kunst? Werkstattgespräch mit Joseph Beuys. Stuttgart: Urachhaus.

Riemann-Thomann-Modell – Reloaded

Orientierung

Ziele

- Sich die eigenen Persönlichkeitsausprägungen (im Vergleich mit anderen) vor Augen führen
- Die eigenen Persönlichkeitsausprägungen in Bezug zu den Auswirkungen des aktuellen Veränderungsprozesses setzen
- Ideen zur eigenen Entwicklungsarbeit gewinnen

Zeit

- Instruktion: 20 Minuten
- Bodenarbeit: 30 Minuten
- Partnerarbeit: 40 Minuten
- Gesamt bei bis zu 12 Teilnehmenden: 90 Minuten

Material

- Riemann-Thomann-Schema auf Flipchart
- Riemann-Thomann-Schema auf dem Boden mit Tesakrepp ausgelegt
- Kommunikationsdimensionen als PowerPoint oder auf der Pinnwand visualisiert
- Im Falle, dass ein Partner-Feedback gemacht werden soll, ein Instruktions-Flipchart mit den Aussagen „Wieweit hätte ich die Kollegin/den Kollegen ebenso an diesem Punkt positioniert oder deutlich woanders?“ & „Weswegen erlebe ich das so?“
- Flipchart mit Instruktion zur Partnerarbeit
- Transfer-Journal pro Teilnehmenden

Überblick/Hinweise

- Die Teilnehmenden lernen die Dimensionen des Riemann-Thomann-Schemas sowie die jeweiligen zugehörigen Kommunikationsstile kennen und schätzen sich diesbezüglich jeweils selbst ein.
- Dann reflektieren sie, wo in Bezug auf den aktuellen Veränderungsprozess die eigenen Persönlichkeitsausprägungen möglicherweise als Fallstricke wirken können, wo sie nutzbar gemacht werden können und definieren eine entsprechende eigene Handlungsstrategie.

In jedem Veränderungsprozess treffen Menschen mit höchst unterschiedlichen Bedürfnissen, Werten und Glaubenssätzen auf Forderungen, auf die sie entsprechend höchst unterschiedlich reagieren. Um diese Unterschiede und ihre Bedeutung für Kommunikation und Reaktionen zu verstehen, kann das Riemann-Modell herangezogen werden. Danach lassen sich in Analogie zu den Grundformen der Angst vier menschliche Grundausrichtungen beobachten: das Bedürfnis nach Nähe (z.B. zwischenmenschlicher Kontakt, Harmonie, Geborgenheit), nach Distanz (z.B. Unabhängigkeit, Ruhe, Individualität), nach Dauer (z.B. Ordnung, Regelmäßigkeiten, Kontrolle) und nach Wechsel (z.B. Abwechslung, Spontaneität, Kreativität). In Veränderungsprozessen werden vor allem die Dimension Wechsel bzw. Dauer angesprochen, die dann als Unterschiede zwischen Herangehensweisen und Reaktionen wahrnehmbar werden.

Dabei verstand schon Riemann seine Typologisierung nicht als eine endgültige Kategorisierung, sondern er ging davon aus, dass das Riemann-Thomann-Modell mit seinen vier Grundströmungen als Kompass dienen kann, um sich selbst zu reflektieren und zu lernen, mit seinen Bedürfnissen und Ängsten besser umzugehen und mehr Wahl- und Handlungsfreiheit zu erzielen.

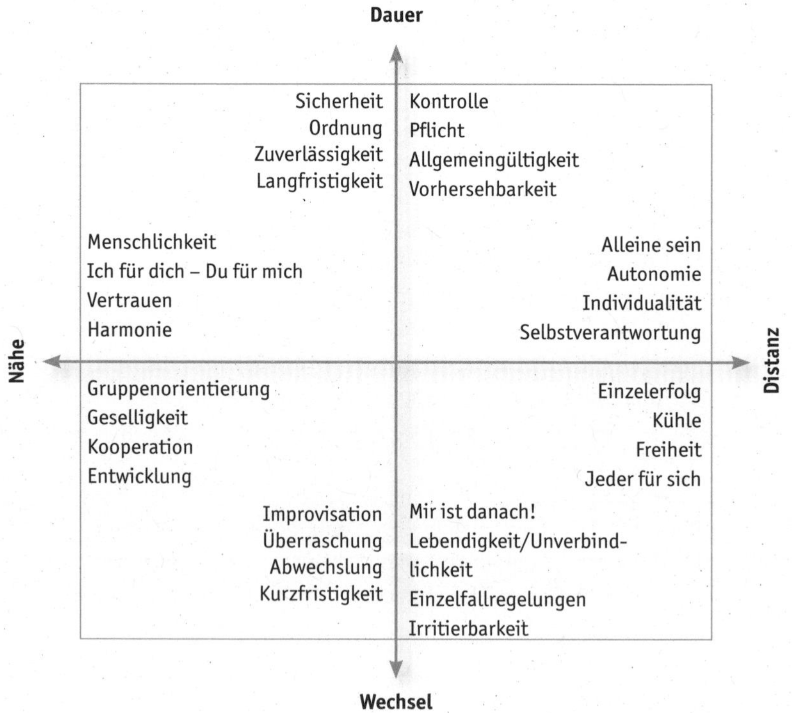

Abb.: Das Riemann-Thomann-Schema (modifiziert nach E. Stahl, 2007)

Die vier Pole des Riemann-Thomann-Schemas stehen auch für einen jeweils unterschiedlichen persönlichen Kommunikationsstil, der nach Stahl (2002) wie folgt beschrieben werden kann:

Nähe

- Befehle werden als Wünsche deklariert: „Ich würde mich freuen, wenn du …"
- Ablehnung wird formuliert als: „Ich kann nicht" statt „Ich will nicht "
- Forderungen werden nicht ausgesprochen oder als „Wir" geäußert: „Wir brauchen jetzt mal frische Luft" statt „Ich will, dass das Fenster geöffnet wird"
- Konflikte werden eher vermieden
- „Dissidenten" werden wie „verirrte Schafe" behandelt, also durch sanften Druck und die Vermittlung von Schuldgefühlen zur Ordnung gerufen

Distanz

- Persönliche Empfindungen und Wertungen werden unpersönlich formuliert, nach dem Motto: „Es wäre wünschenswert …"
- Gefühle werden zurückgehalten bzw. abgewiesen: „Bitte bleibe sachlich"
- Hilfe und Unterstützung werden kaum erbeten oder angeboten
- Mit Lob und dem Aussprechen von Zuneigung wird sehr sparsam umgegangen
- Es wird streng zwischen Berufs- und Privatleben unterschieden: „Das gehört nicht hierher …"

Dauer

- Es geht darum, wer Recht hat
- Argumente werden durch Prinzipien ersetzt: „Es gehört sich …", „Grundsätzlich gilt bei uns …"
- Umgangsformen und Hierarchien werden streng beachtet
- Man entschuldigt sich sofort, wenn Regeln oder Prinzipien nicht eingehalten werden können
- Prinzipienverletzungen werden wie Ketzerei behandelt: „Das gehört sich nicht. Man muss …"

Wechsel

- Regelbrüche gelten als Verlebendigung und Bereicherung: „Ich hab da eine tolle Idee …"
- Ideen werden in die Tat umgesetzt, ohne die Zustimmung der anderen abzuwarten: „Ich mach schon mal gerade …"
- Ablehnung wird eher selten offen und konfrontativ kommuniziert, sondern dadurch, dass das Thema gewechselt oder ein weiterer neuer Vorschlag gemacht wird

- Spannungen werden nach Möglichkeit schnell entschärft: „Nun sei doch nicht so ernst/traurig/böse/nachtragend ..."
- Regelverstöße werden augenzwinkernd hingenommen: „Er hat es nicht so gemeint!"

Durchführung

Teil 1: Bodenarbeit

Erklären Sie das Riemann-Thomann-Schema. Dann bitten Sie die Teilnehmenden, sich selbst in diesem Schema, das auf dem Boden ausgelegt ist (Achsen & Achsenbezeichnungen) zu positionieren:

„Dabei kommt es nicht auf mathematische Genauigkeit an, sondern es geht um eine ungefähre Einschätzung, nach dem Motto: ‚Wo in diesem Achsenkreuz finde ich mich in etwa wieder?' (Man kann hier auch noch mal auf die Zielsetzungen der Übung eingehen.) *Dazu braucht man keine Exaktheit - nur eine ungefähre Idee, was die eigenen Bedürfnisse und Werthaltungen betrifft, was einem wichtig ist. Eine ungefähre Einschätzung von ... bis reicht."*

Wenn alle Teilnehmenden Position bezogen haben, fragen Sie jeden Einzelnen: *„Aufgrund welcher Bedürfnisse und Werte hast du dich hier positioniert?"* Sie sollten dabei durchaus vertiefend nachfragen: *„Und was spielt noch eine Rolle, und was noch ...?"* Wenn die Teilnehmenden einander recht gut kennen, kann man auch zwei Personen aus der Gruppe bitten, jeweils Feedback zu geben. In diesem Fall sollte die Auswahl mit der Frage getroffen werden: *„Von wem möchtest du Feedback zu deiner Positionierung bekommen - ohne weitere Begründung?"*

Dann sollte Feedback gegeben werden, nach dem Motto: „Wieweit hätte ich die Kollegin, den Kollegen ebenso an diesem Punkt positioniert oder deutlich woanders?" – „Weswegen erlebe ich das so?" Sollte der Feedback-Nehmer irritiert sein, dann sollten Sie darauf hinweisen, dass diese Repositionierung die Wirkung der jeweiligen Person auf die Feedback-Geber beschreibt. Und dass diese Wirkung im zweiten Schritt der Übung mitreflektiert werden sollte, weil sie noch weitere Anregungen geben kann. Wenn man möchte, kann man anschließend auch noch den Selbsttest zu den Dimensionen von Riemann durchführen (um ein weiteres Feedback zu bekommen, keine Wahrheit!).

Teil 2: Partnerarbeit

Nun geht es in den zweiten Teil der Übung. Bitten Sie die Teilnehmenden, sich mit einem Buddy zusammenzufinden. Es ist empfehlenswert, hier nicht zu losen, sondern eine persönliche Wahl zu ermöglichen, weil die kommende Reflexion mit gegenseitigem Vertrauen und Sympathie mehr Offenheit bewirken kann. Bei einer ungeraden Teilnehmerzahl sollte sich ein Trio bilden. Dann bitten Sie die Teilnehmenden mit Blick auf ihre Persönlichkeitsausprägungen, Bedürfnisse und Werte folgende Fragen mit dem Seminar-Buddy zu diskutieren:

Mit Blick auf meine Persönlichkeitsausprägungen, Bedürfnisse und Werte ...

Wo und wie in Bezug auf den aktuellen Veränderungsprozess ...
- wirken meine Persönlichkeitsausprägungen möglichweise als Fallstricke?
- können meine Persönlichkeitsausprägungen nutzbar gemacht werden?

Wenn Folgendes eintrifft (...), welche persönlichen Handlungsstrategien lassen sich für mich daraus ableiten?
- ...
- ...
- ...

Bitte bearbeitet dieses Schema nacheinander für beide Partner. Nehmt euch pro Partner etwa 20 Minuten Zeit. Bitte haltet die für euch wichtigsten Punkte in eurem Transfer-Journal fest.

Hinweise

Es ist kein weiteres Debriefing notwendig. Man kann aber im Plenum nochmals nach Erfahrungen, Fragen oder abschließenden Anmerkungen der Teilnehmenden fragen.

Quellen

- Riemann, F. (1961): Grundformen der Angst und die Antinomien des Lebens. Basel/München: Ernst Reinhardt.
- Stahl, E. (2002): Dynamik in Gruppen – Handbuch der Gruppenleitung. Weinheim, Basel: Beltz.
- Stangl, W., Riemann, F.: Grundformen der Angst. http://arbeitsblaetter.stangl-taller.at/EMOTION/Riemann.shtml Aufgerufen am 30.08.2022.
- Riemann-Thomann-Modell. http://de.wikipedia.org/wiki/Riemann-Thomann-Modell. Aufgerufen am 30.08.2022.

Analysemethoden auf taktischer (Gruppen-)Ebene

Familiengeschichten

Orientierung

Ziele

- Eine Analyse der aktuellen Team- oder auch Bereichssituation vornehmen, bei der die Beteiligten Spaß haben
- Über die Arbeit mit Metaphern Themen leichter ansprechbar machen
- Ideen für Veränderungsansätze gewinnen

Zeit

- Instruktion: 15 Minuten
- Gruppenarbeiten: 45-60 Minuten
- Vorlesen der Ergebnisse: 10 Minuten
- Kein Debriefing – gegebenenfalls weitere Ausarbeitungen mit anderen Methoden

Material

- Schreibutensilien
- Papier/Notizblöcke pro Teilnehmenden
- Sammlung der Fragen kopiert pro Teilnehmenden

Überblick/Hinweise

Die Trainerin liest Fragen vor wie etwa: „Wenn Sie eine große Familie wären, was ...?" – und die Teilnehmenden beantworten sie durch das Aufschreiben von Stichworten. Anschließend formulieren/entwickeln sie gemeinsam in einer Gruppenarbeit eine „Geschichte" über diese Familie, die im Plenum vorgetragen wird.

Über die Bedeutung von Metaphernarbeit wurde in diesem Buch schon gesprochen (Seite 182 ff.). Gerade bei dieser Übung wird deutlich, dass mithilfe von Metaphern vieles ausgesprochen werden kann, ohne dass dies nachgearbeitet oder mit konkreten (vielleicht manchmal verletzenden) Beispielen hinterlegt werden muss. Trotzdem steht klar im Raum, worum es geht – allerdings von vorneherein mit einer großen Portion Humor.

Diese Art von Metaphernarbeit ist sicherlich nicht für alle Unternehmenskulturen und alle Veränderungsvorhaben geeignet. Entsprechend hilfreich und notwendig ist es, eine solche Vorgehensweise vorab mindestens mit einigen Einzelpersonen aus der betreffenden Kultur und einigen Meinungsbildnern/Hierarchen „anzutesten“. Erfahrungsgemäß gilt: Je jünger das Durchschnittsalter in einem Unternehmen, desto unkomplizierter ist die Anwendung der Methode. Auch bei technikaffinen Unternehmen findet diese Art von „Analyse-Arbeit“ Anklang.

Bevor Sie in die Instruktion zu „Familiengeschichten“ gehen, sollten Sie als Trainerin aufzeigen, worum es bei dieser Übung geht. Analog der genannten Orientierung lassen sich folgende Zielsetzungen formulieren:

- Eine Analyse der aktuellen Team- oder auch Bereichssituation vornehmen, die die Beteiligten zum Lachen bringt und bei der sie Spaß haben
- Über die Arbeit mit Metaphern Themen leichter ansprechbar machen
- Ideen für Veränderungsansätze gewinnen

Durchführung

Bitten Sie die Teilnehmenden, sich mit Schreibblock und Schreibutensil zu versorgen (keine Moderationsstifte) und sich möglichst entspannt und bequem hinzusetzen. Erklären Sie, dass Sie gleich eine Reihe von Fragen vorlesen werden, nach dem Motto: *„Stellt euch vor, ihr und eure Kolleg:innen sind eine große Familie ...“* und sie bitten werden, spontan Assoziationen und Antworten beziehungsweise entsprechende Stichworte aufzuschreiben. Weisen Sie darauf hin, dass das Ganze etwa 15 Minuten dauern wird und dass im Anschluss Gruppen gebildet werden, die aus diesen Stichworten gemeinsam eine Geschichte über diese Familie schreiben werden. Dies kann eine Science-Fiction-Story, ein Krimi oder ein Märchen sein. Was auch immer und wozu immer man gemeinsam auch Lust hat. Diese Geschichten werden dann vorgelesen, aber nicht hinterlegt oder im Detail analysiert.

Falls mit den Inhalten weitergearbeitet werden soll, sollten Sie darauf hinweisen, dass dies auf einer sehr allgemeinen Ebene geschehen wird.

Auch wenn Sie hierfür einen Fragebogen an die Teilnehmenden austeilen, hat es sich bewährt, die Fragen vorzulesen und dazwischen jeweils Zeit zu geben, etwas aufzuschreiben. Dabei können Sie sich einfach danach richten, wann die meisten Teilnehmenden mit dem Aufschreiben fertig sind.

Die Gruppengrößen für die Erstellung der „Familiengeschichten" sollten zwischen 4-6 Teilnehmenden liegen, damit sich jeder mit seinen Stichpunkten wirklich einbringen kann.

Beim Vorstellen der Familiengeschichten im Plenum sollten Sie darauf achten, dass diese möglichst nicht kommentiert werden. Nach jeder Geschichte sollten Sie den Applaus starten. Wenn Sie möchten und dies passt, können Sie die Familiengeschichten auch mit einer bestimmten (Film-)Musik an- bzw. abmoderieren.

Die Übung „Familiengeschichten" kann man gut am Ende eines Arbeitstages plazieren. Die Geschichten können dann zum Beispiel während des Abendessens zwischen den verschiedenen Gängen eines Menues vorgelesen werden.

Wenn Sie die Familiengeschichten als Basis für eine weitere Bearbeitung von Themen wählen, so kann dies zum Beispiel mit folgenden Arbeitsfragen geschehen:

- Welche Themen sind in den Familiengeschichten aufgetaucht, bei denen sich aus unserer Sicht unbedingt etwas ändern und bessern muss?
- Woran konkret würden wir erkennen, dass sich bei dem jeweiligen Thema etwas im gewünschten Sinn verändert hat?
- Was wäre der Nutzen einer solchen Veränderung für ... (unseren Bereich, das Team, jede/n einzelne/n Kollegin/en ...)?

Instruktion „Familiengeschichten"

Stell dir vor, du und deine Kolleg:innen sind eine große Familie. Schreibe spontan die Assoziationen, Stichworte und Ideen auf, die dir zu den Fragen einfallen.

Wenn ihr eine Familie wärt ...
- Wie sieht die Familienstruktur aus? Gibt es Vater? Mutter? Onkel, Erbtanten ...? Wen noch?
- Welche Rollen gibt es in der Familie? (Wer ist zum Beispiel „Seelentröster", „schwarzes Schaf" ...?)

- Wie sehen die Familienbande aus? Welche Verbindungen gibt es?
- Was unternimmt die Familie zusammen? Zu welchen Gelegenheiten oder Anlässen trifft sie sich?
- Was ist gerade bei der Familie los? Worüber spricht die Familie gerade?
- Welche Hobbys hat die Familie? Was tun alle/einige leidenschaftlich gerne?
- Was wird in der Familie belohnt? Was ist der Familie superwichtig?
- Was wird bestraft? Was darf man in der Familie keinesfalls tun? Was sind Tabus in der Familie?
- Wofür gibt die Familie Geld aus?
- Worüber streitet die Familie?
- Wer hat offiziell in der Familie das Sagen? Wie ist das inoffiziell?
- Wer ist in der Familie für welche Aufgaben zuständig?
- Welche Rituale gibt es in der Familie?

Bitte stellt euch im Anschluss in eurer Gruppe eure jeweiligen Ideen, Assoziationen und Stichworte gegenseitig vor. Entscheidet dann, welche Art von Geschichte ihr über die Familie entwerfen möchtet: zum Beispiel ein Märchen, einen Krimi oder eine Science-Fiction-Story. Hierfür habt ihr 45 Minuten Zeit.

Gebt eurer Familiengeschichte eine Überschrift und lest diese anschließend im Plenum vor.

Team-Vernissagen

Orientierung

Ziele

- Eine intuitive Analyse der aktuellen Team- oder auch Bereichssituation vornehmen, die die Beteiligten zum Schmunzeln bringt und bei der sie Spaß haben
- Über die Arbeit mit Metaphern Themen leichter ansprechbar machen
- Ideen für Veränderungsansätze gewinnen

Zeit

- Instruktion: 5 Minuten
- Gruppenarbeiten: 10-15 Minuten
- Vernissage: bei 3 Gruppen 20 Minuten
- Kein Debriefing – gegebenenfalls weitere Ausarbeitungen mit anderen Methoden

Material

- Je eine Pinnwand pro Gruppe bei max. 5 (besser nur 4) Teilnehmenden pro Gruppe (eher kleiner), beschriftet mit: „Was uns gerade umtreibt"
- Dicke verschiedenfarbige Moderationsstifte, ggf. ergänzend Wachsmalkreiden
- Flipchart mit Instruktion „Fragen an die Kunstexperten"

Überblick/Hinweise

Die Tainerin bittet die Teilnehmenden, ein Bild von der aktuellen Situation im Bereich (Team, Unternehmen) nach der Fragestellung „Was uns gerade umtreibt" zu zeichnen und dabei nicht zu sprechen. Anschließend gehen alle Teilnehmenden von Bild zu Bild, wobei jeweils das Team der vorgelagerten Gruppe das Bild des anderen Teams interpretiert, so, wie dies möglicherweise ein Kunstexperte tun würde. Dies ist stets mit viel Schmunzeln und Humor verbunden.

Bei dieser Übung wird deutlich, dass mithilfe von Metaphern vieles leichter und weniger belastend bearbeitet werden kann. Zudem bringt die Übung stets viel Spaß. Es ist wichtig, dass auch diese Art von Metaphernarbeit nicht für alle Unternehmenskulturen und alle Veränderungsvorhaben geeignet ist. Wenn man das Unternehmen und seine Kultur nicht kennt, sollte man vorab die Methode mit einigen Personen, insbesondere auch Meinungsbildnern/Hierarchen aus dem betreffenden Unternehmen durchsprechen und nachfragen, ob diese glauben, dass die Kolleginnen und Kollegen sich auf diese Übung einlassen und dabei Spaß haben werden.

Bevor man zur Instruktion für „Team-Vernissagen" schreitet, sollte man als Trainerin/Moderatorin unbedingt viel „Produktinformationen" geben und verdeutlichen, was man mit dieser Übung erreichen kann und was nicht.

Analog der genannten Orientierung lassen sich folgende Zielsetzungen formulieren:

- Eine intuitive Analyse der aktuellen Team- oder auch Bereichssituation vornehmen, die die Beteiligten zum Schmunzeln bringt und bei der sie Spaß haben
- Über die Arbeit mit Metaphern Themen leichter ansprechbar machen
- Ideen für Veränderungsansätze gewinnen

Dies ist keine Übung, um detaillierte Informationen über Probleme zu gewinnen. Es geht eher darum, eine Ausgangsbasis zu schaffen, um anschließend mit einem klaren „Solution Fokus" in Richtung Ziele und Veränderungen zu arbeiten.

Durchführung

Als Trainerin losen Sie die jeweiligen Teamzusammensetzungen aus. Dies stellt einigermaßen sicher, dass sich nicht die Teilnehmenden zusammenfinden, die eher „analytisch-kognitiv" strukturiert sind oder sich anstecken beim „Ich kann nicht zeichnen". Bitten Sie die Teilnehmenden, sich an die vorbereiteten, beschrifteten Pinnwände zu begeben (legen Sie unbedingt an jeder Pinnwand verschiedenfarbige Stifte aus) und ein Bild zur aktuellen Situation zu zeichnen, nach dem Motto: „Was uns gerade umtreibt".

„Bei dieser Übung soll bitte nicht gesprochen werden. Beginnt einfach irgendwo auf dem Blatt das zu zeichen, was ihr passend findet und ihr werdet sehen, dass sich das dann ganz gut zu den Bildern der anderen zusammenfügen wird. Es geht darum, Symbole oder Metaphern oder Botschaften zu entwerfen, nicht darum, schön zu zeichnen. Es geht darum, Spaß zu haben und vielleicht einen zeichnerischen Dialog auf dem Papier zu entwickeln … Ihr werdet dafür 10 bis maximal 15 Minuten Zeit zur Verfügung haben. So, und jetzt legt bitte los."

Manche Teilnehmenden brauchen ein wenig Zeit, bis sie Mut fassen, loszulegen und schauen vielleicht erst einmal eine Weile zu. Dazu können Sie gegebenenfalls auch ermutigen. Wenn 15 Minuten vergangen sind, sind meist schon einige Teilnehmende fertig. Beenden Sie entsprechend die Zeichenaktion und rufen Sie die Teilnehmenden bei einem Bild zusammen. Dabei achten Sie darauf, wer die Teilnehmenden der vorgelagerten Gruppe sind. Diese werden gebeten, nun das Bild des anderen Teams zu interpretieren, so, wie dies möglicherweise ein Kunstexperte tun würde. Dabei verweisen Sie auf das Flipchart mit der Instruktion „Fragen an die Kunstexperten" und bitten die „Kunstexperten" mit einem Schmunzeln, doch einige Fragen zu dem Bild zu beantworten: *„Dabei könnt ihr bitte gerne jede Interpretationsfreiheit nutzen. Schließlich ist, wie wir wissen, das, was uns der Künstler sagen wollte, das eine, und das, was wir in dem Bild lesen und was uns die Kunsthistoriker sagen, das, was zählt."*

Anschließend sollten Sie die Fragen auf dem Flipchart vorlesen.

Flipchart mit Instruktion „Fragen an die Kunstexperten"

- Was wollten uns die Künstler mit diesem Bild sagen?
- Wie interpretiert ihr die Details auf diesem Werk? In welchem Zusammenhang seht ihr diese?
- Was seht ihr, dass wir nicht sehen?
- Welchen Titel würdet ihr dem Bild geben?

Sie sollten nach den Aussagen der Kunstexperten den Applaus starten. Nun sollten Sie auch die Künstler selbst bitten, noch etwas zu ihrem Werk und zu ihren Botschaften zu sagen. Wenn dies ganz anders ist, als die Interpretation der „Kunstexperten", gibt es meist großes Gelächter. Dabei sollten Sie darauf achten, dass nichts „zerredet" wird. Denn was hier wirklich wahr ist und was nicht, steht nicht zur Debatte! Jede Interpretation gilt – wie auch im echten Leben! Das kann man einfach sagen. Nach und nach wird jedes Bild besprochen.

Wenn Sie die „Team-Vernissagen" als Basis für eine weitere Bearbeitung von Themen wählen, so kann dies zum Beispiel mit folgenden Arbeitsfragen geschehen:

- Welche Themen sind in den „Team-Vernissagen" aufgetaucht, bei denen sich aus unserer Sicht unbedingt etwas ändern und bessern muss?

- Woran konkret würden wir erkennen, dass sich bei dem jeweiligen Thema etwas im gewünschten Sinn verändert hat?
- Was wäre der Nutzen einer solchen Veränderung für ... (unseren Bereich, das Team, jede/n einzelne/n Kolleg:in ...)?

Analysemethode auf strategischer Managementebene

Die Analyse des Wirkungsumfelds mithilfe der Netzwerkdarstellung

Orientierung

Ziele

- Methode zur Analyse des Wirkungsumfelds ausprobieren
- Zeigen, wie konkret ein gemeinsames Bewusstsein und ein gemeinsames vertieftes Verständnis zu einem Thema, etwa zur Notwendigkeit der Veränderung, geschaffen werden kann

Zeit

- Schritt 1: 45-60 Minuten
- Schritt 2: 30-45 Minuten

Material

Vorbereitungen für Schritte 1 & 2:

- Instruktion zur Gruppenarbeit 1 & 2 auf Flipchart
- Gegebenenfalls das Fischzucht-Beispiel und weitere Pinnwand parat haben
- Jeweils 2 Pinnwände analog zur Gruppenzahl (Überschrift 1: „Analyse des Wirkungsumfelds mithilfe der Netzwerkmethode von ...“ , Überschrift 2: „Auswertung & Hypothesenbildung“)
- Eine Legende in die untere Ecke der 1. Pinnwand schreiben:
  - Kärtchen für Variablen, die wir direkt beeinflussen können, mit grünem Ausrufezeichen versehen
  - Kärtchen für Variablen, die wir nicht beeinflussen können, mit rotem Blitz versehen
- Moderationskärtchen in einer jeweils einheitlichen Farbe und farbige Stifte bereitlegen
- Pinnwände für akustisch ungestörtes Arbeiten gut voneinander trennen

Überblick/Hinweise

- Während der Arbeit ergeben sich hier häufig wichtige Diskussionen darüber, welcher Einfluss des relevanten Wirkungsumfelds wie einzuschätzen ist oder welche Zusammenhänge gesehen werden.
- Außerdem ergeben sich häufig positive Aha-Effekte, wenn neue Perspektiven oder Informationen auftauchen.
- Die Übung ist eine gute Vorbereitung, um die Notwendigkeit eines Veränderungsprozesses nachdrücklich zu unterstreichen und eine diesbezügliche Synchronisation herzustellen.

Die Herausforderungen, mit denen wir es im Unternehmensumfeld zu tun haben, sind meist hochkomplex und stark vernetzt. Nahezu zwangsläufig konstruiert jeder Mensch seine eigene Weltkarte, selektiert Informationen aufgrund der eigenen Erfahrungen und Bedürfnisse und reduziert auf diese Weise die gegebene Komplexität. Um zu einem differenzierten und synchronisierten gemeinsamen Bild zu kommen, empfiehlt es sich daher, ein Modell der Zusammenhänge und Fakten klar vor Augen zu haben. Dies wird mithilfe der Netzwerkmethode erreicht (Stäudel, 2010):

Die Visualisierung anhand der Netzwerkmethode

- stößt einen gemeinsamen Denk- und Handlungsprozess an,
- erzeugt ein gemeinsames Verständnis der Gesamtsituation,
- sichert die Wahrnehmung wichtiger Einflussgrößen,
- ermöglicht es, Zusammenhänge besser analysieren und diskutieren zu können und
- ermöglicht es, Chancen und Risiken klarer zu erkennen,
- erleichtert die Hypothesenbildung anhand eines transparenten Modells und
- erleichtert damit die Durchführung von Kontrollschleifen hinsichtlich der Zielerreichung und des Erfolgs.

Durchführung

Schritt 1: Die Gruppenarbeit zur Analyse des Wirkungsumfelds mithilfe der Netzwerkmethode

Für die Analyse des Wirkungsumfelds sollten zwei Gruppen mit der gleichen Aufgabenstellung arbeiten oder, falls die Teilnehmenden kein gemeinsames Veränderungsprojekt haben, zwei bis drei exemplarische Beispiele aus der Gruppe genommen werden. Die Teams konstituieren sich nach dem jeweiligen Wirkungsumfeld, das sie analysieren möchten, die Peers helfen durch Fragen. Die nachfolgend dargestellte Vorgehensweise orientiert sich an der Arbeit von Stäudel (Stäudel, ebda) in einer vereinfachten Anwendung.

Instruktion zur Gruppenarbeit 1 (auf Flipchart)

- Sammelt auf Moderationskärtchen externe Wirkungsumfeldvariablen, die aktuell auf den von euch betrachteten Bereich einwirken.
- Kennzeichnet diejenigen Variablen, bei denen ihr selbst eingreifen (etwas „drehen") könnt.
- Skizziert mit Pfeilen die direkten Aus- bzw. Einwirkungen (Was wirkt sich direkt auf was aus?) und beschreibt in Stichworten die Wirkungsweise der Variablen (dies neben den Pfeil schreiben).

Achtung: Die Wirkungsweise muss (und kann auch nicht) keineswegs mathematisch genau sein. Sie soll „nur" dazu beitragen, Verständnis, Hypothesen und Ideen generieren zu können.

Hinweise

Als Trainerin sollten Sie Ihre Teilnehmenden darauf aufmerksam machen, dass sie die maximal 15 wichtigsten Variablen auswählen sollen. Wenn man mehr auswählt, ist zu vermuten, dass man zu sehr ins Detail geht, was nicht hilfreich wäre. Sie sollten außerdem vorschlagen, dass die Teilnehmenden bei Uneinigkeit diese Punkte nach kurzer Diskussion am besten gut sichtbar visualisieren. Inwieweit die unterschiedlichen Sichtweisen dann tatsächlich Auswirkungen haben, wird man bei der Hypothesenbildung bearbeiten.

Auch sollten Sie darauf hinweisen, dass die erarbeitete Visualisierung des Wirkungsumfelds sehr gut in einem „Change-Cockpit" (etwa dem Büro einer Projektleiterin, dem entsprechenden Besprechungsraum etc.) aufgehängt werden kann/sollte. Auf dieses Bild kann immer wieder Bezug genommen werden, es kann ergänzt oder verfeinert werden und es sorgt so immer wieder für ein gemeinsames Verständnis der Situation.

Ein Beispiel

Die Methode kann vorab auch an einem Beispiel verdeutlicht werden. Hier bietet sich das Beispiel Fischzucht an (Stäudel, ebda). Man kann die Teilnehmenden bitten, sich vorzustellen, sie wären Besitzer eines Fischteichs und wollten sich veranschaulichen, welches die Wirkungsumfeld-Variablen für ihre Fischzucht sind, um diese Erfolg versprechend steuern zu können. Nun können die Wirkungsumfeld-Variablen auf Zuruf auf Kärtchen geschrieben werden. Variablen sind Fische, Sauerstoffgehalt des Wassers, Wassertemperatur, Algenmenge im Wasser, Anteil der Phosphate (Düngemittel im Wasser) ... Diese Variablen können Sie als Trainerin erst einmal mitschreiben und gegebenenfalls die wichtigsten selbst ergänzen.

Dann diskutiert die Gruppe, welches die Variablen wären, die man selbst (nicht) direkt beeinflussen kann:

„Wassertemperatur können wir nicht beeinflussen, die ist abhängig vom Wetter, Phosphate auch nicht, denn die sind abhängig von den Bauern in der Umgebung und deren Düngeverhalten ... (hierzu die roten Blitze auf die entsprechenden Kärtchen zeichnen). *Beeinflussbare Variablen* (grüne Ausrufezeichen auf diese Kärtchen malen) *sind die Anzahl der Fische, denn die könnten wir herausfischen oder auch einsetzen ...“*

Dann skizziert die Gruppe die Beziehungen zwischen den einzelnen Variablen:

„Welche Variablen wirken hier direkt auf welche anderen Variablen ein? Und welche wirken direkt auf die Menge der Fische ein? Auf die Menge der Fische wirkt natürlich das Futter ein, aber auch die Menge der Algen sowie die der organischen Stoffe (‚Dreck'), die den Sauerstoffgehalt dezimieren bzw. die Fische ersticken lassen ...“

Abb.: Analyse des Wirkungsumfelds anhand der Netzwerkdarstellung

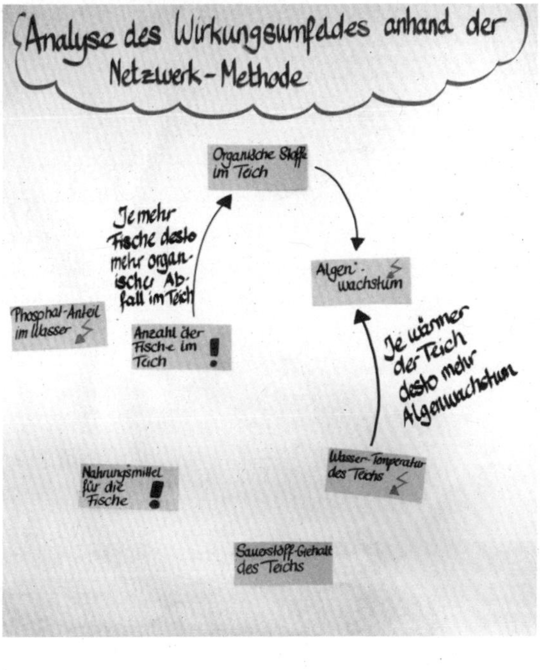

Dieses dient nur als Beispiel zur Veranschaulichung. Man muss das nicht exakt und schon gar nicht zu Ende ausarbeiten.

Falls in zwei Gruppen mit der gleichen Aufgabenstellung gearbeitet wurde (im „Echtfall"), ist ein Abgleich der Netzwerkdarstellungen, also eine Präsentation der Zwischenergebnisse aus Schritt 1 interessant: Wo decken sich die Sichtweisen und wo unterscheiden sie sich? Auf welche Kenntnisse, Erfahrungen bzw. Erklärungsmodelle (Hypothesen) beziehen sich die Sichtweisen? Nicht unbedingt ist dabei eine Einigung nötig, allerdings sollten die unterschiedlichen Sichtweisen dokumentiert und regelmäßig reflektiert werden. Möglicherweise kommt man trotz unterschiedlicher Sichtweisen auch im nächsten Schritt, der Auswertung der Analyse des Wirkungsumfelds, zu gleichen Schlüssen. Entsprechend sollten alle anschließend mit der Auswertung der Ergebnisse des Wirkungsumfelds fortfahren.

Schritt 2: Auswertung der Analysen des Wirkungsumfelds und Hypothesenbildung

Instruktion zur Gruppenarbeit 2 (auf Flipchart)

1. Was sind die Ziele, die wir erreichen wollen (das gewünschte Ergebnis in der betreffenden Situation)?

2. Welche Hypothesen könnt ihr mit Blick auf die Wirkungsumfeld-Analyse formulieren?

   - Was ist bei euch im Markt los? Was bedeutet das für euer Unternehmen?
   - Wohin entwickelt sich der Markt? Was bedeutet das für euer Unternehmen?
   - Was passiert bei euch, wenn nichts passiert, also alles so weiterläuft wie bisher (Notwendigkeit?)? Was heißt das dann für euer Unternehmen?
   - Worin besteht (also) die Notwendigkeit der Veränderung?
   - Wieweit ergibt es Sinn, an den Variablen, bei denen ihr eingreifen könnt, etwas zu „drehen"?
   - Wieweit müssten eurerseits ganz neue „Variablen" (Aspekte) eingefügt werden, um etwas in eine gewünschte Richtung „drehen" zu können?

Präsentation der Gruppenarbeiten

Im Anschluss präsentieren und diskutieren die Gruppen (falls zwei oder mehrere Gruppen an dem Thema gearbeitet haben). Hier kommt es darauf an, ob die Methode zu Übungszwecken oder für den „Echtfall" durchgeführt wurde. Im Falle von Übungszwecken kann man ein abschließendes SMARTIE durchführen, um die Methode zu verankern. Im „Echtfall" wäre der nächste Schritt, sich aufgrund der gebildeten Hypothesen konkrete

Vorgehensweisen zu überlegen, die das System seinen oben formulierten Zielen beziehungsweise den gewünschten Ergebnissen näher bringt.

Quelle

- Stäudel, T. & Holicki, G. (2010): Krisen in komplexen Systemen vorhersagen: Eine Workshop-Methode für den Umgang mit Vernetztheit, in: Schmidt, G., Dollinger, A. & Müller-Kalthoff, B. (2022): Gut beraten in der Krise. Konzepte und Werkzeuge für ganz alltägliche Ausnahmesituationen. Bonn: managerSeminare, 6. Aufl.

II – Den Wandel vorantreiben

Motivationsmethoden für individuelle Belange

Wider Versandung und Beharrung

Die Betroffenen im Veränderungsprozess

Das Neue festigen – Rituale

Orientierung

Ziele

- Die Teilnehmenden gewinnen viele Ideen, wie Rituale aussehen können
- Im besten Fall finden die Teilnehmenden ein konkretes Ritual für einen aktuellen Veränderungsprozess, um diesen damit zu stärken

Zeit

- Intro: 10 Minuten
- Gruppenarbeiten (Dreiergruppen): 30 Minuten
- Präsentation der Gruppenarbeiten: 20 Minuten (pro Gruppe 5 Minuten)

Material

Pro Dreiergruppe Moderationswand, Post-its, Stifte

Hinweis

Wenn Sie diesen Baustein online durchführen wollen, planen Sie entsprechend ausreichend Platz auf dem digitalen Whiteboard ein. Die Gewichtung der Ideen (Nuggets, Nüsse, Notgroschen) kann etwa über die Voting-Funktion des digitalen Whiteboards erfolgen.

Intro

„Wenn man das Stabilisieren vergisst, dann ist das Transformationsprojekt permanent gefährdet. Man kann häufig beobachten, dass wenn der Veränderungsdruck und die Aufmerksamkeit für ein bestimmtes Thema nachlassen, Organisationen häufig in alte Muster zurückfallen. Auch gut eingeführte Veränderungen stehen in der Regel noch eine Weile nicht auf festem Grund und in vielen Prozessen fehlt ein Plan, wie nachgefasst werden kann.

Schon Kurt Lewin hat darauf hingewiesen, dass Veränderungen ohne diese Stabilisierungsphase, ohne Refreezing, ein hohes Risiko bergen, wieder in alte Muster zurückzufallen. In vielen Studien, die sich damit befassen, aus welchen Gründen Change-Prozesse scheitern, ist der Aspekt ‚Kein echtes und nachhaltiges Monitoring/Erfolgskontrolle der Aktivitäten' der am dritthäufigsten genannte Grund.

Eine der wichtigsten Methoden, um Neues zu markieren und sich Veränderungen bewusst zu machen, sind Rituale. Rituale sind strukturelle Mittel, um die Bedeutung von Handlungen über profane Alltagsbedeutungen hinaus sichtbar zu machen. Rituale sollen komplexe Situationen vereinfachen und damit an Wendepunkten neues Verhalten fördern. Sie sind eine Art symbolische Auseinandersetzung mit relevanten Fragen. Das alles kennen wir aus religiösen Ritualen wie etwa der Taufe oder aus zyklischen Ritualen wie dem Erntedankfest ... Es gibt nationale Grußrituale und ganz persönliche Freundschaftsrituale ... Hier im Seminar haben wir ebenfalls Rituale, etwa das Ritual zum Tagesabschluss, das zwar variieren kann, das aber immer sicherstellt, dass wir noch einmal zusammenkommen, bevor wir den Seminartag beenden. Oder das Morgenritual, das sicherstellen soll, dass alle innerlich ankommen und dass ‚Querstehendes' angesprochen werden kann ..."

Hier können Sie als Trainerin gut die Teilnehmenden einbinden und sie fragen, welche Rituale sie pflegen beziehungsweise welche netten Rituale sie vielleicht kennen ... Für manche Menschen ist der Sonntagabend-Tatort das Abschlussritual zum Wochenende. Für andere nach dem Bürotag das Wechseln der Kleider: „Rein in die Jeans, raus aus dem Kostüm." Alle diese Handlungen zeigen, dasss jetzt etwas abgeschlossen ist und etwas

Methode: Rituale

Rund um das Thema Rituale

Rituale sind ...

- nach bestimmten Regeln ablaufende Handlungen
  Erst tue ich das, dann das und dann das ...
- meist von bestimmten Sätzen, Gesten oder Verhalten begleitet
  Dabei sage ich laut ...
- mit bestimmten Gedanken belegt
  Dabei denke ich an ...
- mit einem definierten Symbolgehalt (Geste, Objektanker...) versehen
  Und das alles bedeutet für mich ...

Rituale helfen dabei ...

- Aufmerksamkeit zu fokussieren
- zeitliche und soziale Abläufe zu rhythmisieren
- Halt, Orientierung und Sinn zu vermitteln
- mit Komplexität umzugehen
- herausfordernde Situationen zu bewältigen

Neues beginnt. Nun kann man gut auf das Chart „Rund um das Thema Rituale" eingehen.

Für den betrieblichen Kontext hatten die Autorinnen z.B. folgendes Ritual nach einer Umstrukturierung in einem Call-Center erlebt: Jedes Mal, wenn die neuen Ansprachen zum Cross-Selling verwendet wurden (vorher war nie Cross-Selling gemacht worden), wurden Murmeln in einen Team-Glasbehälter geworfen: eine rote, wenn kein Cross-Selling gemacht wurde, eine grüne Murmel für die Ansprache, eine blaue, wenn der Kunde auch gekauft hatte. Beim wöchentlichen Teammeeting wurden die Murmeln ausgewertet und ein „After Action Review" (Seite 290) durchgeführt. Das Prozedere wurde im Team so lange durchgeführt, bis nur noch ganz wenige rote Murmeln im Glas waren. Dann blieb der Behälter auf dem Tisch im Teammeeting als Erinnerung stehen und die Ergebnisse wurden nur noch über die ACD-Anlage ausgewertet.

Duchführung

Rituale ausarbeiten

„Bevor wir uns nun eine Übersicht über weitere Methoden des Verfestigens anschauen, möchte ich jetzt eure Erfahrungen, euer Wissen und eure Kreativität nutzen. Ich bitte euch, ein Ritual für einen/unseren Transformationsprozess zu entwerfen (Wenn es keinen gemeinsamen Veränderungsprozess gibt, dann offenlassen, wofür)*: Es könnte ein ganz persönlicher Veränderungsprozess sein, den ihr mit diesem Ritual stärken möchtet, es könnte ein betrieblicher Veränderungsprozess sein, ein Teamprozess, ein politischer Prozess …, was immer euch hier einfällt, woran wir ggf. vorher schon gearbeitet haben und worauf immer ihr hier Lust habt. Ich bitte euch, sich entsprechend in Dreiergruppen zusammenzufinden. Ihr habt 30 Minuten Zeit. Falls ihr mehrere Rituale entwerft, präsentiert bitte mindestens eines davon anschließend im Plenum … Also, visualisiert bitte eure Ideen.*

Zielsetzung dieser Übung ist es, möglichst viele Ideen zu gewinnen, wie solche Rituale aussehen können, im besten Fall finden wir ein konkretes Ritual für einen aktuellen Veränderungsprozess und stärken diesen damit."

Die Rituale präsentieren

Bei der anschließenden Präsentation sollten Sie darauf achten, dass alle Ideen umfassend gewürdigt werden. Denkbar ist auch, sich ein Würdigungsritual auszudenken: Beispielsweise werden immer drei Teilnehmende ausgewählt, die sagen, was ihnen an diesem Ritual besonders gut gefällt. Wenn man sich auf Rituale einigen muss, sollte man parallel zu den Präsentationen eine Liste der Rituale anfertigen und abschließend die Teilnehmenden gewichten lassen (Nuggets, Nüsse, Notgroschen).

Weitere Methoden, das Neue zu festigen

After Action Review

Download-Ressource: Vorgehen After Action Revue

Die Methode „After Action Review" ist ursprünglich ein von der US-Armee entwickeltes Lerninstrument. Es wurde im Umfeld des Themas „Lernende Organisation" von Peter Senge modifiziert und wird von den Autorinnen in einer modifizierten, lösungsorientierten Form auch generell in Retrospektiven eingesetzt. Die Aufarbeitung von Ergebnissen und Erfahrungen dient dazu, die Selbstreflexionsfähigkeit der Beteiligten zu stärken, Lernen zu beschleunigen und die gemeinsame Sinnstiftung voranzutreiben. Von Peter Senge wurde insbesondere auch die daraus entstehende Lerngeschwindigkeit betont. Er bezeichnet diese Form auch als „Double Loop Learning", weil im Team Prozesse gemeinsam ausgewertet werden und somit alle miteinander mehr und schneller lernen, als dies jedem Einzelnen möglich wäre. Senge betont, dass, um diese Effekte zu erzielen, unbedingt eine Visualisierung der Ergebnisse angestrebt werden sollte. Weitere wichtige Effekte sind, dass Erkenntnisse aus den Veränderungsprozessen für alle transparent gemacht und die Erfolgsorientierung und Motivation der Beteiligten gestärkt werden.

In vielen Unternehmen werden Varianten der Methoden im Rahmen von z.B. Projekt-Retrospektiven durchgeführt. Häufig allerdings stark auf die Ursachensuche fokussierend, was stets die Suche nach Schuldigen befördert und keine optimale Ressourcenaktivierung für zukünftiges Handeln auslöst. Wenn Sie als Trainerin mögen, können Sie an dieser Stelle zu diesem Thema eine garantiert kontroverse Diskussion führen.

Priming

Wer möchte, kann zur Erläuterung der Methode gut das „Gorilla-Experiment" als Einstieg nutzen. Motto: Es ist leicht, etwas zu übersehen, nach dem man nicht sucht. Auch aus dieser Perspektive macht Priming in der hier angedachten Form Sinn. Manchmal kann es eben auch sehr hilfreich sein, bestimmte Perspektiven immer wieder aufzuzeigen.

- Zum Gorilla-Experiment: https://www.youtube.com/watch?v=vJG698U2Mvo (Stand: August 2022).

„Mit Priming im allgemeinen Sinn ist ‚Bahnung' gemeint. Etwa die Bahnung von bestimmten Verbindungen im Gehirn. Priming steht als Fachbegriff in der Psychologie dafür, dass die Verarbeitung einer bestimmten Information durch die vorangegangenen Reize oder Informationen, die eine Person erhält, beeinflusst wird. Eines der zentralen Beispiele aus der Wahrneh-

mungspsychologie ist der Versuch von Palmer (1975)*: Er zeigte Versuchspersonen sehr kurz das Bild eines Brotlaibs; 40 Prozent aller Versuchspersonen konnten diesen Brotlaib identifizieren. Wenn die Versuchspersonen vorher das Bild einer Küche sahen, dann konnten 80 Prozent der Versuchspersonen den Brotlaib identifizieren. Sie konnten das allerdings nicht, wenn die Bilder vorab nichts mit Küche oder Essen zu tun hatten. Man könnte also zusammenfassend formulieren, dass die Vorinformation entscheidend dafür war, was die Versuchspersonen wahrnahmen. Ein ‚Prime' ist somit eine Art ‚Vorreiz', der dem eigentlichen Reiz einen Weg bereiten beziehungsweise bahnen soll. Manche Menschen kennen die Begrifflichkeit auch aus der Werbung oder aus Spielfilmen, wo man durch subliminale Darbietungen die Konsumbereitschaft potenzieller Kunden erhöhen will. Etwa, wenn Influencer ein bestimmtes Device nutzen oder einen bestimmten Gin trinken oder was auch immer … So ähnlich ist der Begriff beziehungsweise die Methode im Change-Management auch zu verstehen. Die aktuelle Forschung zeigt immer klarer, wie wichtig solches Priming ist. Dadurch, dass bestimmte Personen über den Veränderungsprozess in einer bestimmten Weise sprechen, gefragt oder ungefragt, und dadurch, dass sie einheitliche Botschaften senden, wird die Bereitschaft anderer Menschen erhöht, man könnte auch sagen, gebahnt, sich auf diesen Veränderungsprozess einzulassen."*

Hinweise

Hier kann durchaus eine Diskussion über die „Angemessenheit" oder Ehrlichkeit der Methode und über Manipulation in Gang kommen. Die Haltung der Autorinnen ist hier, dass wir, ob wir wollen oder nicht, mit allem, was wir zu diesem Prozess sagen oder auch nicht, eine Wirkung erzeugen. Insofern kann man dies mit guter Absicht auch synchronisiert und bewusst tun. Zudem bieten wir hier einen Werkzeugkoffer an, aus dem jeder entnehmen kann, was für ihn passt. Jede Change-Managerin hat ihre Lieblingsmethoden. Wir haben die Erfahrung gemacht, dass die Methode sehr nützlich sein kann. Zum Beispiel im Rahmen eines Prozesses, in dem ein Team ein ziemlich schlechtes Image im Unternehmen hatte und diesen Ruf einfach nicht loswurde. Wir haben damals im Team ausgehandelt, dass wir ein solches Priming, neben anderen Methoden, ausprobieren. Jedes Teammitglied hat fortan bei den unterschiedlichsten Gelegenheiten, im Aufzug, beim Mittagessen und wo auch immer erzählt, was ein Mitglied des Teams gerade Gutes, Interessantes, Positives für das Unternehmen auf die Beine stellt. Selbstverständlich musste das auch der Wahrheit entsprechen.

Quelle

- Palmer, S. (1975): The effects of contextual scenes on the identification of objects, in: Memory and Cognition. Nr. 3, S. 519-526.

Future mobiles – eine persönliche Zukunftsvision entwickeln

Orientierung

Ziele

- Bei den Teilnehmenden ein nachhaltiges Verständnis für die Bedeutung der Arbeit mit Visionen fördern
- Die Teilnehmenden sollen den Effekt von motivierenden Visionen bei sich selbst wahrnehmen und zugleich erkennen, welche Anforderungen an die Formulierung einer Vision zu stellen sind, damit sie motivierend wirkt

Zeit

- Pro Sequenz (pro Paar: jeder erzählt 2-5 Min. von der eigenen persönlichen Vision) 4-10 Minuten; je nach Häufigkeit der Wiederholungen und Dauer der Sequenzen zwischen 30 und 60 Minuten
- 8 bis maximal 16 Teilnehmende

Material

- Im Raum werden Stühle analog zur Teilnehmerzahl gebraucht und Platz für einen entsprechenden Innen- bzw. Außenkreis
- Arbeitsfragen auf Flipcharts
- Auswertungsfragen auf Flipchart

Überblick/Hinweise

Die Teilnehmenden haben meist viel Spaß bei dieser Übung und sind emotional beflügelt, wenn die Auswertung durchgeführt wird.

Der Titel der Übung soll ausdrücken, dass „Zukunft(-svorstellung) mobilisiert bzw. motiviert". Darunter soll auch das Mobil-Sein (Wechseln in der Gruppe) verstanden werden. Die Teilnehmenden sollen dafür gewonnen werden, für sich ein Zukunftsbild zu entwerfen, zu welchem Zweck auch immer.

Mensch und Unternehmen brauchen Sinn und Visionen, um erfolgreich zu sein. Das ist eine alte Erkenntnis, die in den vergangenen Jahrzehnten wieder zunehmend Beachtung gefunden hat. Wenn ein Mensch eine plastische und kraftvolle und nicht nur eine farblose und schwache Vorstellung von seinem Ziel hat, ergeben sich daraus wichtige Folgewirkungen (zur Bonsen, 1994):

- Eine klare und emotionale Zielvorstellung entwickelt Anziehungskraft: Menschen werden von emotionalen Vorstellungen förmlich angezogen – von negativen wie von positiven. Skifahrer können vermutlich folgendes Beispiel gut nachvollziehen: Beim Skifahren können wir beobachten, wie zum Beispiel Anfänger den einzigen Strommast auf der ganzen Piste mit hoher Sicherheit treffen. Woher kommt das? Weil sie sich intensiv mit einem – hier allerdings emotional stark negativ besetzten – Ziel befassen: dem Strommast, auf den sie auf keinen Fall zufahren wollen! Daher sind solche Strommasten auch immer gut mit Stroh gepolstert.
- Wenn Menschen wissen, „wofür", für welchen Sinn und welchen Nutzen, suchen sie Möglichkeiten, Hindernisse zu überwinden! Mit einer kraftvollen Vorstellung von einer wünschenswerten Zukunft wandelt sich das Verständnis vom Machbaren und Nichtmachbaren. Der Visionär glaubt an die Möglichkeiten der Realisierung und sucht sie: „Wer ein Wofür hat, für den ist fast jedes Wie erträglich." (Friedrich Nietzsche)
- Klare, eigenverantwortliche Prioritätensetzung wird einfacher: Wer sein Handeln am Maßstab seiner Vision misst, tendiert weniger dazu, sich mit Nebensächlichkeiten aufzuhalten, die für ihre Verwirklichung nutzlos sind.
- Intuitive Kreativität wird geweckt: Menschen mit klaren Visionen haben mehr Ideen, die zur Realisierung ihres Ziels führen. Denn eine Vision bewirkt, dass vom Gehirn wahrgenommene Eindrücke auch ohne bewusstes Zutun per Selbstorganisation so zusammenfügt werden, dass sich hilfreiche und zieldienliche Ideen formieren.
- Persönliche „Ansteckungskraft" wird größer: „Nur wer selbst brennt, kann andere entzünden", sagt der Volksmund!
- Die Vision wirkt im Sinne einer sich selbsterfüllenden Prophezeiung.

Ein Beispiel

Die Wissenschaft unter Führung der System- und Erkenntnistheoretiker hat dies immer wieder bestätigt: Eine erwartete Zukunftsvorstellung beeinflusst unser Handeln in beachtlicher Weise. Hierzu lohnt der Blick auf eine Untersuchung, die in der Zeitschrift brand eins, Heft 12/2008, zum Thema Glück vorgestellt wurde: Richard Wiseman, ein Glücksforscher der Universität Hertfordshire in England, führte folgendes Experiment durch:

Er schaltete in einer Tageszeitung eine Anzeige, in der er Leser dazu aufforderte, sich bei ihm zu melden, wenn sie sich

- entweder für außergewöhnlich glücklich oder
- für außergewöhnlich unglücklich hielten.

Zugleich hatte er in derselben Zeitung noch eine weitere Anzeige platziert, die darauf hinwies, dass derjenige, der an dem Experiment von Richard Wiseman teilnahm, 200 Pfund bekommen könne. Richard Wiseman fand Folgendes heraus: Über 80 Prozent der Leser, die sich als außergewöhnlich glücklich bezeichneten, hatten auch die zweite Anzeige gesehen und forderten die Geldsumme bei ihm ein. Jedoch hatten lediglich knapp 20 Prozent der Leser, die sich für außerordentlich unglücklich hielten, die zweite Anzeige ebenfalls bemerkt! Was für ein Ergebnis! Wir werden also Chancen der Zukunft nur wahrnehmen, wenn wir an sie glauben, wenn wir sie plastisch vor Augen haben.

Eine sehr schöne Übung, die zeigt, welche Anforderungen an eine ausformulierte Vision gestellt werden, ist die nachfolgende Übung „Future mobiles“. Wenn wir zum Beispiel mit Change-Agents arbeiten, kann die Übung sehr gut auf die positivsten Erwartungen der Agents in Bezug auf die Ergebnisse der Veränderungen für sie persönlich sowie auf die Ergebnisse ihres Einsatzes als Change-Agent bezogen werden.

Verwendungszweck

Die Übung kann generell als Einführung in das Thema „Visionsarbeit“ genutzt werden. Aber auch, wenn es darum geht, dass die Teilnehmenden erkennen sollen, wie wichtig es ist und welche Auswirkungen es hat, dass bzw. wenn man für sich selbst ein klares emotionales Zukunftsbild entwickelt. Im Einzelnen zum Beispiel, wenn ...

- auch eine persönliche Standortbestimmung vorgenommen wird
- persönliche (berufliche) Entscheidungen anstehen
- eine Kennenlern-Runde zum Start von länger andauernden Curricula gemacht wird; hier kann man zusätzliche Fragestellungen ergänzen, die Zielvorstellung mit dem Abschluss des Curriculums verbinden und gegebenenfalls die Gesprächszeit modifizieren (jeder 2 Min.), sodass abschließend jeder mit jedem gesprochen hat (dann muss man den Kreismodus schließlich öffnen)
- ein Projektteam startet; hier kann man die Visionsfragen ebenfalls mit dem erfolgreichen Abschluss des Projekts verbinden
- Change-Agents für die Begleitung von Veränderungsprozessen gewonnen werden sollen – hier kann man ebenfalls die Visionsfrage mit der

Arbeit als Change-Agent verbinden, nach dem Motto: „Was kann sich bestenfalls für mich aus dieser Arbeit entwicklen"
- im Anschluss Visionsarbeit für einen Bereich oder ein Unternehmen gemacht wird

Durchführung

Stühle werden in zwei ineinanderliegenden Kreisen aufgestellt, sodass sich jeweils zwei Stühle gegenüberstehen. Zwischen den Stuhlpaaren wird so viel Platz gelassen (etwa 1,5 m), dass sich die sich austauschenden Menschen nicht akustisch gestört fühlen bzw. am besten kaum gegenseitig hören können. Die eine Hälfte der Teilnehmenden nimmt im Innenkreis Platz, die andere Hälfte im Außenkreis, und zwar so, dass man einander ansieht.

Nun folgen die Instruktionen zur Übung. Diese können auf 2 bis 3 Flipcharts unterstützend visualisiert sein.

„Bitte erzählt euch gegenseitig von Zielen oder Vorhaben, die ihr in den nächsten drei bis fünf Jahren erreichen möchtet. Ihr könnt von Vorhaben beruflicher oder persönlicher Art sprechen: Es kann sein, dass ihr einen bestimmten Wissensstatus oder eine bestimmte Position erreichen oder eine bestimmte Art von Tätigkeit ausführen möchtet. Es kann sein, dass ihr einen bestimmten Traum realisieren möchtet ..., eine Wohnungsrenovierung, einen Garten anlegen, eine Familie gründen, einen Umzug in eure Traumgegend anstreben oder auch ein Ferienhaus kaufen ... Was immer euch hier vorschwebt. Bitte erzählt nach dem folgenden Schema (Hilfsfragen): ...

- Was konkret möchte ich hier erreichen?
- Was ist das Wunderbare, wenn ich das erreicht habe?
- Was konkret wird mich (und vielleicht auch andere? wen?) dann erfreuen, begeistern?
- Was konkret könnte man an mir beobachten, wenn dieses Vorhaben realisiert ist?
- Wie werde ich mich fühlen, wenn das Vorhaben realisiert ist?

Nach 5 (3 oder X) Minuten erhaltet ihr ein Zeichen und dann erzählt euer Gegenüber von seiner Vision. Danach rücken die Teilnehmenden aus dem Innenkreis weiter und erzählen anderen ihre Visionen."

Auswertung

Die Teilnehmenden werden gebeten zu erzählen, wie es ihnen in der Übung ging, was ihnen aufgefallen ist und was besonders motivierende Visionen kennzeichnet. Sie visualisieren als Trainerin die Stichworte mit und würdigen die Ergebnisse. Die Flipchart-Überschrift könnte lauten: **„Kennzeichen einer (motivierenden) Vision".**

Quellen

- zur Bonsen, M. (1994): Führen mit Visionen. Der Weg zum ganzheitlichen Management. 2. Aufl., Wiesbaden: Gabler.
- Wiseman, R., in: brand eins Wirtschaftsmagazin, Heft 12/2008.

Horror-Ich und Wunsch-Ichs: Worauf ich einzahlen will

Orientierung

Ziele

Sich klarmachen,

- wie wichtig klare, wohlgeformte Zielsetzungen sind; die Attraktivität wohlgeformter Ziele entdecken;
- in welche Zielrichtung das eigene Verhalten einzahlt und
- eine anhaltende Entscheidungshilfe für sich selbst etablieren

Zeit

- Intro: 10 Minuten
- Einzelarbeit: 30 Minuten
- Partnerarbeit pro Seminarpartner: 30 Minuten

Material

- Pro Teilnehmender ein T-Puzzle (4-teiliges Puzzle, das zusammengesetzt ein „T" ergibt)
- Flipchart mit „Attraktiv mit Sogwirkung sind Ziele dann, wenn man sich immer wieder vor Augen führt ..."
- Flipchart mit der Überschrift „Das T-Puzzle"
- Arbeitsfragen in Kopie für jeden Teilnehmenden
- Flipchart mit Instruktionsfragen

Überblick/Hinweise:

Die Teilnehmenden veranschaulichen sich zuerst, wie wichtig es ist, das Ziel klar vor Augen zu haben, damit man zu einer Lösung bzw. entsprechenden Maßnahmen kommt. Anschließend erstellen sie für sich verschiedene Szenarien, wie sie in 3 bis 5 Jahren leben bzw. arbeiten könnten und zwar ein Szenario im Sinne des Horror-Ichs und eines oder mehrerer in Form von Wunsch-Ichs. Diese Szenarien werden bewertet und priorisiert und sollen im Fall verschiedener Handlungsoptionen eine Entscheidungshilfe sein.

Diese Methode stammt im Original von Gunther Schmidt. Gerade in Zeiten der Veränderungen und des Umbruchs ist es für Menschen immer wieder sehr schwierig, Orientierung für sich zu bekommen und Entscheidungen zu treffen. Ob dies nun Entscheidungen sind wie „Gehe oder bleibe ich" oder „Übernehme ich diese Aufgabe oder lieber eine andere" oder eher eine generelle Unzufriedenheit mit einer Situation betrifft. Eine sehr grundlegende Methode, sich hier auszurichten, ist nachfolgend dargestellt. Dabei geht es stets darum, die eigenen Wahlmöglichkeiten zu erweitern, diese bewusst zu machen und Selbstverantwortung anzuregen. Die Methode ist sowohl im Einzelcoaching als auch in der Gruppe anwendbar.

Die Instruktion zur eigentlichen Aufgabe wird hier nicht direkt angegangen, sondern über eine kleine Brücke angepackt.

Durchführung

Verteilen Sie als Trainerin jeweils ein Puzzle-Päckchen des „T-Puzzles" an jeden Teilnehmenden. Bitten Sie die Teilnehmenden, aus den Teilen ein ganz normales T zusammenzusetzen, so wie das vorne auf der Schachtel abgebildete. Zudem weisen Sie darauf hin, dass, wer das Puzzle fertig hat, es bitte solange mit dem Schächtelchen abdecken möge, bis alle anderen ebenfalls fertig sind. Erfahrungsgemäß können die Teilnehmenden das Puzzle in den allermeisten Fällen nicht zusammensetzen, vorausgesetzt, sie kennen das Spiel nicht (wenn es ein, zwei Teilnehmende kennen, ist das überhaupt kein Problem).

Nach einer Zeit von 4-5 Minuten bitten Sie die Teilnehmenden, ihre Arbeit kurz zu unterbrechen und malen auf Flipchart ein T (siehe Flipchart-Abbildung) mit dem Hinweis: *„So also soll unser Ziel aussehen ... Wir wissen weiter von unserem Endergebnis, dass es aus vier Teilen zusammengesetzt ist und dass es eine komische Ecke hat."*

Dann malen Sie verschiedene Varianten, wie man das T vier Mal durchteilen könnte und orientieren sich dabei genau an den Formen der Puzzleteile, die den Teilnehmenden vorliegen. Während

Sie das tun, beginnen die meisten Teilnehmenden damit, das T richtig zusammenzusetzen und plötzlich ist es ganz einfach. Das ist immer ein schönes Aha-Erlebnis zum Thema „Aufgaben vom Ziel her anpacken"; das Puzzle dürfen die Teilnehmenden behalten.

Unter das Flipchart schreiben Sie dann „Am Anfang schon das Ende im Sinn haben". Und erzählen anschließend, was Vermeidungsziele bewirken. Etwa das Beispiel vom Anfänger-Skifahrer, der mit hoher Sicherheit auf den einzigen Strommast am ganzen Hang auffährt. Warum? Weil er sich auf ein Vermeidungsziel konzentriert nach dem Motto: „Da darf ich nicht hinfahren" (Seite 293). Oder das Beispiel vom Kurven fahren mit dem Motorrad: Sobald man sich auf die Pylonen konzentriert, zwischen denen man ja hindurchfahren sollte, fährt man diese der Reihe nach um. Auch hier gilt: Man darf sich nicht darauf konzentrieren, wo man nicht hinwill, sondern muss sich Fixpunkte suchen, zu denen man hinwill.

Entsprechende Dynamiken ergeben sich analog für persönliche Ziele. Diese sollte man sich möglichst klar, plastisch und anschaulich ausmalen, um sie zu erreichen. Dann gewinnen die Ziele eine hohe Anziehungskraft. Wenn man „am Anfang schon das Ende im Sinn hat", wird die Zielerreichung deutlich wahrscheinlicher. Und je attraktiver das persönliche Ziel ausgemalt wird, desto stärker ist seine Sogwirkung! Daher gilt es zu beschreiben, wie attraktive Ziele mit Sogwirkung gestaltet sein sollen.

Auf Flipchart darstellen:

Attraktiv mit Sogwirkung sind Ziele dann, wenn man sich immer wieder vor Augen führt ...

- Was konkret soll sein? Was ist da ... (und nicht: Was ist weg)? Sondern eben: Was konkret ist beobachtbar?
- Was geschieht ...? Was ist zu sehen, zu hören, zu fühlen, zu riechen? Was fängt an ... (und nicht: Was hört auf)?
- Was ist selbst gestaltbar? Was tue ich ... (und nicht: Was sollten andere ändern)?

Dabei können positive, attraktive Ziele noch mehr Sogwirkung entfalten, wenn diesen kontrastierende Ziele („Das will ich keinesfalls") gegenübergestellt werden. Dies hat Gunther Schmidt (2010) in mehreren Veröffentlichungen immer wieder betont.

Teil 1: Einzelarbeit

Zunächst erhalten die Teilnehmenden die Aufgabe, anhand der nachfolgend vorgestellten Fragen ein Horror-Ich und ein oder mehrere Wunsch-Ichs zu entwerfen. Mehrere Wunsch-Ichs dann, wenn den Teilnehmenden bei der Arbeit mehrere Szenarien einfallen, bei denen sie sich nicht entscheiden können. Bei der Instruktion greifen Sie vorab die genannten Erläuterungen nochmals auf, warum man dies in genau der nachfolgend dargestellten Methode tun kann. Zeit für die Einzelarbeit: 30 Minuten

Instruktion Einzelarbeit „Horror-Ich und Wunsch-Ichs"

„Bitte entwerft nun mindestens zwei Bilder für mögliche Entwicklungen für euch selbst: Stellt euch vor, wie ihr in drei bis fünf Jahren arbeiten und leben werdet, und zwar einerseits in Form eines Horror-Ichs (nach dem Motto: ‚Das wäre schrecklich, wenn ich so geworden wäre; so will ich nicht werden') und in Form von mindestens einem, gerne aber auch mehreren Wunsch-Ichs (nach dem Motto: ‚Das würde mir gut gefallen, wenn ich so geworden wäre. Das gefällt mir. So würde ich zufrieden mit mir sein'). Bitte lasst Krankheiten und Schicksalsschläge in euren Überlegungen weg.

Konzentriert euch auf das, was ihr selbst herbeiführen könnt. Also auf Ichs, die ihr selbst ‚gestaltet' und ‚entwickelt' haben könntet. Beantwortet die nachfolgenden Fragen erst für ein mögliches Horror-Ich und dann für mögliche Wunsch-Ichs. Haltet eure Gedanken gerne ausführlich fest, sodass ihr diese in der nachfolgenden Partnerarbeit darstellen könnt."

1. Bild der Horror-Ich-Person

„Welche Horror-Ich-Szenarien fallen euch spontan ein? Woran macht ihr die unterschiedlichen Szenarien fest? An beruflichen Kriterien? An privaten Kriterien? Folgende Fragen helfen bei der Beschreibung …"

- Wie sieht eure Horror-Ich-Person aus? Was tut sie gerade privat? In welchem Umfeld lebt sie? Wie lebt sie? In welchem Umfeld arbeitet sie? Was arbeitet sie? Wie sieht die Umgebung aus? Wie ist sie gekleidet? Welche beruflichen und privaten Beziehungen gehören zu ihr? Was tut sie in ihrer Freizeit? Mit wem teilt sie die Freizeit? Wie verbringt sie ihre Wochenenden?
- Was sagt die Horror-Ich-Person über sich selbst? Über ihre Art zu leben und zu arbeiten? Wie klingt die Stimme der Zukunftsperson? Was sagen andere, Freunde, Familie, Berufskollegen über sie?
- Wie fühlt sich die Horror-Ich-Person? Wie ist sie körperlich „unterwegs"? Wie ist ihre Körperhaltung? Wie fühlt sich ihr Rücken an? Der Bauch? Der Kopf? Die Beine und die Arme?

- Was denkt die Horror-Ich-Person? Was denkt sie über sich? Was wagt sie nicht zu denken? Was denkt sie über andere? Was denkt sie über andere, was sie nicht sagt? Was denken andere über sie? Was bereitet Sorgen? Was macht wütend?

2. Bild der Wunsch-Ich-Person

„Welche Wunsch-Ich-Szenarien fallen euch spontan ein? Woran macht ihr die unterschiedlichen Szenarien fest? An beruflichen Kriterien? An privaten Kriterien? Wählt für jedes Wunsch-Ich-Szenario ein extra Blatt für die Beschreibung …"

- Wie sieht eure Wunsch-Ich-Person aus? Was tut sie privat? In welchem Umfeld lebt sie? Wie lebt sie? In welchem Umfeld arbeitet sie? Was arbeitet sie? Wie sieht die Umgebung aus? Wie ist sie gekleidet? Welche beruflichen und privaten Beziehungen gehören zu ihr? Was tut sie in ihrer Freizeit? Mit wem teilt sie die Freizeit? Wie verbringt sie ihre Wochenenden?
- Was sagt die Wunsch-Ich-Person über sich selbst? Über ihre Art zu leben und zu arbeiten? Wie klingt die Stimme der Wunsch-Ich-Person? Was sagen andere, Freunde, Familie, Berufskollegen über sie?
- Wie fühlt sich die Wunsch-Ich-Person? Wie ist sie körperlich „unterwegs"? Wie ist die Körperhaltung der Wunsch-Ich-Person? Wie fühlt sich der Rücken an? Der Bauch? Der Kopf? Die Beine und die Arme?
- Was denkt die Wunsch-Ich-Person? Was denkt sie über sich? Was wagt sie nicht zu denken? Was denkt sie über andere? Was denkt sie über andere, was sie nicht sagt? Was denken andere über die Wunsch-Ich-Person? Was macht sie glücklich? Was macht sie zufrieden?

3. Die Beziehung zur Wunsch-Ich-Person

Wenn es verschiedene Wunsch-Ich-Personen gibt, dann wird der nachfolgende Abschnitt entweder für jede Wunsch-Ich-Person entwickelt oder es wird nach der Durcharbeit pro Fragenabschnitt für eine Wunsch-Ich-Person jeweils geprüft, ob die Fragen für andere Wunsch-Ich-Personen jeweils anders beantwortet werden müssten – und wenn ja, wie. Dieser Abschnitt muss nicht auch für die Horror-Ich-Person gemacht werden. Teilweise sind Fragen hierzu beinhaltet.

- Welche Wege können zur Wunsch-Ich-Person führen? Was ist auf diesen Wegen zu beachten? Wieweit ist der aktuell eingeschlagene Weg hilfreich?
- Welche Weggabelung sollte beachtet werden? Welche Weggabelung kann heute schon gesehen werden?

- Welche Schritte wären hilfreich auf diesen Wegen? Welche Alltagshandlungen wären besonders hilfreich auf diesem Weg zur Wunsch-Ich-Person? Welche Alltagshandlungen würden der Wunsch-Ich-Person Kraft geben? Welche würden auf das Konto dieser Wunsch-Ich-Person einzahlen? Welche Alltagshandlungen würden eher auf das Konto der Horror-Ich-Person einzahlen? Welche Schritte würden euch eher der Horror-Ich-Person näher bringen? Wie könnte die Wunsch-Ich-Person euch Kraft geben, die eher hilfreichen und zieldienlichen Schritte zu tun? Wie könnte die Wunsch-Ich-Person euch ermutigen, motivieren?

4. Verabredungen zum Bilanz-Meeting

„Bitte vereinbart nun mit euch selbst regelmäßige Bilanz-Meetings, in denen ihr die Fragen zum Bilanz-Meeting bearbeitet (siehe unten). Damit diese Bilanz-Meetings stattfinden, die euch selbst eurer Wunsch-Ich-Person immer näher bringen, ist es hilfreich, für sich selbst zuerst die nachfolgenden Fragen zu beantworten: …“

- Was wäre eine gute Zeit, diese Bilanz-Meetings mit sich selbst durchzuführen? (Zum Beispiel: Jeden ersten Samstag im Monat beim Aufwachen oder Frühstück. Jeden letzten Freitag im Monat beim Einschlafen.)
- Inwieweit wäre die konkrete Anwesenheit weiterer Personen bei den Bilanz-Meetings mit sich selbst hilfreich? (Zum Beispiel der Lebenspartner, ein guter Freund, ein Haustier …)
- Was oder wer könnte euch helfen, diese Bilanz-Meetings regelmäßig durchzuführen? (Ein Post-it am Spiegel, eine regelmäßig wiederkehrende E-Mail an sich selbst, ein Bild eurer Wunsch-Ich-Person an der Wand …)

Fragen zum Bilanz-Meeting

- Inwieweit habe ich in der vergangenen Zeit meine Horror-Ich-Person bzw. meine Wunsch-Ich-Person gestärkt? Wie sieht meine prozentuale Einschätzung aus?
- Was habe ich getan, um die Wunsch-Ich-Person zu stärken? Was hat mir geholfen, das hinzukriegen? Was noch? Was könnte ich noch tun? Was mehr, was weniger, was anders tun?
- Was oder wer könnte mir noch helfen, meiner Wunsch-Ich-Person näher zu kommen?
- Was werde ich also ab sofort tun, wenn …

„Bitte nutzt nur diese Fragen. Bleibt gelassen mit euch selbst und würdigt eure ‚Ehrenrunden‘ in den alten Mustern, die auf das Konto der Horror-Ich-

Person gehen. Niemand kann an allen Fronten zugleich kämpfen oder die Zukunft bestimmen. Man kann aber sehr wohl ‚kraftvoll die Wahrscheinlichkeit für Gewünschtes erhöhen' (Schmidt, 2010).“

Nun bitten Sie die Teilnehmenden, ihre Ausarbeitungen jeweils einem Seminar-Buddy vorzustellen. Dies wirkt verstärkend und steigert die Nachhaltigkeit der Vorsätze. Zudem ist es für alle Perfektionisten dieser Welt immer wieder tröstlich zu sehen, dass andere Menschen ähnliche Probleme haben.

Teil 2: Partnerarbeit

Für die Partnerarbeit stellen sich jeweils zwei Seminarpartner ihre bisherigen Ausarbeitungen vor. Die Aufgabe des Partners ist, an unklaren Stellen nachzufragen und dazu beizutragen, Antworten und Erkenntnisse möglichst klar und plastisch zu gestalten, damit diese an Nachhaltigkeit gewinnen. Die Arbeitszeit pro Person beträgt etwa 30 Minuten. Diese Instruktion kann auf Flipchart oder einfach mündlich erteilt werden.

Diese Übung bedarf im Allgemeinen keines weiteren Debriefings.

Quellen

- Schmidt, Dollinger & Müller-Kalthoff (2022): Gut beraten in der Krise. Konzepte und Werkzeuge für ganz alltägliche Ausnahmesituationen. Bonn: managerSeminare, 6. Aufl.
- Das T-Puzzle ist u.a. zu bestellen über: www.bartlgmbh.de.

Das Ressourcen-Triple

Orientierung

Ziele

Sich selbst für Veränderungssituationen stärken, sodass diese im eigenen Sinn lösungsorientiert und zieldienlich bewältigt werden können

Zeit

45-60 Minuten pro Person

Material

- Der VAKOG-Leitfaden
- Es sollten ausreichend Gruppenräume/Rückzugsorte für die Gruppenarbeit vorhanden sein

Überblick/Hinweise

- Die Teilnehmenden gehen in Dreiergruppen zusammen.
- Sie unterstützen sich gegenseitig dabei, drei persönliche Ressourcen aufzudecken, auf die sie in Veränderungssituationen zurückgreifen können.

Diese Technik ist eine modifizierte Version der „Absorptionsmethode", (Hoffmann, 2009). Sie zielt darauf ab, sich selbst für und in einem Veränderungsprozess zu wappnen, zu motivieren und zu stärken.

In der Übung rufen sich die Teilnehmenden zunächst Kompetenzen bzw. Fähigkeiten bzw. Ressourcen (die Autorinnen nutzen hier gerne alle drei Begriffe, denn Humor zum Beispiel empfinden viele Menschen nicht als Fähigkeit, aber als Ressource können sie Humor durchaus sehen) ins Bewusstsein, die bei der Bewältigung eines Veränderungsprozesses nützlich sind. Sie fokussieren sich dann pro Person auf drei Fähigkeiten (Kompetenzen, Ressourcen ...) und suchen bei sich selbst nach Situationen und Erfahrungen, in denen sie diese Fähigkeiten bereits gezeigt haben. Anschließend verankern sie diese so, dass sie für sich selbst bei Bedarf wieder gut vor Augen geführt werden können – nach dem Motto: „Das habe ich ja da und da schon gekonnt und gezeigt, dass ich es kann."

Durchführung

Als Trainerin bitten Sie die Teilnehmenden, sich in Dreiergruppen zusammenzufinden. Jedes Trio bekommt die Aufgabe, sich gegenseitig dabei zu unterstützen, ein persönliches Ressourcen-Triple zu entwickeln.

Schritt 1: Die Veränderungssituation beschreiben und bewerten (3-5 Minuten)

Zunächst beginnt ein Teilnehmender (der Erzähler) damit, sich die Veränderungssituation, die auf ihn zukommen wird oder in der er sich befindet, vorzustellen und den anderen zu beschreiben. Er nimmt eine Einschätzung vor, wie stark ihn diese Situation auf einer Skala von 1 (gering) bis 10 (hoch) belastet oder vermutlich belasten wird und teilt dies den anderen mit.

Schritt 2: Persönlich stärkende Kompetenzen/Fähigkeiten/Ressourcen finden (bis zu 10 Minuten)

Anschließend unterstützen die anderen den Erzähler dabei, drei Kompetenzen/Fähigkeiten/Ressourcen zu finden, die für diesen im Umgang mit der Veränderungssituation hilfreich und nützlich scheinen (z.B. Gelassenheit, Humor, die Fähigkeit, sich abzugrenzen, offene Kommunikation). Die anderen Teilnehmenden dürfen gerne Vorschläge machen, auswählen wird selbstverständlich der Erzähler. Es ist wichtig, darauf zu achten, dass die gefundenen Fähigkeiten (Ressourcen, Kompetenzen) von der Bedeutung her nicht zu dicht aneinander liegen. Die Begriffe „sich gut abgrenzen können" und „auf sich selbst achten" wären beispielsweise semantisch zu nahe beieinander und würden somit keinen Mehrwert schaffen.

Schritt 3: Konkrete Situationen, in denen die betreffenden Fähigkeiten (Ressourcen, Kompetenzen) schon nutzbringend angewandt werden konnten, finden und diese Situationen anhand des VAKOG-Leitfadens vertiefen (20 Minuten)

Wenn der Erzähler drei Kernkompetenzen („Das Ressorcen-Triple") gefunden hat, erinnert er für jede Ressource eine konkrete Situation, in der er die jeweilige Ressource schon einmal nutzbringend einsetzen konnte. Das ist manchmal nicht ganz einfach und kann einige Zeit dauern. Mit etwas Geduld findet man hier aber immer Situationen – und wenn es in einem ganz anderen Zusammenhang ist (beispielsweise fand eine Teilnehmerin lange keine Situation, in der sie mutig etwas gefordert hatte. Erst als wir auf ihre Kinder zu sprechen kamen, stellte sich heraus, dass sie für diese sehr wohl mutig fordern konnte).

Dann soll sich der Erzähler die betreffenden Situationen nacheinander so konkret wie möglich vor Augen führen: Wie genau lässt sich die betreffende Situation beschreiben, was hat der Erzähler getan, wie hat der Erzähler konkret reagiert, was hat er gesagt, wie hat er sich gefühlt usw. Als Hilfsmittel dazu erhalten die Teilnehmenden den VAKOG-Leitfaden. VAKOG steht für die fünf Sinnesmodalitäten visuell, auditiv, kinästhetisch, olfaktorisch und gustatorisch. Der Erzähler erinnert und beschreibt anhand des Leitfadens jede Situation so genau wie möglich. Seine Partner unterstützen ihn dabei, indem sie die Fragen des VAKOG-Leitfadens stellen und gemeinsam die Antworten vertiefen und konkretisieren. Dabei sind nicht für alle Beteiligten diese Modalitäten gleich wichtig bzw. präsent. Als Fragensteller in dieser Übung verweilt man da, wo es dem Erzähler leichter fällt, sich auszudrücken.

Wir haben dem VAKOG-Leitfaden noch die Dimension „Denken – Was haben Sie sich gedacht/in dieser Situation gedacht?" hinzugefügt, weil Fragen hierzu aus unserer Erfahrung sehr ergiebig sein können. Für die Beteiligten (auch den Erzähler) ist es hilfreich, sich die Erinnerungen zu notieren, damit man sie nochmals wiederholen und vertiefen kann.

Download-Ressource

VAKOG-Leitfaden zu Vertiefung der Fähigkeiten, Kompetenzen und Ressourcen

V: Wie kannst du die Situation beschreiben – so konkret wie möglich? Was ist in der Situation zu sehen? Wie hast du (der Erzähler) dich verhalten? Wie hast du reagiert?
A: Was hast du gesagt? Was waren die konkreten Worte? Was hast du gehört? Welche weiteren Geräusche hast du wahrgenommen?
K: Wie war deine Körperhaltung in dieser Situation? Wie war die Position deiner Schultern? Deines Kopfes? Deines Oberkörpers? Deiner Arme? Wie hast du dich gefühlt? Wo am ehesten hast du das gefühlt? Wo noch? Warst du zufrieden mit dir? Stolz? Wo hast du das gefühlt?
O: Was hast du eventuell gerochen? Oder, wenn du etwas gerochen hättest, nach was hätte die Situation gerochen?
G: Was hast du geschmeckt? Oder, wenn du etwas geschmeckt hättest, nach was hätte die Situation geschmeckt?
&
D: Was hast du dir in dieser Situation gedacht?

Schritt 4: Die gefundenen Ressourcenerfahrungen wiederholen, vertiefen und ankern (gesamt 10 Minuten)

Wenn sich der Erzähler seine drei Ressourcen in den Situationen bewusst und intensiv vor Augen geführt hat, werden diese nun noch mal zusammengefasst, ohne die Situationen erneut zu benennen. Dies geschieht durch einen der begleitenden Teilnehmenden beispielsweise so:

„Du hast gezeigt, dass du dich sehr wohl abgrenzen kannst. Dabei hast du zum Beispiel Folgendes gesagt … und auch Folgendes … Und während du das gesagt hast, hast du gedacht: ‚Schau an, das kann ich also so klar aussprechen. Das finde ich richtig gut'. Und dabei hast du den anderen gerade angeschaut, deinen Körper aufgerichtet und deine Brust. Du hast gefühlt, wie sich dein Rücken stark anfühlt und dass eine gute Distanz zwischen dir und deinem Gegenüber liegt …"

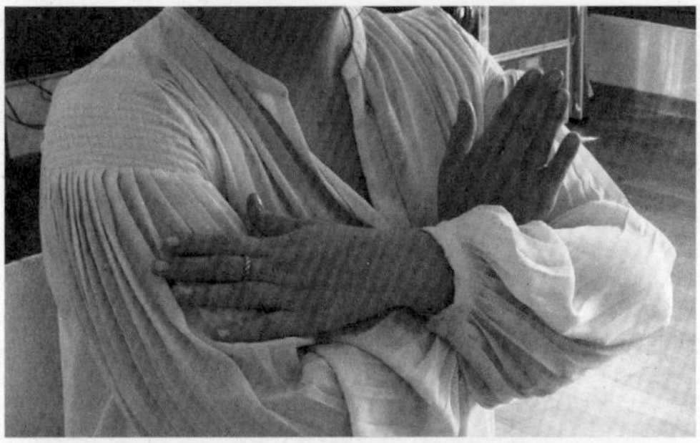

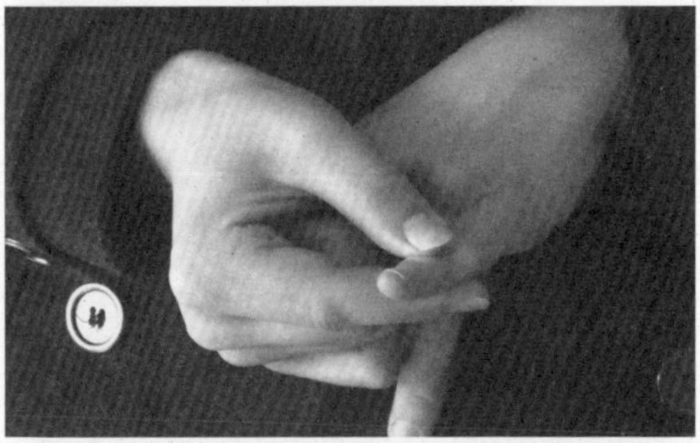

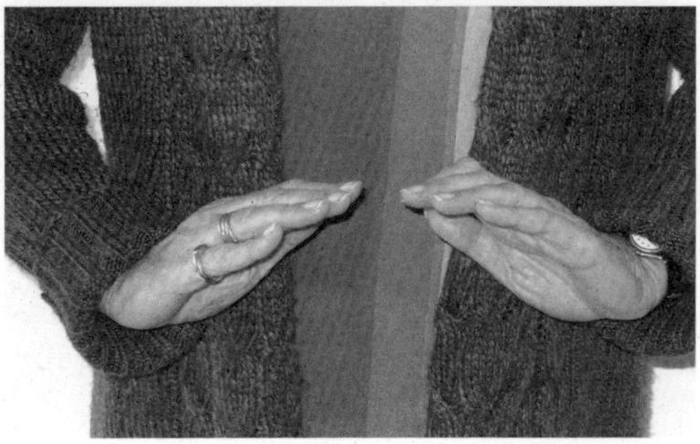

Bevor man dies als Partner zusammenfasst, bittet man den Erzähler, sich eine bestimmte Geste zu suchen, die er während des Erzählens zu den betreffenden drei Ressourcen ausführen kann und als passend empfindet. Dies kann zum Beispiel das Drücken des kleinen Fingers sein oder eine Geste, als würde man etwas ruhig und doch nachhaltig mit den Händen von sich schieben oder auch ein ruhiges, langsames Klopfen mit den Handflächen auf den Oberarmen oder Oberschenkeln. So soll ein Körperanker geschaffen werden, der bei Bedarf wieder genutzt und damit die Ressourcen wieder in Erinnerung rufen kann. Für alle drei Ressourcen kann dies die gleiche Geste sein oder auch eine Abfolge von Gesten – wie das dem Erzähler am liebsten ist.

Während das Gegenüber die Aussagen zusammenfasst und ruhig spiegelt (das „Mitgehen" darf gerne auch körperlich sein) bittet man den Erzähler, die von ihm gewählte(n) Gesten auszuführen.

Zum Abschluss bittet man den Erzähler, für sich die Gesten nochmals auszuführen und sich das eben Gehörte dabei innerlich selbst zu erzählen.

Schritt 5: Erneute Bewertung der Situation und „Übungsauftrag" vereinbaren (3 Minuten)

Nun bittet man den Erzähler, erneut eine Einschätzung bezüglich des betreffenden Veränderungsprozesses einzunehmen: *„Mit Blick auf die bei dir vorhandenen Ressourcen, wie belastend fühlt sich die Situation auf einer Skala von 1 (gering belastend) bis 10 (hoch belastend) nun an?"*

Bestenfalls ist der Erzähler 2-3 Skalenpunkte nach unten gerutscht! Wenn dies so ist, sollten die Partner den Erzähler beglückwünschen und noch mal deutlich machen, dass er sich am besten ab jetzt zweimal täglich das Besprochene selbst erzählt und dabei seine Gesten ausführt, damit in Erinnerung bleibt, worüber er als Ressource, Fähigkeit und Kompetenz verfügt.

Wenn die gefühlte Belastung nicht geringer geworden ist, sollten Sie als Trainerin nachfragen, was der Erzähler jetzt aus seiner Sicht bräuchte, damit dies der Fall wäre. Anschließend können Sie entweder nachfragen, wie der Erzähler hier entsprechend für sich selbst sorgen könnte oder mit einer anderen Technik weiterarbeiten.

Quellen

- Arne Hofmann, zitiert nach Andrea Höppner & Peter Gerecke; Ausbildung zum EMDR Coach 2013.
- Hofmann, A. (2009): The Absorption Technique in Luber, M. EMDR Scripted Protocols. Special Populations. 275-280.

Download

- VAKOG-Leitfaden

Wider Versandung und Beharrung

Der Sanddünen-Effekt

Orientierung

Ziele

- Impulse zum Thema Umgang mit Widerstand setzen
- Ideen sammeln, wie man mit diesen Situationen umgehen kann

Zeit

35 Minuten

Material

Flipchart zu Sanddünen-Effekt und Konsequenzen-Management

Hinweis

Dieser Theorie-Input generiert für viele Teilnehmende einen Aha-Effekt: Sie verstehen durch dieses Modell besser, warum vor allem langjährige Mitarbeitende Veränderungsinitiativen sehr skeptisch gegenüberstehen.

Führen Sie zum Einstieg das Video von Prof. Peter Kruse „8 Regeln für den totalen Stillstand in Unternehmen" vor: http://www.youtube.com/watch?v=Ug83sF_3_Ec&feature=related

Das Video zeigt provokativ auf, wo die Fallstricke im Veränderungsprozess liegen können und ermöglicht einen sehr guten Einstieg in das Thema Sanddünen-Effekt. Dieser Effekt ist sehr häufig in Unternehmen anzutreffen: Wenn es zum Beispiel (und das ist beileibe kein Einzelfall!) in zehn Jahren alle zwei Jahre eine neue Geschäftsleitung gibt, wird mit hoher

Wahrscheinlichkeit auch alle zwei Jahre ein neues Transformations-Projekt eingeleitet … Jetzt können Sie als Trainerin mit der Erklärung des Sanddünen-Effekts beginnen:

Vortrag

„Ob das nun so genannt wurde oder nicht: Alle zwei Jahre Umstrukturierungen, Reorganisationen oder neue Vorgesetzte, die Mitarbeitenden sind jedenfalls dauerhaft in der Transformation und haben damit vor allem eines gelernt: Wie man Veränderungen aussitzt. Was da ‚nun wirklich kommt' oder ‚ob sich das durchsetzen wird?' Eher nicht! Schließlich ‚hat man schon diesen und jenen Geschäftsführer überlebt und den jeweils dazugehörenden Berater X und die Beraterin Y auch'. Letztlich ist es aus Sicht der Mitarbeitenden nur eine Frage der Vernunft, nicht auf jeden Zug aufzuspringen und nicht jede Sau mit durchs Dorf zu treiben. Der Job muss schließlich gemacht werden, und so wird mit bester Absicht das Notwendige getan. Und so versanden Neuerungen immer wieder und gegebenenfalls immer schneller. Auf halbem Weg oder schon zu Beginn werden Fragen laut, wie: ‚Sind wir auf dem richtigen Weg?', ‚Wollen wir das wirklich noch?' Wenn sich der Erfolg nicht schnell genug einstellt, wird auf der Hälfte des Weges bei manchem Prozess die Frage ‚Ergibt es Sinn, weiterzumachen?' blitzartig mit ‚Nein' beantwortet.

Eine Sanddüne folgt der nächsten – immer schneller. Und es wird immer schwerer, die Mitarbeitenden für Veränderungen zu gewinnen. Dabei ist es gerade zu Beginn der Transformation entscheidend, die jungen Pflänzchen des Wandels zu pflegen und zu stärken. Die meisten Veränderungen brauchen ihre Zeit, die allzu oft nicht gegeben wird: Vertriebserfolge müssen sofort kommen, Kosteneffekte sollen sich umgehend einstellen – und wenn nicht, dann initiieren wir eben den nächsten Change und bleiben noch mehr unter den Möglichkeiten. 2019 und die Jahre darauf haben wir erlebt, wie wir Menschen für New Work, mehr Selbststeuerung und Eigenverantwortung begeistern konnten – und in Krisenzeiten (Covid, der Ukraine-Krieg, Inflation, Energieverteuerung, Lieferkettenunterbrechungen …) scheint das alles nicht mehr zu gelten. Junge ebenso wie erfahrene Führungskräfte erklären uns in unseren Führungskräftetraining: ‚Das war doch alles nur Schön-Wetter-Führungstheorie. Jetzt gilt wieder ‚Captain's call' – klare Ansage von oben.'

Damit dies nicht geschieht, ist gerade in der zentralen Veränderungsphase das Konsequenzen-Management ein wichtiger Prozess. Was aber, wenn jemand nicht mitkann oder nicht mitwill? Das ist die Schlüsselfrage!

Die Leitung hat die Aufgabe, anhand von konkreten Zahlen und qualitativ messbaren, zum Beispiel deskriptiven Faktoren, klarzumachen, wo das

Unternehmen oder der Bereich hin will, um eine positive Entwicklung für die Zukunft zu antizipieren. Die grundsätzliche Antwort lässt sich in der 3-K-Regel zusammenfassen: ...“

Das erste K steht für **Klare Kommunikation** von klaren Kriterien. Jeder soll wissen: Das ist das (Zwischen-) Ziel, das soll das Ergebnis sein, das ist das gewünschte Verhalten. Das ist der Rahmen, der von allen Unternehmensmitgliedern anerkannt werden muss. Sonst besteht die Gefahr des Versandens des Neuen.

Das zweite K steht für **Kohärenz:** Das Gewünschte muss fortlaufend und durchgängig eingefordert werden. Wenn manche Führungskräfte einfach wie bisher weitermachen können, wenn Leitende das gewünschte Verhalten manchmal einfordern und manchmal nicht, so wird der Prozess versanden. Dann finden Mitarbeitende sehr schnell eigene: „Heute hat sie/er es angesprochen, gestern nicht. Es geht also nicht darum, dass etwas geändert werden soll, sondern um ...“ Ja, worum? Um Launen der Natur? Das darf nicht geschehen. Und selbstverständlich sollten alle Interventionen auf sich gegenseitig befördernde Effekte hin beobachtet werden: „Wirken die Maßnahmen kohärenzfördernd? Welche Reaktionsmuster können wir woraufhin wahrnehmen?“

Das dritte K steht für **Konsequenz:** Wenn jemand das Geforderte nicht lebt, so muss dies Konsequenzen haben. Denn wenn der Wandel wirklich so wichtig ist, greift jeder Einzelne, der ihn nicht mitträgt, die Existenz des Unternehmens an. Wenn Unternehmensmitglieder den Wandel nicht mittragen, „haben sie keine Zukunft im Unternehmen“, beschreibt Sonja Radatz. Und sie betont, dass sie das keineswegs unsozial findet ..., „denn wie unsozial ist es, Führungskräfte und Mitarbeiter ohne erkennbares Interesse für das Neue mitzunehmen, wenn dadurch der Erfolg des Unternehmens und damit die Familien all jener Mitarbeitenden gefährdet werden, die voll Elan am zukunftsorientierten Turnaround mitwirken?“ ... „Wie unsozial ist es auch gegenüber jenen, die keine Motivation für den Turnaround aufbringen, sie längerfristig unzufrieden im Unternehmen zu halten, wenn sie vielleicht mit Unterstützung der Führungskraft in einem anderen Umfeld erfolgreich sein könnten?“ (Radatz, 2019) Diese ohne Zweifel provokativen Aussagen weisen darauf hin, dass es in jedem Fall Konsequenzen geben muss, wenn Menschen das Neue nicht leben wollen oder können. Dabei hat man innerhalb dieses Systems von Konsequenzenmanagement einen großen Spielraum: Er beginnt mit dem nachhaltigen und konsequenten Führen von entsprechenden Gesprächen (Heyne, 2011). Grundsätzlich ist erst einmal davon auszugehen, dass betreffende Mitarbeitende den Wandel durchaus wollen und dass sie unwissentlich und nicht willentlich in alte oder unpassende Verhaltensmuster zurückfallen. In den Gesprächen sollte dann zunächst nochmal Klarheit bezüglich des Gewünschten geschaffen werden. In weiteren Schritten können auch Team-Feedback-Methoden wie „Starfish“ (Seite 82 ff.), „After Action Reviews“ (Seite 290) oder Ähnliches genutzt werden.

Diskussion

Hier ist es sicher nützlich, Raum für Diskussionen zu lassen.

„Wider das Versanden und für das Vorankommen des Veränderungsprozesses sind nun die weiteren Methoden, die ich euch gerne vorstellen möchte ...“

Als Trainerin sollten Sie auch an dieser Stelle immer wieder nachfragen, ob jemand die Methoden schon kennt und bereits mit diesen gearbeitet hat. Entsprechende Erfahrungen sollten Sie unbedingt mit einbeziehen. Dann können Sie, entsprechend der eigenen Schwerpunkte, z.B. die Methoden „Puls-Check“, „Sounding-Board“ oder „Kraftfeldanalyse“ (Folgeseiten) erklären.

Sie könnten auch drei Methoden zur Auswahl stellen und die Teilnehmenden bitten, sich entsprechend ihrer Leidenschaften einer der Methoden „zuzuteilen“. Anschließend würde dann jede Gruppe ihre Methode durchgehen und ihre Erkenntnisse (zum Beispiel anhand eines SMARTIEs) vorstellen.

Quellen

- Radatz, S. (2019): Persönliche Mitteilung.
- Heyne (2011): Persönliche Mitteilung.

Methoden ausprobieren

Orientierung

Ziele

- Die Teilnehmenden probieren verschiedene Methoden aus und gewinnen Sicherheit in ihrer Anwendung
- Sie wissen, wofür wann welche Methode geeignet ist

Zeit

- Gruppenarbeiten: 90 Minuten
- Präsentation der Gruppenarbeiten: 30 Minuten (pro Gruppe max. 10 Minuten)

Material

- Jede Gruppe sollte einen eigenen Arbeitsraum haben, damit die Gruppen akustisch ungestört sind
- Pro Gruppe Post-its, Stifte, ein Flipchart
- Die Gruppe „Puls-Check" arbeitet z.B. mit MentiMeter und entwirft eine Umfrage an einem Laptop

Hinweise

- Wenn Sie diesen Baustein online durchführen wollen, bilden Sie für die drei Gruppen entsprechende Breakout Sessions, bei denen Sie die Teilnehmenden manuell zuweisen können (je nach Interesse für das Thema). Beachten Sie bitte, dass für alle drei Gruppen ausreichend Platz auf dem digitalen Whiteboard vorhanden ist (insbesondere für die Gruppe „Kraftfeldanalyse").
- Der Gruppe „Puls-Check" stellen Sie bitte, wenn vorhanden, Ihre Zugangsdaten für MentiMeter zur Verfügung, damit diese eine Umfrage erstellen kann.

Durchführung

Die Gruppen ordnen sich je nach Lust einer bestimmten Methode zu: Puls-Check, Sounding-Board oder Kraftfeldanalyse. Sie können die Methode für ein eigenes Veränderungsprojekt, für das Seminar oder auch für ein „öffentliches" Veränderungsprojekt anwenden. Falls alle Gruppen nur eine bestimmte Methode auswählen möchten, so ist dies auch möglich, aber ein bisschen schade.

Einen Puls-Check durchführen

Eure Aufgabe ...

Erster Schritt

Wählt eine Situation aus, für die ihr den Puls-Check durchführen möchtet. Dies könnte zum Beispiel ein aktuelles Veränderungsprojekt sein, das Seminar hier oder auch ein politisches Thema (z.B. Ausbau der erneuerbaren Energien).

Zweiter Schritt

Formuliert fünf Fragen zu einem bestimmten Themenbereich und arbeitet einen entsprechenden Fragebogen aus. Die Fragen sollen auf einer Skala von 0 (= trifft überhaupt nicht zu) bis 10 (= trifft 100-prozentig zu) beantwortet werden können. Bitte achtet darauf, dass die Fragen in eine Richtung gepolt sind, und zwar so, dass der höhere Skalenwert immer auch der bessere ist.

Dritter Schritt

Findet mindestens acht Personen, die hier und jetzt diese Fragen beantworten (Teilnehmende des Seminars, Passanten, Kolleg:innen im Unternehmen ...). Tragt die Antworten in die Fragebögen ein (oder lasst sie ausfüllen).

Vierter Schritt

Gebt die Antworten in eine Excel-Datei zur Auswertung der Ergebnisse ein und nehmt eine Auswertung vor.

Fünfter Schritt

Bereitet eine Präsentation „Einen Puls-Check durchführen" vor. Erstellt ein SMARTIE zum Puls-Check (auf Moderationskarten, um diese nachher an die entsprechende Wand zu pinnen).

Arbeitszeit gesamt: 90 Minuten. Bitte präsentiert Fragebogen, Auswertung etc. anschließend im Plenum (Präsentationszeit: max. 10 Minuten)

Quelle ➤ Müller, Liebig, Straatmann & Bungard (2010)

Ein Sounding-Board spielen

Eure Aufgabe …

Erster Schritt

Wählt eine Situation aus, für die ihr ein Sounding-Board spielen möchtet. Dies könnte zum Beispiel ein aktuelles Veränderungsprojekt sein. Ihr hättet dann zum Beispiel die Rollen „Vertreter der Mitarbeitenden aus Produktion, Verwaltung, Vertrieb…", „Vertreter der Führungskräfte". Ihr könnt Platzhalter wählen oder selbst in mehreren Rollen spielen oder nachher die anderen im Plenum auffordern, in eine bestimmte Rolle zu springen), oder auch ein politisches Thema (z.B. Fokusgruppe Ausbau der Erneuerbaren).

Zweiter Schritt

Formuliert Fragen zu einem bestimmten Themenbereich. (Bitte beachtet, dass euch max. 10 Minuten Spielzeit zur Verfügung stehen.)

Dritter Schritt

Entwerft ein Stück, z.B. in groben Schritten oder in einem Storyboard.

Vierter Schritt

Probiert das Stück aus und übt es ein.

Fünfter Schritt

Erstellt ein SMARTIE zum „Sounding-Board" (auf Moderationskarten, um diese nachher an die entsprechende Wand zu pinnen).

Arbeitszeit gesamt: 90 Minuten (Präsentationszeit: max. 10 Minuten)

▸ Modifiziert nach Roswita Königswieser (2000) *Quelle*

Eine Kraftfeldanalyse durchführen

Eure Aufgabe …

Erster Schritt

Wählt eine Situation aus, für die ihr eine Kraftfeldanalyse durchführen möchtet: Dies könnte zum Beispiel ein aktuelles Veränderungsprojekt sein oder sich auch auf den Lernprozess im Seminar beziehen.

Zweiter Schritt

Führt die Kraftfeldanalyse Teil 1-3 durch und visualisiert dies auf einer Pinnwand.

Teil 1: Ermittelt die fördernden bzw. hemmenden Kräfte und wie stark diese aktuell wirken.

Hemmende und behindernde Kräfte	Stärke der Kraft
Was hemmt? Was hindert?	Einschätzen nach: L = leicht … M = mittel … S = stark … … wirksame Kraft

Fördernde und unterstützende Kräfte	Stärke der Kraft
Was hilft? Was stützt und fördert?	Einschätzen nach: L = leicht … M = mittel … S = stark … … wirksame Kraft

Teil 2: Charakterisiert den am meisten fördernden und den am meisten hemmenden Faktor.

Der am meisten hemmende Faktor
• Wie äußert sich der Faktor genau? • Weshalb ist dieser Faktor so stark? • Unter welchen Bedingungen wirkt der Faktor ggf. unterstützend?
• Was können wir tun, um diesen Faktor zu beseitigen oder abzuschwächen?

Teil 3: Entwickelt Aktionspläne, um den fördernden Faktor zu stärken bzw. den hemmenden Faktor abzuschwächen.

Der am meisten hemmende Faktor Aktionsplan
Was wird wer konkret tun?

Dritter Schritt

- Plant und visualisiert die Lösungsstrategien. Entscheidet, mit welchen Kräften man sich hier zuerst befassen möchte. Gibt es logische Gründe, sich mit bestimmten Kräften zuerst zu befassen (Domino-Effekt)?
- Wenn man überzeugt ist, dass eine Kraft nicht geändert werden kann, geht weiter.
- Generell sollte mit dem Stärken der fördernden Kräfte begonnen werden („Wie können wir diese weiter fördern?").
- Bei den hemmenden Kräften ist es manchmal hilfreich, erst mit den leicht zu beeinflussenden zu beginnen.
- Erarbeitet Maßnahmen, wie man fördernde Kräfte weiter stärken könnte.
- Erarbeitet Maßnahmen, wie man hemmende Kräfte minimieren könnte.

Vierter Schritt

SMARTIE zur „Kraftfeldanalyse" erstellen (auf Moderationskarten, um diese nachher an die entsprechende Wand zu pinnen)

Arbeitszeit gesamt: 90 Minuten (Präsentationszeit: max. 10 Minuten)

Quelle

- Die Übung ist modifiziert nach Kurt Lewin (1963)

Präsentationen und Diskussionen

Nach der Präsentation der Gruppenarbeiten werden die SMARTIES präsentiert. Hier ist es wichtig, dass die Teilnehmenden nochmals nachfragen und sich austauschen können.

de Bono meets Change

Orientierung

Ziele

- Dezidiertes Feedback zu einer bestimmten Vorgehensweise oder zu einem Workshop-Ergebnis bekommen
- Unterschiedliche Perspektiven, Überlegungen und Bewertungen sichtbar machen
- Eine Standortbestimmung zu einer bestimmten Situation vornehmen
- Differenzierte Ideen über mögliche weitere Vorgehensweisen bekommen

Zeit

Bei 12 Teilnehmenden ca. 45-60 Minuten je nach Anzahl der zu bearbeitenden Fragen

Material

- Raum mit viel Platz (mind. 5 Meter „Durchmesser" in alle Richtungen)
- Flipchart mit de Bono-Anleitung
- Flipchart mit Arbeitsfragen
- Pinnwand für Notizen durch den Moderator
- Stern mit den verschiedenen de Bono-Betrachtungsperspektiven mit Kreppband auf dem Boden aufgeklebt (die Strahlen genügen – der Kreis außenherum ist nicht notwendig)
- „Felderbeschriftungen" (gelber Hut, roter Hut ...)

Überblick/Hinweise

Die Teilnehmenden ordnen sich per Bodenarbeit einer bestimmten de-Bono-Perspektive/einem bestimmten Feld zu. Damit machen sie für ihren eigenen Blickwinkel/ihr eigenes Feedback eine bestimmte Wertung bzw. Haltung transparent. Dies erleichtert es allen übrigen Personen, auch mit kritischen Perspektiven konstruktiv umzugehen und vielfältige Perspektiven zu nutzen.

Vorbereitungen

Kleben Sie einen de-Bono-Kreis mit Felderkennzeichnung auf den Boden:

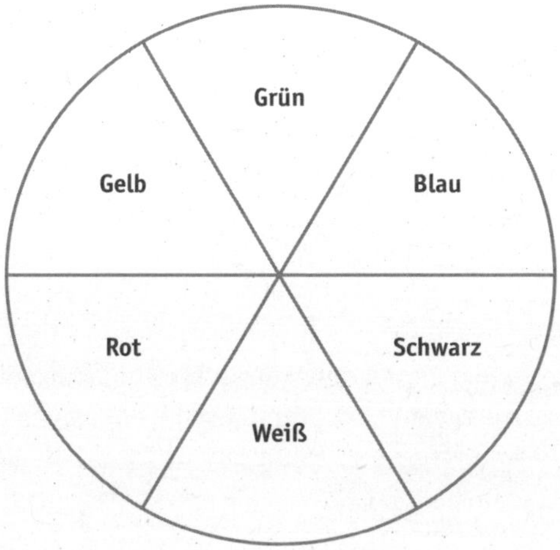

Flipchart mit de-Bono-Anleitung:

Der Farb-Code der sechs Denk-Hüte nach de Bono

Grün:	Macht Aussagen zu weiterführenden Ideen und Vorschlägen, wählt eine kreative Perspektive nach dem Motto „Was ist jetzt zu tun".
Blau:	Formuliert Aussagen in Bezug auf die zu erreichenden Zielstellungen/schaut auf das große Ganze/auf was erreicht werden soll.
Schwarz:	Wählt eine ausgesprochen kritische Perspektive
Weiß:	Sucht nach objektiv überprüfbaren Fakten und strukturiert Gegebenheiten.
Rot:	Beschreibt aktuell wahrnehmbare Emotionen/ Befindlichkeiten.
Gelb:	Wählt eine optimistische Sichtweise und sucht nach möglichen Nutzenperspektiven („Was kann das Gute daran sein?").

Flipchart mit möglichen Arbeitsfragen/Beispielen:

de Bono meets Change

Reflexion 1
Wenn ihr auf den aktuellen Stand unseres Change-Projektes schaut, was glaubt ihr, was wir jetzt besonders im Auge haben sollten? – Bitte stellt euch in das betreffende Feld.

Reflexion 2
Wenn ihr an die Begleitung durch unser Top-Management/unseren Lenkungsausschuss denkt, was treibt euch hier gerade um? – Bitte stellt euch in das betreffende Feld.

Reflexion 3
Wenn ihr an unseren kommenden Workshop denkt, welche Perspektive ist hier gerade für euch vorrangig? – Bitte stellt euch in das betreffende Feld.

Pinnwand für Notizen durch Sie als Moderatorin:

Warum steht ihr hier?

- ___

Reflexionen: Was jetzt möglicherweise hilfreich zu tun wäre

- ___

Diese Bodenarbeit ist für vielfältigste Fragestellungen äußerst nützlich: Sie bringt im wahrsten Sinn des Wortes Bewegung ins Geschehen. Dabei ist die de-Bono-Methode an sich nun nicht besonders neu, aber in dieser Bodenarbeit mit dieser Transparenz macht es den Teilnehmenden deutlich mehr Spaß, relevante Fragen zu betrachten und ist erfahrungsgemäß auch deutlich ergiebiger.

Vorgehensweise

Durchführung

Erklären Sie als Trainerin die Methode der Denk-Hüte nach de Bono (siehe Flipchart oben). Weisen Sie darauf hin, dass in Gruppenprozessen oft sehr ähnliche Perspektiven des Denkens gewählt werden, was wenig Mehrwert generiert. Durch diese Methode der unterschiedlichen Hüte, d.h. der unterschiedlichen Einstellungen und Perspektiven, kann man viele unterschiedliche Sichtweisen in den Raum bringen und damit viele unterschiedliche Aspekte bei Lösungsfindungen und dem Festlegen von Maßnahmen berücksichtigen. Entscheidungen werden qualitativ besser (de Bono selbst bezeichnet die sechs Denkhüte auch als Methode zur Verbesserung der Kommunikation in einer Gruppe).

Lesen Sie den Teilnehmenden die erste Reflexionsfrage vor und bitten Sie sie, sich im Anschluss in ein bestimmtes Feld ihrer Wahl zu begeben, aus dessen Perspektive heraus sie sich die Reflexionsfrage anschauen bzw. beantworten wollen. Sobald sich alle Teilnehmenden positioniert haben, fragen Sie die sie nacheinander:

1. *„Warum stehst du hier?"*
2. *„Was ist jetzt aus deiner Sicht zu tun?"*

Die Antworten zu Frage 2 visualisieren Sie auf der Pinnwand mit. Wichtig ist, die Aussagen nicht zu stark zu verkürzen und möglichst nah an der Wortwahl der Teilnehmenden zu bleiben (gerne auch umgangssprachlich – dies ist meist am aussagekräftigsten). Wenn alle diese Fragen bearbeitet haben, können Sie mit einer weiteren Reflexionsfrage fortfahren. Maximal machbar sind drei Fragen, ansonsten wird das Ganze überfrachtet.

Auswertung und weitere Verarbeitung der Ergebnisse

Je nachdem, um welche Fragestellungen und Themen es sich bei der Bearbeitung mit der de-Bono-Methode handelt, wird man mit den Ergebnissen anders verfahren. Um zu einer Einigung bezüglich des weiteren Vorgehens zu kommen, könnten Sie beispielsweise eine erste Priorisierung der Vorschläge über Klebepunkte sichtbar machen. Als sehr hilfreich hat sich auch erwiesen, mit den Teilnehmenden an dieser Stelle (nochmals) über die bei den anstehenden Themen zu erreichenden Ziele zu sprechen. Diese Synchronisierung muss immer wieder gesucht werden (weil eben nie klar ist, was sowieso klar scheint) und bringt die Gruppe bezüglich einer Einigung am schnellsten voran.

Quellen

- de Bono, E. (1990): Six Thinking Hats. London: Penguin Books.
- Luther, M. (2020): Das große Handbuch der Kreativitätsmethoden. Bonn: managerSeminare, 2. Aufl.

artTeaming

Orientierung

Ziele

- Anhand des Gestaltens einer realen Plastik unter Anleitung eines Künstlers und einer Moderatorin/Beraterin konkrete Erkenntnisse zum Thema „Veränderungsprozesse“ gewinnen
- Einen dauerhaften gemeinsamen „Anker“, nämlich die gemeinsam erstellte Plastik zum Thema Umgang mit Veränderungen erstellen bzw. vor Augen haben
- Motivation der Beteiligten für Veränderungsprozesse ausbauen

Zeit

- 3-4 Stunden
- Co-Moderation/Unterstützung durch eine Künstlerin/einen Bildhauer (Kontakt siehe unten)
- Entsprechendes Material zum Erstellen einer Plastik

Material

- Flipchart mit Reflexionsfragen
- 6 Moderationswände, Moderationskärtchen und Stifte
- Wolken mit der Überschrift „Was konkret werde ich ab jetzt ... (verstärkt weiter/anders) tun“ und „Was kann mir dieses Vorgehen/diese Erkenntnis im Alltag nutzen bzw. bringen?“ und diese für ein 2-Felder-Chart nutzen
- Transfer-Journal (Notizbuch) für die Teilnehmenden

Überblick/Hinweise

Die Teilnehmenden reflektieren während des konkreten Tuns anhand konkreter Friktionen und sammeln so Erkenntnisse rund um das Thema Veränderungsprozesse.

„Jeder Mensch ist ein Künstler!“, stellte Joseph Beuys 1976 fest. Ihm ging es darum, deutlich zu machen, dass Menschen fortwährend Plastiken gestalten, zum Beispiel in Form von Teams und Unternehmen. Diese Entwicklung eines Umfelds bezeichnete Beuys als kunstvollen Akt, nämlich im Sinne einer Erstellung einer sozialen Plastik. In dem hier vorgeschlagenen Beispiel wird dies in der metaphorischen Umkehrung auf die Erstellung einer Grünholzplastik durch Führungskräfte eines Unternehmens projiziert. Jeder Teilnehmende erarbeitete unter Anleitung eines Künstlers mithilfe eines Beils aus einem Holzblock die Form einer Acht. Als teambezogene Symbolik steht die Acht für effizientes Verbinden und ein perfektes Zusammenspiel.

Nachdem die individuellen Objekte etwa zur Hälfte fertig gestellt waren, wurden die Teilnehmenden gebeten, ihre eigene Holzplastik mit der des Kollegen zu tauschen und an dieser weiterzuarbeiten. Dieser Tausch erinnert an typische Kooperations- und Veränderungsprozesse im Team und weckt ähnliche Resonanzen. In der gemeinsamen, durch die Moderatorin begleiteten Reflexion wurden zum Beispiel Gefühle des „Aufgebenmüssens von eigenen Vorstellungen" und des „Identifikations- und Motivationsverlustes" besprochen. Entsprechend können Handlungsmöglichkeiten zur erfolgreichen Bewältigung solcher Situationen, auch in Form von gemeinsamen Spielregeln, herausgearbeitet werden. Die Einzelobjekte wurden vom Künstler zu einer Gesamtplastik (im vorliegenden Beispielsfall „ACHT-SAM") zusammengefügt. Die Plastik wurde auf dem Gelände des Unternehmens aufgestellt.

Um den Transfer von neu gewonnenen Einstellungen und entsprechenden Verhaltensweisen aus den Workshops in das Unternehmensumfeld möglichst zu maximieren, orientierten wir uns an folgenden Aspekten:

- **Persönlicher Nutzen:** Für die Veränderung von Verhalten und Einstellungen ist insbesondere das Wollen (Fishbein & Ajzen sowie Fishbein & Madden, 1996) der betreffenden Personen entscheidend. Um dieses zu aktivieren, müssen persönliche Werthaltungen, Annahmen und Einstellungen wahrgenommen und reflektiert werden. Wenn hierbei der persönliche Nutzen beziehungsweise die Vorteile für jeden Einzelnen erkennbar sind, so werden positive Annahmen wahrscheinlich und das Commitment der Personen wird gestärkt. Diese Aspekte werden während der Teamentwicklung von jedem Einzelnen und abschließend vom Team herausgearbeitet und visualisiert. Die Reflexionsfrage hierbei lautet: „Was kann mir diese Erkenntnis im Alltag nutzen?"

- **Affektive Komponenten:** Weiterhin sind positive Einstellungen umso wahrscheinlicher, je mehr affektive Komponenten (Frey, 1998) die kognitiv-rationalen Aspekte unterstützen („Herz und Verstand"). Wichtig ist es also, in entsprechenden Veranstaltungen dafür zu sorgen, dass erwünschte Einstellungen und entsprechende Verhaltensweisen mit Erfolgserlebnissen und Spaß verknüpft werden. Das Format des artTeamings leistet dies in einzigartiger Weise.

- **Konkrete Handlungspläne:** Konkretes, praxisbezogenes Üben und konkrete Handlungspläne fördern die Umsetzung von Vorhaben (Frey, 1998). Die Betroffenen sollten jeweils möglichst exakt formulieren, was genau und wie sie dies umsetzen werden. Die Umsetzung wird in Form von Transferfragen im Transfer-Journal festgehalten: „Was konkret werde ich jetzt verstärkt weiter tun?", „Was konkret werde ich ab jetzt anders tun?"

- **Reflexion:** Mitarbeitende sollen Techniken erlernen, mithilfe derer sie eigenes Verhalten fortlaufend reflektieren und optimieren können (Kriz & Nöbauer, 2003), wie etwa After Action Reviews. Feedback-Schleifen sorgen für den Ist/Soll-Abgleich und ermöglichen so Verbesserungen in den Prozessen der Zusammenarbeit (After Action Review, Seite 290).

- **Visualisierung:** Das gewünschte Verhalten wird von jedem Teilnehmenden für sich visualisiert (Kriz & Nöbauer, 2003), aber auch die Erkenntnisse für alle werden in einem Fotoprotokoll festgehalten. Die Plastik dient als dauerhafter visueller Anker.

- **Lernpartnerschaften:** Je mehr Kolleg:innen eines zusammenarbeitenden Teams oder Bereiches ähnliche Erfahrungen, ähnliche Erkenntnisse und Handlungsziele haben, umso wahrscheinlicher ist, dass Transfer stattfindet (Schmidt, 2010). Die Initiierung von Lernpartnerschaften im Workshop verstärkt die Transferleistungen. Die Lernpartner verabreden schon im Workshop einen Termin, bei dem sie sich über die Umsetzung der jeweiligen Vorhaben austauschen.

Durchführung

Anhand des Gestaltens einer realen Plastik wird der Prozess initiiert. Die Teilnehmenden erhalten beim Start der Arbeiten die Information von Ihnen als Trainerin, dass es um die Simulation von Prozessen der Zusammenarbeit und Veränderung geht, und dass eine gemeinsame Plastik entstehen wird, die als Erinnerungsanker bezüglich dieser Kooperationsprozesse im Unternehmen aufgestellt werden wird. Dann übergeben Sie an den Künstler.

In einem ersten Schritt werden den Teilnehmenden das geplante Ergebnis, die Holzplastik, das Ausgangsmaterial und die groben Arbeitsschritte vorgestellt. In unserem Beispielsfall mussten die Teilnehmenden einen Baumstamm in etwa 60 cm hohe Holzscheiben („Rugel") zerteilen und diese wiederum in sechs Einzelscheite. Die Erstellung der Plastik sowie die Zerteilung des Stammes erschien den Teilnehmenden nach den ersten

Einzelversuchen relativ aussichtslos. Manche Teilnehmenden sprachen dies auch deutlich aus.

Bei Schwierigkeiten und bei Erfolgen: Innehalten und Auswerten

Sobald besondere Aspekte des Handelns oder des Zusammenwirkens auftauchen, übergibt der Künstler wieder an Sie als Trainerin. Dies sind Stellen, an denen Reflexionsphasen durchgeführt werden. Dadurch wird als Sekundär-Effekt ein interessanter Lerntransfer auftauchen. Nämlich der, dass wenn es herausfordernd und schwierig ist oder besonders gut läuft, ein Innehalten und systematisches Auswerten der aktuellen Situation äußerst nützlich ist. Hier wird ein erster schneller After Action Review durchgeführt. Die Ausarbeitungen werden von Ihnen mitvisualisiert. Die daraus abgeleiteten Erkenntnisse helfen den Teilnehmenden, voranzukommen. Die koordinierenden Aktivitäten und der gemeinsam abgestimmte Einsatz von Werkzeugen (Sägen, Spaltungswerkzeuge ...) verhelfen anschließend zum Erfolg.

Im zweiten Schritt erarbeitet jeder Teilnehmende unter professioneller Anleitung des Künstlers mit einem Beil seine eigene Grünholzplastik in Form der Acht. Während des Arbeitens an der individuellen Plastik werden weitere Reflexionsphasen eingelegt. Anhand der Bearbeitung von Astgabelungen oder Astlöchern diskutierten die Teilnehmenden das Thema „Umgang mit Widerständen". An der Wuchsform des Holzes erklärt der Künstler, dass nicht gegen den Wuchs des Holzes gearbeitet werden kann. Hier kann gerne schon mal der Stiel des Beils abbrechen, wenn man versucht, Wuchsformen zu ignorieren. Wichtigste Erkenntnis: Widerstände weisen darauf hin, wo Energie liegt, wie sie freigesetzt und genutzt werden kann. Die Erkenntnisse werden mitvisualisiert.

Der Tausch der individuellen Plastiken

Den Höhepunkt des artTeamings stellt der Tausch der Plastiken dar. Nachdem die Teilnehmenden ihre Objekte – hier die Acht – etwa zur Hälfte fertiggestellt haben, werden sie gebeten, an dem Objekt des rechts nebenstehenden Teilnehmenden weiterzuarbeiten und ihre eigene Holzplastik dem Teilnehmenden zur Linken zu überlassen. Dieser Tausch lehnt sich an typische Kooperationsprozesse an. Ähnliche Gefühle, wie man sie etwa durch das (weitere) Bearbeiten eigener Ideen durch andere Kolleg:innen im Arbeitsalltag kennt, werden auch durch das Abgeben der eigenen Plastik wachgerufen. Dieser Tausch löst bei vielen Teilnehmenden starke Emotionen aus. Manche führen ausführliche „Briefing-Gespräche", manche geben ihre Plastik nur widerwillig ab, andere sind begeistert, wenn die Plastik des anderen schon deutlich besser ausgearbeitet ist als die eigene, und manche stoßen Drohungen aus wie: „Mach ja nichts kaputt."

Nach einer kurzen Zeit des Weiterarbeitens an der Plastik des Kollegen wird wieder eine Reflexionsphase „Umgang mit Veränderungen" eingeleitet. Gefühle des „Festhaltenwollens", des „Identifikations- und Motivationsverlustes", des „Aufgebenmüssens von eigenen Vorstellungen" werden ausgesprochen und können sehr gut als Reflexionsbasis für die Zusammenarbeit nutzbar gemacht werden. Hier einige Beispiele: „Bei dem Entwurf eines Konzeptes war es so leicht, dieses zu zerreißen. Die Plastik des Kollegen konnte ich nicht einfach in den Mülleimer werfen. Zu klar stand mir vor Augen, wie viel Energie er investiert hatte. Ab jetzt werde ich Ideen oder konzeptionelle Arbeiten von Kollegen achtsam behandeln." Oder: „Ich hatte mich gewundert, wieso die Plastik der Kollegin noch so wenig weit gediehen war. Als ich an ihrer Plastik arbeitete, stellte ich fest, dass ihr Holz deutlich härter war als meines. Auf Nachfrage beim Künstler stellte sich heraus, dass dies ein Endstück gewesen war. Es war deutlich trockener und damit schwerer zu bearbeiten."

Nach einer weiteren Arbeitszeit können Sie die Teilnehmenden bitten, nochmals zu tauschen, sollten dies dann aber nach wenigen Minuten bewusst abbrechen und erneut Eindrücke, Emotionen und Transferansätze („Umgang mit Veränderungen") reflektieren lassen. Die Erkenntnisse sind spannend. Ein Teilnehmender formulierte das beispielsweise so: „Ich wollte nicht noch einmal tauschen. Das würde nicht mehr mein Werk sein. Ich hatte keine Lust mehr, weiterzuarbeiten. Nun ist mir klar, wie wichtig es ist, dass jeder seinen persönlichen Anteil an Ergebnissen erkennen kann und in ihm wertgeschätzt wird. Nur dann identifiziert man sich."

Dieser zweite Tausch findet also nicht wirklich statt, sondern jeder der Teilnehmenden arbeitet nach dieser Reflexionsphase wieder an der eigenen ursprünglichen Plastik und beendet sie so, wie er das möchte.

Für die Teilnehmenden kann es interessant sein, auch noch einmal abschließend zu reflektieren („Umgang mit Veränderungsprozessen"), wie es ihnen dabei ging, wieder an ihrer ursprünglichen Plastik zu arbeiten. Einige zeigten sich beispielsweise enttäuscht darüber, wie wenig die Arbeit fortgeschritten war. Dazu erklärten manche Kollegen, dass sie einfach nicht den Mut gefunden hatten, „richtig" an der Plastik des anderen weiterzuarbeiten. Andere berichteten von den emotionalen Schwierigkeiten, sich wieder mit ihrer Plastik „anzufreunden", die ja nun auch anders geworden war. Sie hätten lieber die getauschte behalten. Solche Aussagen weisen erneut auf typische Identifikationsprobleme beim „Loslassen" im Rahmen von Veränderungsprozessen hin. Sie zeigen zugleich, wie wichtig es ist, gemeinsame Ziele, aber auch klare eigene Arbeitsteile zu haben.

Nach dem Abschluss der Arbeit an der jeweiligen eigenen Plastik finden sich die Teilnehmenden zu einer Gesamtreflexion im Plenum zusammen. Stellen Sie die Pinnwände mit Ihren Visualisierungen der Erkenntnisse zu den drei Hauptthemen

- Systematisches Auswerten der aktuellen Situation: After Action Reviews
- Umgang mit Widerständen
- Umgang mit Veränderungen

den Teilnehmenden nochmals vor. Nach dem Vorlesen der jeweiligen Erkenntnisse pro Thema bitten Sie die Teilnehmenden, Ihnen

- konkrete Handlungsweisen zuzurufen, nach dem Motto: „Was konkret werde ich ab jetzt … (verstärkt weiter/anders) tun?" Diese werden auf einem 2-Felder-Chart einer Pinnwand mitvisualisiert.
- Aussagen darüber zu machen, „Was kann mir dieses Vorgehen/diese Erkenntnis im Alltag bringen?" Diese werden ebenfalls auf der Pinnwand mitvisualisiert.

Hinweise !

Bitten Sie die Teilnehmenden, parallel die für sie persönlich wichtigen Erkenntnisse in ihrem Transfer-Journal festzuhalten. Dafür geben Sie nochmals ein wenig Extrazeit. Dann fordern Sie die Teilnehmenden auf, sich nun einen Lern-Buddy auszuwählen und mit diesem einen konkreten Termin zu vereinbaren, wann er sich mit ihm treffen und sich über seine Umsetzungserfolge und weiteren Erkenntnisse austauschen wird. Die Teilnehmenden können sich auch zu dritt verabreden. Bei größeren Lerngruppen wird oft das Finden von gemeinsamen Terminen zum Problem, deswegen ist eine größere Anzahl von Gruppenmitgliedern nicht ratsam.

Ihre Abschlussrede sollte sich auf die zentralen Erkenntnisse und Umsetzungsvorhaben der Gruppe beziehen und diese nochmals mit der Plastik in Verbindung bringen: *„Wenn ihr diese seht, dann werdet ihr denken an … und an …"*

Nach der Beendigung der Workshops werden die Einzelplastiken der Teilnehmenden vom Künstler in der Gesamtplastik „ACHT-SAM" zusammengefügt und im Unternehmen aufgestellt.

Quellen

- Rappaport, T. (Holzbildhauer, Stuttgart): info@atelier-rappaport.de www.atelier-rappaport.de.
- Harlan, V. (1986): Was ist Kunst? Werkstattgespräch mit Joseph Beuys. Stuttgart: Urachhaus.
- Harlan, Rappmann & Schata (1976): Soziale Plastik – Materialien zu Joseph Beuys. Achberg: Achberger Verlagsanstalt.
- Ajzen & Fishbein (1980): Understanding the attitudes and predicting social behavior. Englewood Cliffs, New Jersey: Prentice-Hall Inc. Ajzen I., Madden T. J. (1986). Prediction of goal-directed behavior: attitudes, intentions and perceived behavior control. Journal of Experimental Social Psychology, 22, 453–474.
- Frey, D. (1996): Gute Vorsätze im Visier. Wie man den Willen, ein bestimmtes Verhalten zu ändern, in die Tat umsetzen kann. Süddeutsche Zeitung, 5./6. Oktober 1996.
- Kriz & Nöbauer (2006): Teamkompetenz. Konzepte, Trainingsmethoden.Praxis. Göttingen: Vandenhoeck & Ruprecht, 2. Aufl.
- Schmidt, Dollinger, & Müller-Kalthoff (2022): Gut beraten in der Krise. Konzepte und Werkzeuge für ganz alltägliche Ausnahmesituationen. Bonn: managerSeminare, 6. Aufl.

Die Betroffenen im Veränderungsprozess: Von Missionaren und Langsam-Adaptern

Wandel garantiert Widerstand

Orientierung

Ziele

- Aufzeigen, mit welchen Einstellungen zu Beginn eines Veränderungsprozesses zu rechnen ist und verdeutlichen, dass nicht eine Einstellung grundsätzlich richtig oder falsch ist
- Die Teilnehmenden erkennen den Nutzen, konstruktiv mit Widerstand umzugehen und verfügen über entsprechende Ideen und Werkzeuge
- Verdeutlichen, dass es viele konstruktive und zieldienliche Möglichkeiten zum Umgang mit Widerstand gibt

Zeit

- Intro: 15 bis 30 Minuten
- Gruppenarbeiten: 30 Minuten
- Präsentation der Gruppenarbeiten und Diskussion: 30 Minuten (pro Gruppe 10 Minuten)
- Debriefing: 10 Minuten

Material

- Link zum YouTube-Video
- Flipchart mit Instruktion
- 3 Pinnwände zum Thema „Umgang mit Widerstand (für die 3 Grundthemen des Widerstands)
- Post-its, Stifte

Hinweis

Wenn Sie diesen Baustein online durchführen wollen, planen Sie entsprechend für die Gruppenarbeiten ausreichend Platz auf dem digitalen Whiteboard ein.

Intro

„Die Videos zeigen auf sehr humorvolle Weise, dass auch beste Ideen Schutz und Unterstützung brauchen, um zu überleben. Und dass die Aussage ‚Wandel garantiert Widerstand' durchaus seine Berechtigung hat."*

* Hier bieten sich zum Einstieg die Steinzeitfilme an: „Killing good ideas can harm your future!"

► http://www.youtube.com/watch?v=0ORnMYoWX9c

An dieser Stelle ein persönlicher Hinweis der Autorinnen: Wir gehören nicht zu den Anhängern der Proklamation, dass der Change nur richtig angepackt werden müsse, dann gäbe es keinen Widerstand. Ebenso wenig, wie wir eine radikale Ausschließung aller befürworten, die einem bestimmten Veränderungsprozess kritisch gegenüberstehen.

„Falscher Umgang mit Widerstand ist häufig ein Grund des Scheiterns in Change-Projekten. Einerseits liegt das an mangelnder Entschiedenheit, insbesondere von Führungskräften beziehungsweise Prozesseignern, nach dem Motto: ‚Allen wohl und niemandem wehe.' Andererseits an unnötiger Härte, dem Niederschlagen oder Wegwischen von Widerständen. Die Unterdrückung einer kritischen Haltung führt unserer Erfahrung nach zur Bildung einer Guerilla-Organisation, die dann nicht mehr im Dialog steht und schwerlich erreicht werden kann. Zudem kann eine kritische Haltung und entsprechende Äußerungen sehr deutlich darauf hinweisen, dass diese Menschen ganz besonders stark das Wohl des Unternehmens im Auge haben und ihre Argumente guten Aufschluss darüber geben, was im Prozess beachtet werden sollte.

Insofern ist eine kritische Haltung durchaus hilfreich und nützlich: Sie stellt sicher, dass wichtige und richtige Fragen ausgesprochen werden. Wie bereits zu Beginn unseres Seminars dargestellt, ist es immer mehr als vernünftig, sich die Frage zu stellen, ob dieser Wandel wirklich notwendig ist und, wenn ja, mit welchen Zielen er verknüpft werden soll. Erfahrungsgemäß laufen Transformationsprozesse für die meisten Mitarbeitenden ‚on top' zum Tagesgeschäft. Sie stellen damit durchaus eine Mehrbelastung dar. Zudem wissen wir alle, dass Veränderungen und das Anpacken von Neuem mit Fehlern, Rückschlägen und Misserfolgen verbunden ist. Auch deswegen darf kritisch hinterfragt werden: ‚Macht das wirklich so Sinn?' Diese Aussagen stehen nicht im Widerspruch zum bereits besprochenen Sanddünen-Effekt (Seite 309) *und Konsequenzenmanagement* (Seite 311)*: Denn Nachjustierungen und Verbesserungen wird es immer geben müssen. Gleichwohl ergibt es keinen Sinn, jedes halbe Jahr eine neue Strategie zu formulieren und eine Neuausrichtung anzustoßen, es sei denn, die Krise ist akut existenzbedrohend.*

Widerstände sind also unbedingt ernst und wichtig zu nehmen. Wenn sie beiseite gewischt und nicht bearbeitet werden, blockieren sie die Arbeitsenergie und die Arbeitsfreude. Widerstand, der sichtbar und hörbar ist, kann bearbeitet und gezielt genutzt werden.

Verschiedene Studien und Autoren weisen immer wieder darauf hin, dass die Menge der kritischen Einstellungen und Abwartenden gegenüber Veränderungen in Organisationen zu Beginn eines solchen Prozesses recht hoch ist."

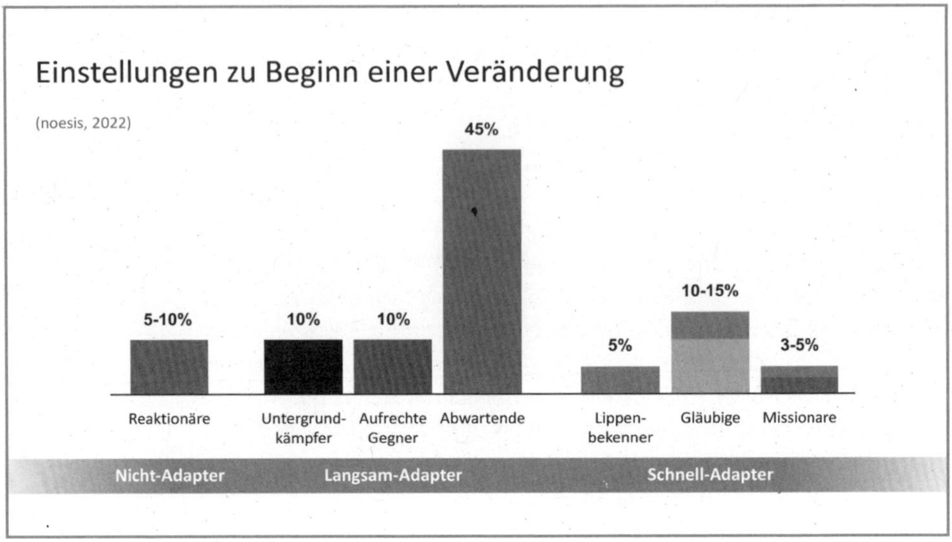

„Diese Darstellungen decken sich auch mit den Erkenntnissen aus der Werbepsychologie: Hier spricht man von ca. 15 Prozent Schnell-Adaptern, die sich neuen Trends grundsätzlich gerne und umgehend zuwenden. Dieser Gruppe der ‚Gläubigen' gilt es, große Aufmerksamkeit zu schenken und sie wichtig zu nehmen, damit sie zu ‚Missionaren' werden und für das Neue werben. Manchmal wird leider den ‚Widerständlern' deutlich mehr Aufmerksamkeit geschenkt als den ‚Gläubigen' ...! Diese Schnell-Adapter werden aber unbedingt gebraucht, um die große Menge der Abwartenden und Kritiker anzustecken ..., zu begeistern! Also: Lasst uns unsere Missionare pflegen, wertschätzen und unterstützen.

‚Langsam-Adapter' haben verschiedener Schätzungen zufolge eine Größenordnung von rund 65 Prozent! Sie können also beeinflusst werden, sowohl von Nicht-Adaptern oder auch Guerrillas als auch von Missionaren. Daher gilt es, unbedingt die Missionare zu stärken.

Eine zentrale Erkenntnis der Empirie scheint zu sein, dass es immer einen bestimmten Prozentsatz an ‚Nicht-Adaptern' gibt – hier mit 10 Prozent als ‚Emigranten' bezeichnet, die nicht willens sind, die neue Richtung mitzugehen. Je nach Thema des Wandels oder des Trends kann dies sehr unterschiedliche Gründe haben."

Durchführung

Hier können Sie sehr gut eine Diskussion initiieren, um die Erfahrungen der Teilnehmenden zu hören und unterschiedlichste Perspektiven und Erklärungen zu würdigen. Ziel für uns ist es, einfach klar zu machen, dass mit hoher Wahrscheinlichkeit nicht jeder die Themen der Veränderung genau so schätzt wie wir als Berater oder Change-Agents – und dass im Ernst- und Wichtignehmen der unterschiedlichen Perspektiven großer Mehrwert stecken kann.

Widerstände können auf drei Grundthemen zurückgeführt werden. Als Trainerin können Sie diese drei grundsätzlichen Dimensionen auf dem entsprechenden Chart vorstellen.

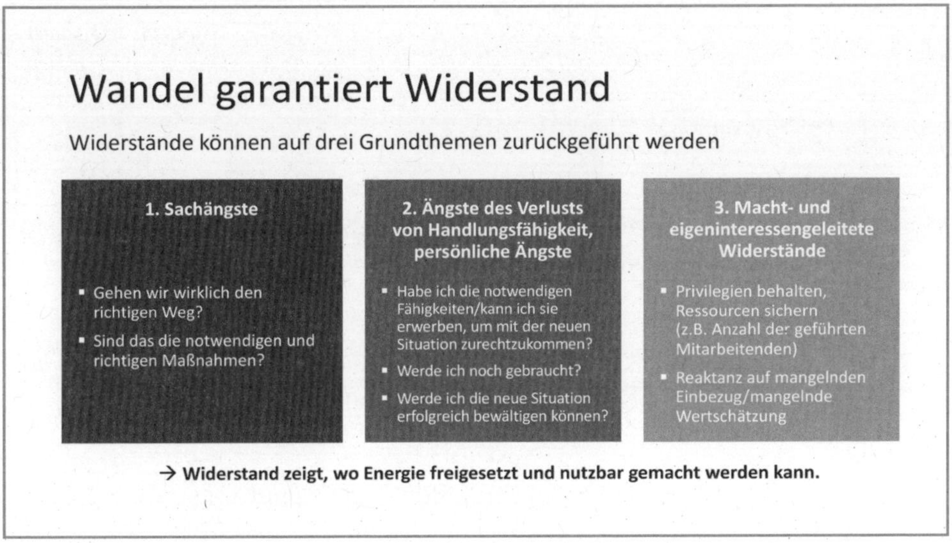

„Die Sachängste umfassen den weitaus größten Anteil an Ängsten, die in Veränderungsprozessen zutage treten. In der Praxis wird von etwa 50 Prozent ausgegangen. Die Fragen drehen sich um Themen wie ‚Gehen wir wirklich den richtigen Weg?' oder ‚Sind das die notwendigen und richtigen Maßnahmen?' Die Hauptsorge der betroffenen Menschen besteht darin, dass die Leitungspersonen die falschen Entscheidungen treffen könnten und daraus Nachteile für das Unternehmen oder den Bereich erwachsen würden.

Die zweite Dimension, aus der Ängste entstehen können, ist die Dimension der psychologisch bedingten Ängste, etwa die Sorge ‚Werde ich mit meinen Fähigkeiten und meinem Können in der neuen Situation überhaupt noch gebraucht?', ‚Habe ich die notwendigen Fähigkeiten bzw. kann ich sie erwerben, um in der neuen Situation erfolgreich sein zu können?' oder ‚Kann ich in der neuen Situation überhaupt zurechtkommen?' Das können verständlicherweise höchst existenzielle Sorgen sein. Häufig drängen sie sich nicht zwingend ins Bewusstsein. Sie sind also nicht bewusstseinspflichtig, können gleichwohl bewusst gemacht werden. Sie zeigen sich nach außen hin häufig einfach in einer Ablehnung des Neuen.

Beide Dimensionen können auch fließend in die dritte übergehen, die sich um ‚wichtig genommen werden/ernst genommen werden' dreht. Insbesondere, wenn Sachängste und kritische Überlegungen wenig wertschätzend abgewehrt werden, wenn entsprechende Personen abgewertet oder beschämt werden, also wenn Gesichtsverlust erlebt wurde, geht es um eine negative Anerkennungsdynamik (Sparrer & Varga von Kibéd, 2020). *Diese wird verstärkt, wenn Rudel- und Revierverluste zu massiv zu werden drohen. Dann nehmen macht- und eigeninteressengeleitete Widerstände zu. Diese zielen darauf, bestimmte Privilegien zu behalten, spezielle Ressourcen zu sichern – wie etwa die Anzahl der geführten Mitarbeitenden, die mindestens gleich bleiben muss – und letztlich auf den Macht- und Statuserhalt der eigenen Person.*

Die unterschiedlichen Arten von Widerständen können vermischt auftreten. Aus unserer Erfahrung ist das aber wenig häufig der Fall. In der Praxis gehen wir davon aus, dass weit mehr als zwei Drittel aller Widerstände auf psychologische Ängste und Sachängste zurückzuführen sind.

Letztlich münden diese Ängste in einer inneren persönlichen Gewinn-Verlust-Liste, deren Ergebnisse ausschlaggebend für die Höhe des Widerstands sind."

Parallel zum Vortrag sollten Sie die Gewinn-Verlust-Liste präsentieren.

Die persönliche Gewinn-Verlust-Liste

Mögliche Dimensionen von Fragen

		ja	nein	?
Qualifikation/ Kompetenz:	▪ Werden meine Fähigkeiten und mein Wissen noch gebraucht?	☐	☐	☐
	▪ Wird mein Wissen entwertet?	☐	☐	☐
	▪ Kann ich die neuen notwendigen Fähigkeiten erlernen?	☐	☐	☐
	▪ Weiß ich, was zu tun ist? Kann ich Erfolg haben?	☐	☐	☐
Sicherheit:	▪ Weiß ich, was die Zukunft bringt? Kann ich meine Situation noch kontrollieren?	☐	☐	☐
	▪ Ist mein Arbeitsplatz sicher?	☐	☐	☐
	▪ Werden meine Kolleg:innen dieselben sein („Rudelverlust")?	☐	☐	☐
	▪ Wird mein Arbeitsraum (Ort) derselbe sein („Revierverlust")?	☐	☐	☐
Positionierung:	▪ Steigt mein Ansehen/meine Wertigkeit (Anzahl der Mitarbeiter)?	☐	☐	☐
	▪ Kann ich meine Privilegien erhalten (Auto, Büro)?	☐	☐	☐
	▪ Bleiben meine Freiheitsgrade erhalten?	☐	☐	☐

→ Großer persönlicher Nutzen + geringe persönliche Verunsicherung = Veränderungsmotivation (G > V)

„Je mehr Fragen mit ‚Nein' oder mit ‚? = Ich weiß nicht' beantwortet werden, desto höher ist die Wahrscheinlichkeit des Widerstands. Um für einen aktuellen Prozess eine solche Liste erstellen zu können, sollte man sich beispielsweise im Kreis des Steuerungsteams zusammensetzen und darüber brainstormen, welche Überlegungen und Fragen sich die Betroffenen vermutlich stellen werden. Dabei muss man unbedingt auch solche Fragen aufschreiben und ermutigende Antworten finden, die vermutlich nur gedachte Fragen oder vorbewusste Überlegungen bleiben und sich wirklich in die betroffenen Personen hineinversetzen. Auf diese Weise erhält man einen breiten Horizont möglicher Befürchtungen und Anlässe für Widerstand. Anschließend sollte man sich die Antworten überlegen, die sich die Mitarbeitenden vermutlich selbst geben. Sowie Antworten, die die Sorgen aufgreifen, irrationale Befürchtungen entkräften und Ermutigung beinhalten. Ressourcenförderliche Strategien und Antworten, die man kommuniziert (Kommunikations-Skyline, Seite 178 ff.) *– unabhängig davon, ob die entsprechenden Fragen überhaupt gestellt werden.*

Die unterschiedlichen Arten von Widerständen weisen also zuallererst darauf hin, wo wichtige Interessen und Bedürfnisse der Beteiligten liegen und zeigen auf, wo Blockaden gelöst und Energien freigesetzt werden können. Die Hauptfrage, die sich nun stellt, ist damit: Wie können wir die Widerstände voneinander unterscheiden, sie gezielt anpacken und nutzbar machen?"

Zu diesen Fragen können Sie Ihre Teilnehmenden anschließend sehr gut in Gruppenarbeiten gehen lassen, die jeweils von drei getrennten Gruppen bearbeitet und anschließend in ihren Ergebnissen präsentiert werden.

Die Fragen könnten lauten:

Gruppe 1

Woran konkret könnte ich erkennen, dass es sich bei dem betreffenden Widerstand um Sachängste handelt, wie könnte ich dies konkret „überprüfen" und wie wertschätzend und zieldienlich mit diesen umgehen?

Gruppe 2

Woran konkret könnte ich erkennen, dass es sich bei dem betreffenden Widerstand um psychologische Ängste handelt, wie könnte ich dies konkret „überprüfen" und wie wertschätzend, ermutigend und zieldienlich mit diesen umgehen?

Gruppe 3

Woran konkret könnte ich erkennen, dass es sich bei dem betreffenden Widerstand um negative Anerkennungsdynamiken handelt oder um

„Machtspiele", wie könnte ich dies konkret „überprüfen" und wie zieldienlich mit diesen umgehen?

Anschließend lassen Sie die Ergebnisse vorstellen, gemeinsam diskutieren und ggf. ergänzen.

Als Trainerin können Sie dies mit dem Chart „Umgang mit Widerständen" abrunden und die zieldienlichen „Strategien zum Umgang mit Widerständen" durchgehen. Bei Punkt 3 kann man auch auf die 3-K-Regel (Seite 311) und das Thema „Konsequenzenmanagement" (Seite 311) hinweisen.

Umgang mit Widerständen

Zieldienliche Strategien

1. Widerstände zunächst generell als sachbezogen und/oder „angstbesetzt" betrachten
   Um die Energie im Widerstand nutzbar zu machen, nutzen Sie
   - auf taktischer Ebene: kommunikative Mittel (Kommunikations-Skyline, FAQs, Sprungbrett-Rede)
   - auf individueller Ebene: Fragen, Paraphrasieren, gewaltfreie, bedürfnisorientierte Kommunikation, Pacing
2. Stimmt die Diagnose unter Punkt 1 nicht, wird nichts „kaputt gemacht".
   Macht erhaltender Widerstand wird jedoch auf solche Strategien nicht reagieren.
3. Machtorientierter Widerstand braucht auf Dauer nachhaltige Konsequenzen:
   Entweder er reduziert sich oder „er geht".

„Echte Sachargumente ‚reagieren' auf Argumentation. Im Gespräch spüren wir, dass wir uns im Dialog gemeinsam weiterbewegen, dass sich Themen entwickeln. Dann weiß man, dass es den Beteiligten um den gemeinsamen Erkenntnisfortschritt geht.

Wenn man feststellt, dass sich inhaltlich wenig bewegt, dass sich beispielsweise Argumente und Bedenken wiederholen, dann kann man davon ausgehen, dass Sorgen und psychologische Ängste im Vordergrund stehen. Diese verändern und öffnen sich durch einfühlsames Vorgehen wie etwa wichtig nehmen, ernst nehmen, zuhören und mithilfe von Techniken wie Paraphrasieren oder Formen der gewaltfreien Kommunikation. Auch ist die Betonung von ‚Lern- und Fehlerkultur' wichtig, ebenso wie der Ausblick, dass es Unterstützung etwa durch Training oder Mentoring für das Erlernen des Neuen gibt und dass auch Erfahrungswissen weiterhin hilfreich und nützlich bleibt, sofern dies der Fall ist. Insbesondere die Arbeit mit der Perspektive ‚Was bisher schon alles erfolgreich gelernt und an Changes bewältigt wurde' (siehe die Erstellung des Change Frame, Seite 66) *ist enorm hilfreich.*

Wenn es aber letztlich um Machterhalt geht, wenn also sachliche Argumente nur vorgeschoben sind, werden wir feststellen, dass weder Argumente noch einfühlsames Vorgehen etwas verändern. Machterhaltender Widerstand reagiert ‚polymorph', das heißt, alle möglichen Arten von Argumenten tauchen mal in dieser, mal in jener Gestalt auf – und bei jeder nur möglichen Situation wird eine Grundsatzdiskussion vom Zaun gebrochen. Die Wahrscheinlichkeit ist hoch, dass es dann um ein ‚Sich durchsetzen', um Machterhalt und Stärkedemonstration geht …

Wie nun also am besten mit diesen unterschiedlichen Konstellationen umgehen? Nun, alle Aspekte der 3-K-Regel in Betracht zu ziehen oder in Anlehnung an unseren ‚Tanz der Kommunikation' (Seite 338 f.) *empfehlen wir: …"*

Hinweise

Abrundend können Sie als Trainerin nachfragen, wer die Techniken des Paraphrasierens, der gewaltfreien, bedürfnisorientierten Kommunikation oder des Pacings kennt und sie gegebenenfalls durch einen Teilnehmenden darstellen lassen.

Quelle

- Sparrer & Varga von Kibet (2020): Workshop im Rahmen des Metaforum SommerCamp 2020 in Abano Terme.

Übung/Experiment: Tanz der Kommunikation

Orientierung

Ziel

Verschiedene Möglichkeiten zum Umgang mit Widerstand und deren Auswirkungen aufzeigen

Zeit

30 Minuten

Material

- Man braucht viel Platz! Man kann diese Übung daher auch gut im Freien durchführen oder in einem großen Pausenraum
- Stühle, Kabel und andere Stolperfallen zur Seite räumen

Hinweise

- Diese Übung lässt sich nur in Präsenz durchführen.
- Sie ist gut geeignet, um zu zeigen, dass es sinnvoll ist, sich auf Widerstände einzulassen, anstatt sie niederzuschlagen oder zu ignorieren.
- Sie kann verwendet werden, um die Teilnehmenden auf zieldienliche Strategien zum Umgang mit Widerständen einzustimmen.
- Die Teilnehmerzahl sollte gerade sein (bei ungerader Zahl kann die Trainerin mitmachen).

Durchführung

1. Runde

Bitten Sie die Teilnehmenden, sich im Raum zu verteilen und sich einen Partner (etwa gleich groß und gleich kräftig) als Gegenüber zu suchen. Dann bitten Sie die Teilnehmenden, den rechten Arm auszustrecken und die Flächen ihrer rechten Hand gegeneinander zu legen, sodass ein Kontakt entsteht. Nun sollen die Spielpartner versuchen, so fest es geht die Handflächen gegeneinander zu drücken. Meist schieben sich die Partner nun ein bisschen vor und zurück, aber letztlich kommen sie nicht vom Fleck.

Nun bitten Sie die Teilnehmenden zu berichten, wie sich das Ganze angefühlt hat und was das aus ihrer Sicht mit Widerstand im Wandel zu tun haben könnte … Hauptergebnis ist: Wenn beide in den Widerstand gehen, ist der Zustand „total festgefahren".

2. Runde

Nun bitten Sie die Teilnehmenden, erneut die gleiche Stellung einzunehmen und kräftig zu drücken. Dann soll einer der Partner (bitte vorher absprechen) plötzlich die Hand wegziehen. Was passiert, ist, dass der druckausübende Partner die Balance verliert oder ins Leere fällt. Lassen Sie das zwei- bis dreimal gegenseitig ausprobieren.

Bitten Sie die Teilnehmenden wiederum zu berichten, wie sich das Ganze angefühlt hat und was das aus ihrer Sicht mit Widerstand im Wandel zu tun haben könnte. Ergebnisse sind vielleicht: Wenn einer Druck ausübt und keinen Counterpart hat, kann er tun, was er will … oder er fällt ins Leere … Auch hier bewegt sich letztlich nichts.

3. Runde

Wieder bitten Sie die Teilnehmenden, erneut die gleiche Stellung einzunehmen. Einer der Partner soll wieder kräftig drücken, der andere soll den Handkontakt halten, aber nicht zurückdrücken, sondern sich dabei selbst zur Seite oder nach hinten bewegen. Bitten Sie die Teilnehmenden, das zwei bis drei Minuten durchzuhalten. Dann sollten sie das Ganze nochmals umgekehrt durchführen.

Auch diesmal bitten Sie die Teilnehmenden zu berichten, wie sich das Ganze angefühlt hat und was das aus ihrer Sicht mit Widerstand im Wandel zu tun haben könnte … Die spannende Erkenntnis ist, dass der scheinbar zurückweichende Partner derjenige ist, der die Richtung bestimmt, in die das Paar sich bewegt. Dieser Partner übernimmt damit tatsächlich die Führung!

Hinweise

- Die Übung ist gut geeignet, um zu zeigen, dass es Sinn ergibt, sich auf Widerstände einzulassen, anstatt sie niederzuschlagen oder zu ignorieren.
- Sie kann verwendet werden, um die Teilnehmenden auf zieldienliche Strategien zum Umgang mit Widerständen einzustimmen.
- Und sie zeigt, wer im Widerstand (durch Fragen) führt: Nämlich die Person, die scheinbar nachgibt.

Quelle

- Nach Belgrave & Lawrie (2003): GFK-Tanzparkett.

Einstreu-Geschichten

Das funktioniert doch nicht 1: Das Wasserglas

Orientierung

Ziele

- Ein Experiment rund um das Thema Veränderungskompetenz, zum Beispiel nach einer Pause oder zum Auftakt eines neuen Themas
- Insbesondere den Glaubenssatz „Das funktioniert doch nicht" auf ermutigende Weise hinterfragen

Zeit

2 Minuten

Material

- Trinkglas (glatte Wände, gleichmäßig zylindrisch), ziemlich voll mit Wasser gefüllt
- Stück Papier (ca. DIN-A6-Größe) oder eine runde große Moderationskarte

Hinweise

- Ohne Garantie ;-)
- Vorab mal ausprobieren

Vorgehen

Beziehen Sie sich als Trainerin auf einen Hinweis oder eine Diskussion aus der Gruppe, bei der es darum geht, dass etwas Bestimmtes nicht funktionieren wird. Erklären Sie ferner, dass Sie die Gruppe gerne ermutigen würden, darüber zu diskutieren, wie das Vorhaben eventuell doch realisiert werden könnte bzw. das doch auszuprobieren. Dann laden Sie die Gruppe zum nachfolgenden Experiment ein ...

Füllen Sie ein Trinkglas ziemlich voll mit Wasser und legen ein Stück Papier oder eine Moderationskarte auf den Rand des Wasserglases. Dann legen Sie eine Hand auf das Papier und stellen mit der anderen Hand das Glas auf den Kopf. Fragen Sie die Teilnehmenden, was passieren wird, wenn Sie nun Ihre Hand wegziehen ... Anschließend entfernen Sie vorsichtig Ihre Hand von dem Stück Papier, das die Öffnung des Glases „verschließt". Es passiert nichts.

Erklärung und Auswertung des Experiments

Meist nehmen die Teilnehmenden an, dass das Wasser sich auf die Erde ergießt. Allerdings übt die Luft, die sich unter dem Stück Papier befindet, so viel Druck aus, dass dies nicht geschieht. Das Papier bleibt fest am Glas.

Sie können, bevor Sie das Experiment erklären, nachfragen, welche Assoziationen die Teilnehmerrunde zu dem Experiment in Bezug auf das Thema „Veränderungen" hat. Hier kommen oft Hinweise dazu, dass

- uns manchmal vielleicht nicht bewusst ist, wie viel Kraft wir tatsächlich haben.
- es oft weitere, vielleicht auf den ersten Blick nicht sichtbare Kräfte gibt, auf die wir setzen könnten, um den gewünschten Wandel zu erreichen.
- wir versuchen könnten, darüber nachzudenken, wie wir bestimmte Kräfte mehr oder besser für uns nutzen können.
- Glaubenssätze wie „Das funktioniert nicht" auch „Luft" sind – nichts wirklich Festes und trotzdem sehr viel Kraft haben (unabhängig davon, ob wir etwas glauben oder auch nicht).

Wie funktioniert das Experiment? Normalerweise ist uns die „Schwere" der Luft nicht bewusst, da wir hier keine entsprechenden Alltagserfahrungen vor Augen haben. Aber Luft, obwohl nicht sichtbar, hat Schwere, hat Druck, trägt Wasser, Vögel und Flugzeuge.

Das funktioniert doch nicht 2: Der Apfel

Orientierung

Ziele

- Ein Experiment rund um das Thema Veränderungskompetenz, zum Beispiel nach einer Pause oder zum Auftakt eines neuen Themas
- Insbesondere: den Glaubenssatz „Das funktioniert doch nicht" auf ermutigende Weise hinterfragen

Zeit

2 Minuten

Material

- Apfel
- 2 Messer

Hinweise

- Ohne Garantie ;-)
- Vorab mal ausprobieren

Vorgehen

Schneiden Sie als Trainerin mit einem Messer von oben in einen Apfel und zwar so, als ob Sie ihn in der Mitte teilen wollten. Sobald der Apfeleinschnitt etwa 3 cm tief ist, drehen Sie Apfel und Messer so, dass der Apfel oben auf dem Messer sitzt (und die Klinge gerade tief genug sitzt, dass sie im Apfel stecken bleibt). Nun können Sie Ihre Teilnehmenden fragen, was passieren wird, wenn Sie gegen die Klinge klopfen. Die meisten Teilnehmenden sind der Überzeugung, dass der Apfel von der Klinge fallen wird. Dann klopfen Sie mit dem Rücken eines zweiten Messers gegen das erste Messer, dessen Klinge im Apfel steckt. Der Apfel schiebt sich langsam über die Klinge, bis er zerteilt ist. Der Apfel hat sich somit selbst halbiert.

Erklärung und Auswertung des Experiments

Meist nehmen die Teilnehmenden an, dass der Apfel herunterfällt. Das passiert allerdings nicht: Die „Trägheit der Masse" hindert den Apfel daran, die ruckartigen Bewegungen des Messers mitzumachen und herunterzufallen.

Sie können, bevor Sie das Experiment erklären, nachfragen, welche Assoziationen die Teilnehmerrunde zu dem Experiment in Bezug auf das Thema „Veränderungen“ hat. Hier kommen oft Hinweise dazu, dass

- es manchmal eben anders kommt, als man denkt.
- es interessant sein könnte zu überlegen, was wir tun können, damit das Gewünschte wie von selbst passiert (und wir eben dabei nicht direkt eingreifen).
- wir versuchen könnten, darüber nachzudenken, wie wir bestimmte Kräfte mehr oder besser für uns nutzen können, um den gewünschten Wandel zu erreichen.

Wie funktioniert das Experiment? Jede Masse, jeder Körper besitzt eine sogenannte Trägheit. Somit wird also jeder Veränderung einer Lage oder Bewegung Widerstand entgegengebracht. Widerstand kann entsprechend als etwas recht „Selbstverständliches“ gesehen werden. Und dieser Widerstand kann möglicherweise im Sinne und entsprechend der Ziele für die Veränderung genutzt werden.

Das funktioniert doch nicht 3: Die Einschnitte

Orientierung

Ziele

- Ein Experiment rund um das Thema Veränderungskompetenz, zum Beispiel nach einer Pause oder zum Auftakt eines neuen Themas
- Insbesondere: den Glaubenssatz „Das funktioniert doch nicht" auf ermutigende Weise hinterfragen
- Zeigen, dass manches, was unmöglich scheint, doch möglich ist

Zeit

5 bis 10 Minuten

Material

- Moderationskarten
- Scheren

Hinweise

- Mit Garantie ;-)
- Ganz einfach

Vorgehen

Falten Sie als Trainerin eine Moderationskarte in der Mitte und schneiden diese an drei Stellen ein (siehe Abb. 1) ein. Dann biegen Sie die Moderationskarte auf der Faltachse mit der einen Hälfte der Karte um 180 Grad weiter und stellen diese auf dem Tisch auf (siehe Abb. 2).

Wichtig ist, dass die Teilnehmenden nicht sehen, wie die Moderationskarte eingeschnitten und aufgestellt wird, da sie sonst die Lösung erkennen.

Nun bitten Sie die Teilnehmenden, sich die gefaltete Moderationskarte anzuschauen (die Karte darf nicht berührt werden) und entsprechend nachzubauen. Häufig fragen die Teilnehmenden, ob sie einen Klebestift bekommen können, um zwei Moderationskarten miteinander verkleben zu können. An dieser Stelle sollten Sie darauf hinweisen, dass die Lösung mit einer einzigen Karte und einer Schere möglich ist.

Abb. 1+2: Schnitt- und Falzanleitung

Erklärung und Auswertung des Experiments

Meist nehmen die Teilnehmenden an, dass die Trainerin irgendwie getrickst hat und das Ganze nicht funktioniert. Selbst wenn man Hinweise wie „Um die Ecke denken" gibt oder beim Hin- und Herdrehen ermutigt, dass dies schon ein richtiger Schritt sei. Nach spätestens 10 Minuten lösen Sie das Ganze auf und zeigen, wie es funktioniert.

Nun fragen Sie nach, welche Assoziationen die Teilnehmerrunde zu dem Experiment in Bezug auf das Thema „Veränderungen" hat. Hier kommen oft Hinweise dazu, dass

- wenn man nicht wüsste, dass es geht, man es nicht glauben würde.
- Zauberer ja auch nicht zaubern können und die Hauptfrage immer ist „Wie könnte es denn gehen?", um die gewünschten Veränderungen zu erzielen.
- man nicht alles selbst „erfinden muss", man einfach mal häufiger andere fragen sollte, wie es denn gehen könnte.

Dakota tribal wisdom says ...

Orientierung

Ziel

Eine Geschichte rund um das Thema Veränderungskompetenz erzählen, zum Beispiel nach einer Pause oder zum Auftakt einer Veranstaltung

Zeit

2 Minuten

Material

Man könnte die Geschichte mit Bildern von Lucky Luke hinterlegen (Achtung: Urheberrecht prüfen)

Hinweis

Ohne Garantie ;-)

... that when you discover you are riding a dead horse, the best strategy is to dismount. However, businesses sometimes try different strategies with dead horses, including the following:

1. Buying a stronger whip.
2. Changing riders.
3. Saying things like: „This is the way we always have ridden this horse."
4. Appointing a committee to study the horse.
5. Arranging to visit other sites to see how they ride dead horses.
6. Increasing the standards to ride dead horses.
7. Appointing a tiger team to revive dead horses.
8. Creating a training session to increase our riding ability.
9. Comparing the state of dead horses in today's environment.
10. Change the requirements declaring that „This horse is not dead".
11. Hire contractors to ride the dead horse.
12. Harnessing several dead horses together for increased speed.
13. Declaring that „No horse is too dead to beat".
14. Providing additional funding to increase the horse's performance.
15. Do a CA Study to see if contractors can ride it cheaper.
16. Purchase a product to make dead horses run faster.
17. Declare the horse is „better, faster and cheaper" dead.

18. Form a quality circle to find uses for dead horses.
19. Revisit the performance requirements for horses.
20. Say this horse was procured with cost as an independent variable.
21. Promote the dead horse to a supervisory position.

Quelle

- Vgl. the North American Dakota Indians, Quelle unbekannt.

Noch mal Feedback: Body Talk

Orientierung

Ziele

- Feedback zum Abschluss eines Seminartages bekommen
- Auf Wünsche, Fragen und Erwartungen der Teilnehmenden am folgenden Tag besser eingehen können

Zeit

20 Minuten

Material

- Flipchart mit Instruktion
- Es wird kein Zusatzmaterial benötigt; für die Übung sollten aber Stühle vorhanden sein, auf die sich die Teilnehmenden stellen dürfen

Hinweise

Die Teilnehmenden geben per Körpersprache ein erstes Feedback. Anschließend sollte die Trainerin auf das Feedback jedes Teilnehmenden kurz eingehen. Das Feedback ist dann geeignet, wenn die Teilnehmenden insgesamt etwas mehr aktiviert werden sollen; es eignet sich nicht zum Abschluss eines Seminars.

Vorgehen

Stellen Sie die Ziele und die Instruktionsfragen, die am Flipchart visualisiert sind, vor.

„Bitte antwortet auf die Frage ‚Wie zufrieden bin ich mit dem Seminartag?' mit einer klaren Körpersprache wie folgt: ...“

- Auf den Stuhl stellen = Ich bin äußerst zufrieden
- Aufstehen, stehen bleiben = Ich bin sehr zufrieden
- Auf dem Stuhl sitzen = Ich bin mittel zufrieden
- Aufstehen und sich umdrehen = Ich bin nicht zufrieden
- Sich auf den Boden setzen = Ich bin ganz und gar unzufrieden

Anschließend fragen Sie jeden Teilnehmenden, der ...

- steht oder auf dem Stuhl steht: *„Was brauchst du, um weiterhin so zufrieden zu bleiben?"*
- auf dem Stuhl sitzt: *„Was muss passieren, damit du in Richtung sehr zufrieden kommst?"*
- umgedreht steht oder auf dem Boden sitzt: *„Was muss passieren, damit du wenigstens etwas zufriedener wirst?"*

Weitere Anwendungen

Das Feedback kann auch sehr gut in folgenden Situationen verwendet werden:

- Frage nach der Zufriedenheit mit einer Besprechung
- Frage nach der Zufriedenheit mit Umsetzungsergebnissen (Maßnahmenplan)
- Frage nach der Zufriedenheit mit dem Projektfortschritt
- Frage nach der Zufriedenheit mit den Antworten von Befragten (Change-Agents, Hierarchen, Vorgesetzten, Projektleitern)

Anschließend kann dieser Baustein mit den gleichen weiterführenden Fragen durch Sie fortgesetzt werden.

Das Ganze kann auch sehr gut in Großgruppenveranstaltungen genutzt werden, wobei Sie weiterführende Fragen dann nur stichprobenartig an einzelne Personen stellen können (dies sollten Sie aber trotzdem unbedingt tun).

Oder alternativ: Bitten Sie die Gruppen, die den gleichen Blickwinkel auf eine Situation haben, sich zusammenzutun und folgende weiterführende Fragen zu bearbeiten:

- *„Womit genau sind wir zufrieden ...?*
  Was genau muss passieren, damit wir sehr zufrieden bleiben ...?
- *Womit genau sind wir nicht zufrieden ...?*
  Was muss passieren, damit wir in Richtung sehr zufrieden kommen?
- *Womit genau sind wir sehr unzufrieden ...?*
  Was muss passieren, damit wir in Richtung zufrieden kommen?"

Und natürlich muss dann auch etwas „passieren".